中山真敬

1分でも早く帰りたい人のための

パソコン仕事術の教科書

JN216875

「仕事、まだ終わらない…」その残業、ゼロにできます!!

基本操作

快適な設定

メール

情報収集

Word

Excel

PowerPoint、PDFなど

ビジネスに必須のパソコン時短ワザを
完全カバーした決定版!
パソコンスキルに自信がない人でも、
すぐに使えるワザを一挙に紹介!

技術評論社

【ご注意】ご購入・ご利用の前に必ずお読みください

本書に記載された内容は、情報の提供のみを目的としています。したがって、本書を用いた運用は、必ずご自身の責任と判断において行ってください。本書の運用の結果につきましては、技術評論社および著者はいかなる責任も負いません。

本書に記載された内容は、特に記載のない限り、2017 年 3 月現在の情報に基づいています。ご利用時には変更されている場合もありますので、ご注意ください。

【環境について】

本書は、以下の環境で動作を検証しています。
・Microsoft Windows 10
・Microsoft Word 2010, 2013, 2016
・Microsoft Excel 2010, 2013, 2016
・Microsoft Outlook 2010, 2013, 2016
・Microsoft PowerPoint 2010, 2013, 2016

なお本書掲載の画面は、Microsoft Windows 10 と Microsoft Word/Excel/Outlook/PowerPoint 2016 を使用しています。それ以外の環境では、画面や表示されるボタン名が異なる場合もあります。

本書は、著作権法上の保護を受けています。本書の一部あるいは全部について、いかなる方法においても無断で複写、複製することは禁じられています。

以上の注意事項をご承諾いただいた上で、本書をご利用くださいますよう、お願い申し上げます。これらの注意事項をお読みいただかずにお問い合わせをいただいても、技術評論社および著者は対処いたしかねます。あらかじめ、ご承知おきください。

■Microsoft、MS、Windowsは、米国Microsoft社の登録商標または商標です。

■その他、本書に記載されている会社名、製品名などは、それぞれ各社の商標、登録商標、商品名です。
なお、本文中に™マーク、®マークは明記しておりません。

はじめに

仕事の評価の半分は
パソコン力で決まってしまう

今や仕事になくてはならないものとなったパソコンですが、仕事のパソコンは、個人的趣味などで使うパソコンとは大きく異なります。本書は、仕事でパソコンを使う際の基本についてお教えするものです。

仕事のパソコンの最大の特徴は、生産性が重視されるということです。仕事は、一定の時間でどれだけの成果が上げられるかが重要になります。「時間がかかってもいいから」という姿勢では、周りにどんどん後れを取ってしまいかねません。

本書が他のパソコン入門書と大きく異なるのは、仕事で必要になる知識、基本的なパソコンの操作方法を丁寧に解説するだけでなく、ショートカットキーなど効率のよいやり方を多数紹介している点です。もちろん、すべてを紹介することはできませんが、生産性に直結する重要度の高いものを厳選して紹介しました。

長年、私はさまざまな企業で人材教育の仕事に携わっています。そして、ビジネス文書やビジネスメールの書き方、そしてパソコンの操作方法に四苦八苦する人々の姿を見てきました。これは、新入社員、中堅社員、管理職といった階層を問わず、です。

例えば、研修中のグループワークで、数表やレポートなどを作成させると、Excelのセル内で改行するやり方がわからない受講生はかなりの数に上ります。イベントの3日間の総訪問件数を求めるのに、電卓を叩いてExcelの表に入力する光景すら目にします。これでは、日常の仕事においても、効率よく仕事をこなしているとは到底思えません。

また、研修終了後に、感謝のメールを受け取ることもあります。すると、新入社員などは、「謹啓　時下ますますご清栄のこととお慶び申し上げます～」といった、手紙のようなメール文を書く者が必ずいます。しかし、こうした新入社員のことを笑えない中堅・ベテラン社員の方が必ずいらっしゃるはずです。私自身の経験上、日常の仕事において、用件だけのぶしつけなメールを受け取って不愉快な思いをすることが少なくないからです。

パソコンは、仕事の道具であり、メールは今や代表的なコミュニケーションの手段となっています。パソコンの操作にいくら精通しても、基本的なビジネスマナーや文章作法を理解できていなければ、仕事がうまく進むわけがありません。そうした理由から、本書では、パソコンの操作方法だけでなく、仕事の基礎知識に関することも多く盛り込みました。

本書は、仕事のパソコンの使い方を、網羅的・体系的に説明することを目指しました。お読みになると、すでにご存じだったこともあるかもしれません。

しかし、仕事のパソコンについて、きちんと勉強した経験のある方はほとんどいらっしゃらないはずです。仕事で使いながら、必要なことを覚えていったのではないでしょうか。

ある人にとっては、基本的な当然のことなのに、ある人にとっては、そうではない、ということが非常に多いのが、パソコン入門書の難しいところです。私自身、Excelで「すべて選択」を行うのに、「Ctrl」＋「A」というショートカットキーを2回押す方法をずっと使っていたものですから、ワークシート左上の□の部分をクリックする方法を長年知りませんでした。

ですから、本書はこれから仕事のパソコンを学ぶ新入社員はもちろん、パソコン力を高めるために基礎からパソコンを勉強し直す中堅・ベテラン社員まで、幅広い方のお役に立てるのではないかと思います。本書に書かれた内容をしっかり頭に入れておけば、ビジネスパーソンとして必要なパソコン力は十分、身につくはず。平均的な人の数倍の生産性で、パソコンで行う仕事がこなせることは間違いありません。また、さらに上のパソコン力を身に付けたいという人にとっても、本書で基礎が固まる分、その後の習熟も早いはずです。

近年、長時間労働が社会問題となっています。しかし、労働時間を短縮する分、成果を減らしていいということにはなりません。これまでと同じか、それ以上の成果を短い時間で上げられる生産性の高さが、ますます求められる世の中になっていくはずです。そうした時代にあって、本書の内容は、これからのビジネスパーソンに不可欠な知識・スキルといってよいのではないでしょうか。

みなさんが、仕事においてより多くの成果を高い生産性で上げ、プライベートにおいても充実した幸福な時間を過ごされることを、心より望んでいます。

中山真敬

目次

1-3 「パソコン操作」の基本を知る

1-4 「ファイル管理」の基本を知る

1-5 仕事のパソコンの「選び方」を知る

2章 仕事を快適にする「設定」変更

3章 メールの仕事術をマスター

3-1 「ビジネスメール」の鉄則を知る

3-2 「メール設定」は人任せにしない

3-3 「メール操作」の効率を上げるコツ

3-4 メールならではの「ビジネスマナー」

4章

ブラウザの仕事術をマスター

4-1 「ブラウザ操作」の基本を知る

4-2 「ブラウザ選び」のポイント

4-3 ストレスなくWeb閲覧するコツ

5章

Wordの仕事術をマスター

5-1 「ビジネス文書」の鉄則を知る

5-2 「Word操作」の基本を知る

5-3 文字を目立たせる多彩な方法

6章 Excelの仕事術をマスター

基本操作

1章

仕事で使う パソコンの基本

1-1

「仕事のパソコン」は何が違うのか?

仕事では、速さ・正確さが求められる

学校でもパソコンを学ぶ時代ですから、パソコンを触ったことがない、という人はおそらくいないでしょう。しかし、学生時代の延長で、「パソコンくらい何とかなるだろう」と考えたとすれば、痛い目に遭います。

というのも、学校のレポート作成や趣味で使うパソコンと、仕事のパソコンは、**求められるものが大きく異なる**からです。

仕事は、**速さと正確さが要求されます**。つまり、提出期限まで時間に余裕があり、かけようと思えばいくらでも時間をかけられる学校や個人の趣味と違い、仕事は一定の時間に、できる限り多くの成果を上げなくてはなりません。例えば、入力作業を頼まれれば、1時間かかる人間より、10分ですませてしまう人間の方が高く評価されますし、いくら速くても、誤字脱字だらけ、というのでは、安心して仕事を任せられません。

今や、パソコンは仕事の道具として、仕事に深く入り込んでいます。長時間労働に対する社会の目が厳しくなる中、**「仕事が遅ければ残業してやればよい」という考えでは通用しなくなって**います。限られた就業時間の中で、多くの成果を上げなくてはなりません。時間の効率において、一番大きな差がつくのがパソコン操作だといってよいでしょう。

仕事には必ず相手がいる

もう1つ、仕事には必ず相手がいます。「働く」とは「はたをラクにする」が語源だという説もありますが、自分だけで仕事を完結することはできません。顧客、取引業者、社内の上司・同僚・関連部署……。日記などと違い、**仕事のパソコン文書には、必ず相手がいる**と考えるべきです。メモ書

き、いずれ仕事の役に立つだろうと集めた情報であっても、自己満足のためのものではなく、いずれ「誰かに対して」「何かを」アウトプットすることが前提のものです。

パソコンが仕事に欠かせない道具となったのに伴い、**パソコン用語、IT 用語もビジネス会話で当然のもの**として使われます。まずは、仕事の共通言語として、パソコン操作に関わる基本用語を知っておく必要があります。

パソコン操作の基本はマウス

パソコンの操作は、マウスが基本です。マウスのポインターが「手」の代わりとなっていて、2つあるボタンのうち左のボタンを押すのが基本。これをクリックといいます。これに対し、右のボタンを押すことは右クリックといい、右クリックメニューと呼ばれる各種機能を表示する場合に押します。クリックで「選ぶ」「さわる」、クリックしたまま動かす（＝ドラッグ）のが「つかむ」、クリックをやめる（＝ドロップ）のが、「放す」と、**それぞれ手の動きに対応**しています。

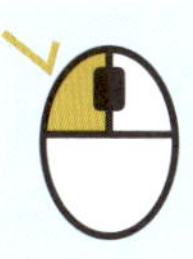

① **クリック**
左側のボタンを押すこと。ファイルやフォルダーの選択、画面上のボタンを押す、カーソルを移動する。

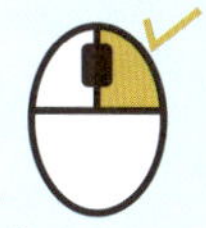

② **右クリック**
右側のボタンを押すこと。「右クリックメニュー」と呼ばれるメニューが表示される。右クリックメニュー内の項目の選択は通常のクリック。「コピー」「切り取り」「貼り付け」「プロパティ」「新規作成」などがある。

③ **ドラッグ**
左側のボタンを押したままでマウスを動かすこと。ファイルやフォルダーの移動や範囲指定の場合に使う。

④ **ドロップ**
押していた左側のボタンを離すこと。ドラッグをやめる場合に行う。ドラッグとセットで行うため、「ドラッグ&ドロップ」と呼ぶことも多い。

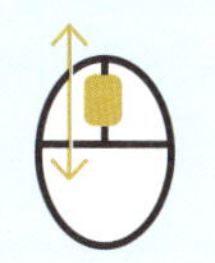

⑤ **ホイール操作**
手前に回すと、下へスクロール、向こうに回すと、上へスクロールできる。

パソコン画面各部の名称

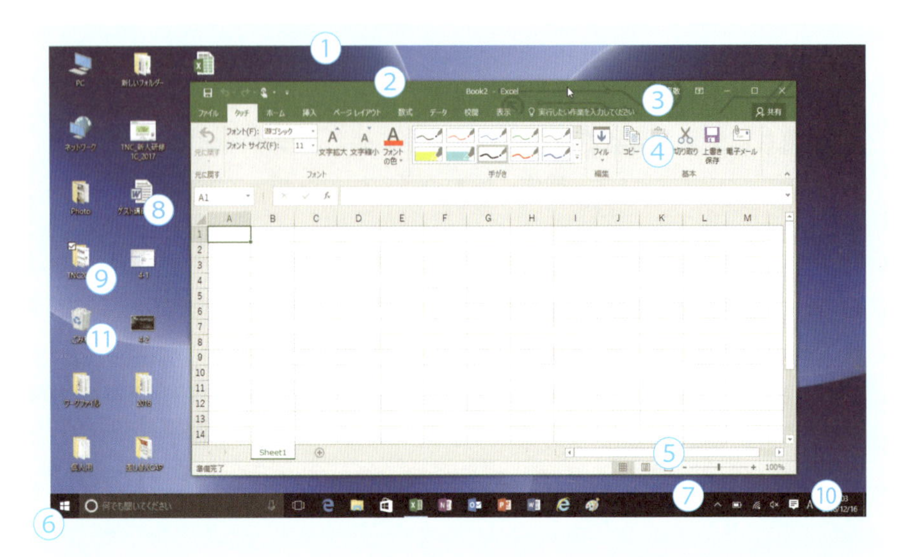

① **デスクトップ**
画面全体を「机の上」に見立ててこう呼ぶ。

② **ウィンドウ**
ファイルなどを開いて表示したもの。

③ **ウィンドウバー**
ウィンドウの上部の棒状の部分。

④ **ツールバー(リボン)**
アプリを便利に使えるよう、機能をボタンにしたもの。クリックしてツールを使う。WordやExcelなどは、ツールバーをタブの切り替えで使用でき、「リボン」という。

⑤ **ステータスバー**
ウィンドウ下部の帯状の部分。表示倍率などが表示される。

⑥ **スタートボタン**
Windowsの終了や再起動、設定画面(コントロールパネル)などを表示したいときクリックする。

⑦ **タスクバー**
開いているウィンドウを一覧表示したり、よく使うアプリを登録し、クリック1つで立ち上げるようにする。

⑧ **ファイル**
文書のこと。

⑨ **フォルダー**
複数のファイルなどを収納する入れ物。

⑩ **タスクトレイ**
音量や接続中の周辺機器などをアイコンで表示。

⑪ **ごみ箱**
ファイルやフォルダーを、ごみ箱に移動することで削除できる。

マウスはわかりやすいが時間がかかる

かつてのパソコンは、キーボードでコマンド（命令文）を入力して操作するのが一般的でした。これを、もっとわかりやすくするため、GUIが導入されたのがWindows95です。マウス操作を手の動きになぞらえ、パソコンの画面を机の上に見立てて、感覚的に操作できるようになっています。

しかし、GUIは感覚的で初心者にもとっつきやすい一方で、**細かい操作、正確な操作が苦手**という弱点があります。このため、マウス中心の操作方法だと、どうしても効率が落ちてしまいます。これは、仕事のパソコンにおいては、致命的です。

そこで、マウスを使わず、キーを使ってパソコンの機能を使うショートカットキーという操作方法が用意されています。文字を入力する延長で、**ホームポジションから手をほとんど動かさずに機能を素早く使える**ようになるので、効率アップにつながります。

例えば、文章をコピーする場合は、範囲指定を行った後、「Ctrl」＋「C」を押せばOK。また、貼り付けを行う場合は、カーソルを移動した後、「Ctrl」＋「V」でOKです。このように、ショートカットキーの多くは、「Ctrl」などのキーと組み合わせて使いますが、マスターするためには、キーボードのどこにどのキーがあるかを知っておく必要があります。

ただし、ノートパソコンでは、キーの数を減らし、コンパクトにまとめるために、**「Fn」という独自のキーを同時に押して、別のキーを押す**ようになっているため、注意が必要です。

【用語解説】GUI

「Graphic User Interface」の略。ユーザーインターフェースとは、人とコンピュータ（マウスやキーボード、モニター）が情報や信号をやり取りする際の接触面のことを指します。GUIとは、アイコンや画像などをグラフィカルに表示して、感覚的にパソコンを操作できるようにしたもののこと。

デスクトップのキーボード

Ctrl

① **Ctrl…コントロールキー**

パソコンの機能をあやつる(コントロールする)キー。ショートカットキーなどを繰り出す基本となるキー。

Alt

② **Alt…オルタネート(オルト)キー**

オルタネート(Alternate)は「交替する」の意味。キーを文字入力からショートカットキーに切り替えるキー。ショートカットキーの種類を増やすために、「Ctrl」と別に用意されている。

Shift

③ **Shift…シフトキー**

シフト(Shift)は「位置を移動する」の意味。大文字/小文字の切り替えの他、ショートカットキーを別のショートカットキーにする場合などに用いる。

④ **Windowsキー**

Windowsのシンボルマークが描かれたキー。スタートキーともいう。

F1 ～ F12

⑤ **12個のファンクションキー**

ショートカットキー専用に用意された12個のキー。

ノートパソコンのキーボード

Fn

⑥ Fn…ファンクションキー

ファンクション(Function)は「機能」の意味。「Home」「End」など、キーに書かれた機能を使いたいとき一緒に押す、ノートパソコン専用のキー。

⑦ スペースキー

基本は空白入力。一番押しやすいキーなので、「Ctrl」「Alt」などと組み合わせて、多くのショートカットキーに使われる。

↑ ← ↓ →

⑧ 方向キー

カーソルを移動したり、範囲指定を変えたりするのに使う。矢印キー、カーソルキーともいう。

Enter

⑨ Enter…エンターキー

エンター(Enter)は、「入れる」の意味。入力を確定するのが基本の使い方。「決定」「変換の確定」「改行」などにも使う。

Tab

⑩ Tab…タブキー

行の先頭位置の変更が基本的な使い方。「Ctrl」「Alt」などと組み合わせてショートカットキーを割り当てられることも多い。

1-2

「文字入力」の基本を知る

タッチタイピングをマスターした方がよい

メールにせよ、Word や Excel の文書にせよ、仕事のパソコンは文字や数字の入力が中心です。文字入力の速さは、仕事の速さに直結する最初の関門といってかまいません。タイピング練習ソフトによれば、私が1分間に入力する文字数は1000字前後。キーの配列をきちんと覚えていない人だと、1分間に100字未満ということもあるので、これだけで10倍の差がついてしまうことになります。最低限、キーの配列は覚える必要があり、**できれば手元を見ないでキーを打つ「タッチタイピング」をマスターした方がよい**でしょう。

タッチタイピングの基本=「F」と「J」に両手の人差し指を置く

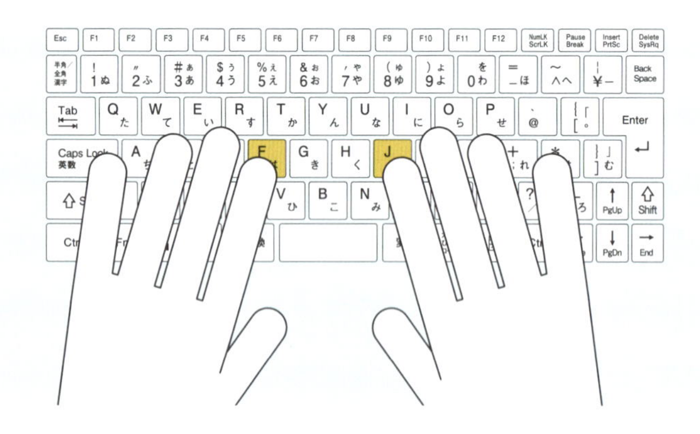

「F」と「J」には、**キーの上部に突起**が付いています。キーボードを見なくても、ホームポジションがわかるようになっているのです。仕事のパ

ソコンでは、別の文書や文献を横に置いて、文章を転記することがよくあります。いちいちキーボードを見ていると、どこまで入力したかがわからなくなるため、著しく入力の速度が落ちてしまうのです。

実のところ、私は大学4年生の10月まで、タッチタイピングはおろか、キーの配列も覚えてはいませんでした。就職先であるリクルートの内定者アルバイトで、企業リストの実績照会をさせられたのです。最初は、キーを探しながら入力していたのですが、「日本」とか「東京」とか「システム」とか、何度も出てくる言葉はだいたいどの辺にあるか、いやでも覚えてしまいます。せっかくなので、この機会にタッチタイピングをマスターしてしまおうと思いました。1日5～6時間の入力作業を3日続ければ、完全にマスターすることができました。

覚えるコツは、ホームポジションに手を置いて、**「とにかく手元を見ない」こと**です。けっこう入力が速い人でも、タッチタイピングができないという人がいますが、そうした人は安易に手元を見てしまうようです。だから、見ないと安心できない、見るからキーの配列をきちんと覚えないのです。**間違えてもよいから、ホームポジションからキーの位置を思い出しながら、反復する**ことをお勧めします。

テンキーにもホームポジションがある

パソコンが普及する前、仕事といえば電卓が一般的でした。女性の事務職員の中には、すさまじいスピードで電卓を打つ方がたくさんいました。新入社員のとき、その姿を見て、私は電卓のホームポジションを知ったのです。そして、テンキーも基本のキーの配列は電卓と同じです。つまり、数字もタッチタイピングで入力できれば、一気に入力速度を高めることができるというわけです。

キーボードの文字部分と違って、テンキーの使い方はほとんど説明されることがありません。しかし、「F」「J」と同様、**テンキーにも「5」に突起が付いています**。ここがホームポジションです。右手の中指を、突起を頼りに「5」の上に置き、そのまま「4」に人差し指、「6」に薬指を軽く載せます。この状態で、一段下に指を伸ばせば「1」「2」「3」、一段上に指を伸ばせば「7」「8」「9」が簡単に押せます。「0」は、大きく人差し指を下に伸ばすか、親指で押す――その精度を高めるために、他のキーよりも大きくなっています。

テンキーの指使い

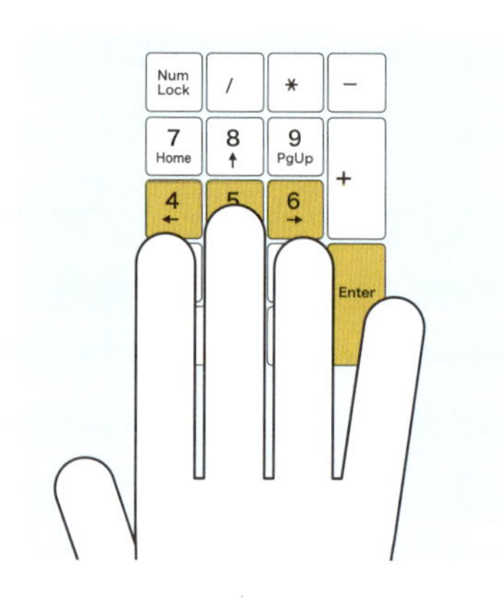

数字の入力を終えて、最後に確定したり、改行したりするのに押す「Enter」もテンキーには用意されています。これを押すのは小指。他の指と違い、小指はうまく動かせないかもしれませんが、そのために、「Enter」も他のキーよりも大きくなっているのだと理解しておけばよいでしょう。

日本語入力のオン／オフを切り替える

コンピューターは、もともと欧米で生まれたものなので、基本となるのは半角英数文字です。しかし、これでは不便なので、日本のパソコンには日本語入力ソフトがインストールされています。

Windowsに標準でインストールされているのがIME。この他、Googleがネット上で無償で提供している「Google日本語入力」や、ワープロアプリ「一太郎」で知られるJustSystemが市販している「ATOK」などを使っている人も多いようです。Google日本語入力が検索キーワードの頻度から漢字変換の精度を高めているように、「あえて標準以外のものを使う」だけの特長をそれぞれ持っていますが、**よほどのこだわりがなければ、標準のIMEで十分**でしょう。

いずれの日本語入力ソフトでも、日本語入力への切り替え（日本語入力オン）は「かな」、半角英数入力への切り替え（日本語入力オフ）は「半角／全角」または「英数」のキーをそれぞれ押せばできます。タスクトレイの「あ」「A」をクリックして切り替えることもできますが、文字入力中にいちいち**マウスに手を移して切り替えを行えば、その分、入力の効率は大幅に低下するので、キー操作ですませる**のがよいでしょう。

この他、ずっとカタカナで入力する場合の「Shift」＋「かな」、英数文字を大文字で入力する場合の「Shift」、大文字入力をずっと続ける場合の「Shift」＋「CapsLock」も覚えておくとよいでしょう。

【用語解説】キーボードの種類

「かな」などがある、日本で一般的なキーボードはJISキーボードといいます。欧米で主流の英数字のみのものもあり、さらに「Windows」キー、「右クリック」キーの有無で「101」「104」（英数）、「106」「109」（日本語）といった種類があります。この数字はキーボードのキーの総数を表しています。

漢字に変換する

日本語入力をオンにした状態（ひらがなでもカタカナでも可）で、入力した文字を漢字に変換するには、「変換」または「スペース」を押します。変換を行って、使いたい漢字に変換されない場合は、もう一度「変換」または「スペース」を押すと、漢字の候補が一覧表示されます。「変換」または「スペース」を押すたびに、下の候補へと移動していく仕組みになっています。使いたい漢字が下にある場合は、数字を入力して指定してもかまいません。

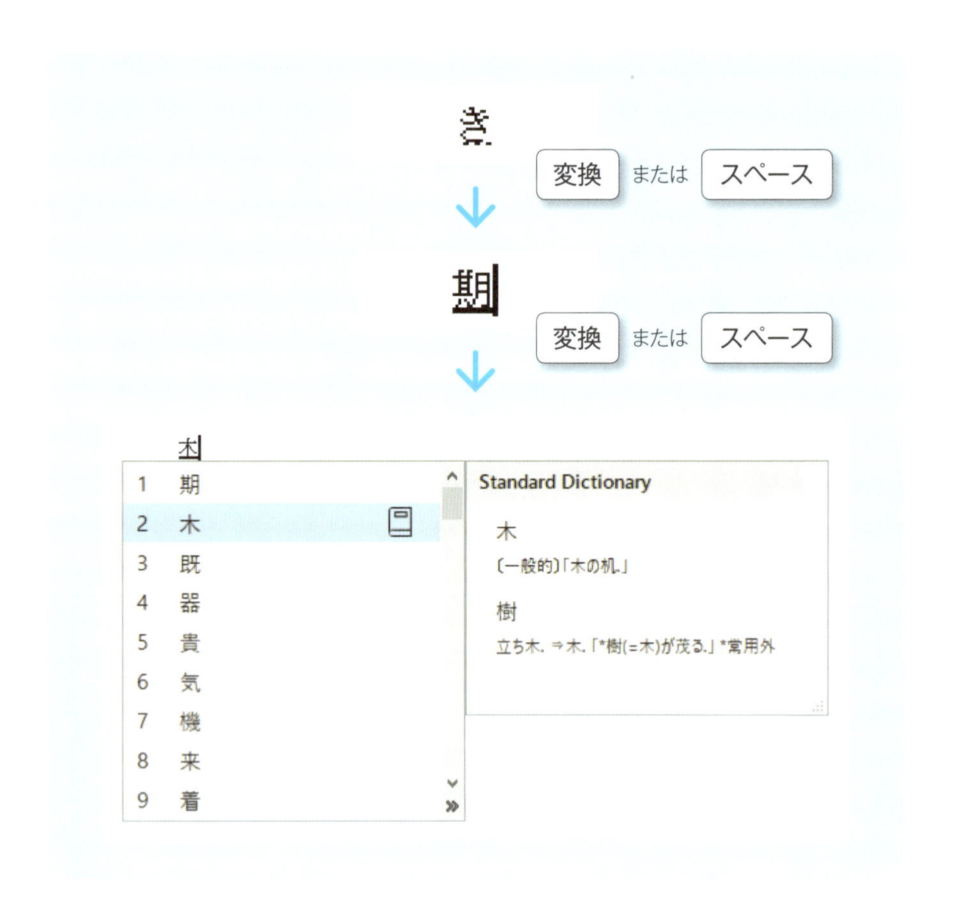

ただ、この方法では、変換候補が多い場合は、使いたい漢字が候補の一覧に表示されない場合も当然出てきます。そんなときは、**「Tab」を押すと、変換候補が縦×横の大きな一覧で表示**されます。
「→」で列を移動し、「↓」「↑」で使いたい漢字を指定するか、上と同じく数字を入力して漢字の指定を行います。マウスで使いたい漢字をクリックして指定する方法もありますが、キー入力中はなるべくマウスを使わない方が効率がよいため、キーを使って指定を行う習慣を身に付けるとよいでしょう。

Tab

木

1	期	き	規	崎
2	木	黄	軌	危
3	既	記	企	寄
4	器	樹	帰	基
5	貴	喜	起	鬼
6	気	キ	希	生
7	機	紀	汽	幾
8	来	奇	騎	氣
9	着	季	棄	揆

↑ ← ↓ →

※この方法はIMEに関するもの

文節区切りの変更方法

日本語の入力は、短く単語を区切って変換を行う人と、比較的長めの文を入力して一気に変換を行う人とに大きく分かれるようです。何度も変換を行うより、ある程度まとまった分量を一気に変換した方が楽と考えるか、いちいち変換ミスを修正するのが面倒と考えるかの「好み」の問題なので、どちらがよいと一概にいうことはできません。

日本語には助詞があるため、ひらがなでは文節の区切りが判断できず、変換ミスを犯すことがよくあります。このような場合、変換ミスした箇所を消去して改めて入力と変換をやり直す必要はありません。変換ミスした箇所の先頭にカーソルを移動し、**「Shift」を押しながら「→」「←」で範囲指定を行うと、文節区切りの調整ができる**からです。

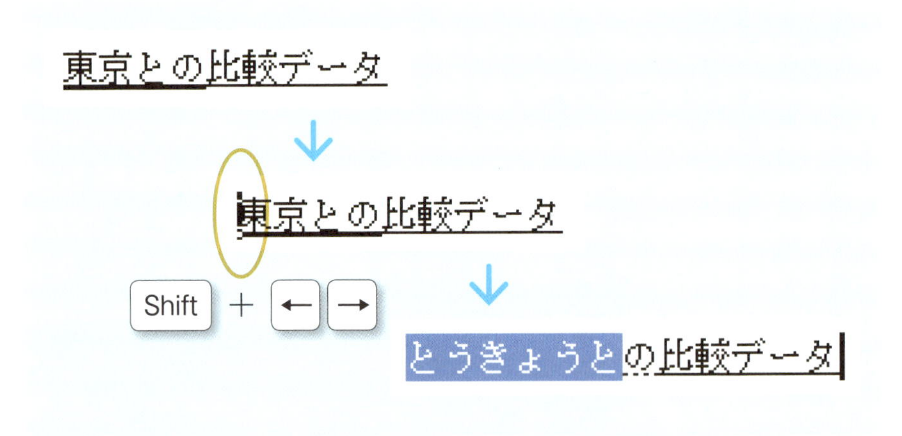

文節が青い背景色で示されますから、「とうきょうと」の部分を青い背景色付きにし、「変換」を押すと「東京都」と変換されます。次の文節に移動したい場合は、「→」を押せばカーソルが移動し（選択中の文節が太い下線付きになる）、同様の手順で文節区切りを修正します。

英数、カタカナの効率のよい変換方法

文字入力と変換の基本は以上ですが、このやり方で文字入力を行ったのでは、効率が上がらない場合が出てきます。例えば、こんな場合です。

> ITを有効活用するには、会社としてITをどうしたいのかという大きな方針を明確に打ち立てなくてはならない。すなわち、個々人が勝手にITを使うのではなく、全社的なITの責任者であるCIO（Chief Information Officer）がPCや自社HPの運用ルール等を示す必要がある。

こうした日本語の文章中に、「IT」「CIO」といった英語の言葉が含まれる場合です。こんなとき、いちいち日本語入力のオン／オフを行っていたのでは、効率が上がりません。特に、ビジネスでは、CRM（Customer Relation Management）やSCM（Supply Chain Management）、ZEH（Zero Energy House）といった具合に、アルファベットを用いた言葉が頻出するため、非常に大きな問題となってきます。

そこで、**日本語の入力中に、英数文字に効率よく変換する方法**が用意されています。それが、**「F9」「F10」**です。

例えば、「いｔ」と入力して「F9」を押すと、「ｉｔ」と全角英数文字に変換されます。「F10」ならば、「it」と半角英数に変換されます（以下、基本的な操作内容は、「F9」「F10」で共通なので、「F10」の場合だけ説明していきます）。

さらに、「F10」を押すと、「IT」とすべて大文字の半角英数に、もう一度「F10」を押すと、「It」と最初だけ大文字の半角英数に変換することができます。そしてもう一度「F10」を押すと、「it」とすべて小文字の半角英数に戻ります。

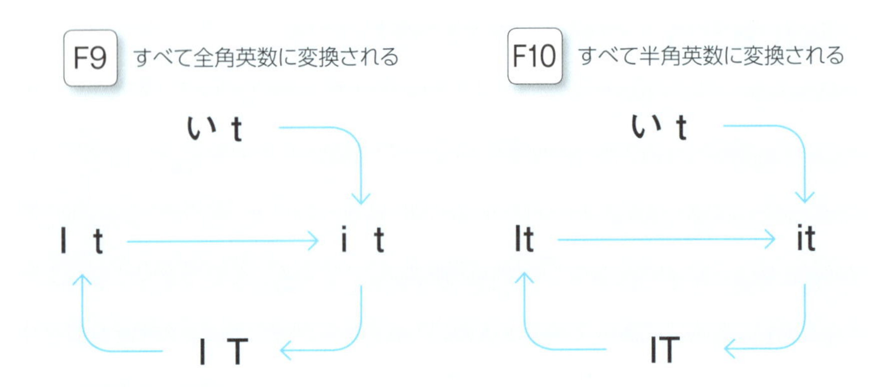

頭文字が英数大文字で始まる場合

なお、アルファベットの大文字で始まる言葉の場合、「F9」「F10」を押す必要はありません。**「Shift」を押して最初の文字を打つと、これに連なる文字も英数で入力される**からです。

例えば、「Tokyo」と入力したい場合なら、「Shift」を押しながら「T」と入力すれば、「Enter」を押すまで、最初の文字は大文字のまま、それ以降、入力する文字は小文字の英数になります。

「TOKYO」と入力する場合なら、「Shift」はずっと押したままで入力することになります。これが、全角英数になるか半角英数になるかは、その前にどちらを入力したかによって変わります。全角で「Ｔｏｋｙｏ」と入力した後なら、「Ｔｏｋｙｏ」と全角になり、半角で「Tokyo」と入力した後なら「Tokyo」と半角になります。

日本語で英数を入力する場合、綴りがわからなくなりがちなので、この方法を使った方がよいかもしれません。

カタカナに変換する

「ウィンドウズ」などと、カタカナに変換したい場合は、「うぃんどうず」とひらがなで入力した後、全角なら「F7」、半角なら「F8」を押します。ちなみに、「F6」でひらがなに変換することもできますが、通常は、ひらがなで入力して「Enter」で確定させればよいだけなので、覚える必要は特にないでしょう。

「F7」には、さらに便利な使い方があります。それは、**助詞の部分をひらがなに戻す**というものです。

日本語の変換で一番やっかいなのは、助詞。「リッツカールトンでは」と変換したいのに、「リッツカールトンデは」と変換されてしまうことがあります（「リッツカールトン」は固有名詞で辞書登録されているようで、こうした変換ミスは過去に変換ミスした場合でもなければ起こりません）。

こんな場合、「りっつかーるとんでは」と入力して、「F7」キーを押すと、「リッツカールトンデハ」とすべてカタカナに変換されます。もう一度押すと「リッツカールトンデは」と最後がひらがなに、もう一度押すと「リッツカールトンでは」。つまり、「F7」キーを押すと、後ろから1字ずつひらがなに戻してくれるのです。「F8」キーについては、半角ひらがなというものがないので、このワザは使えません。

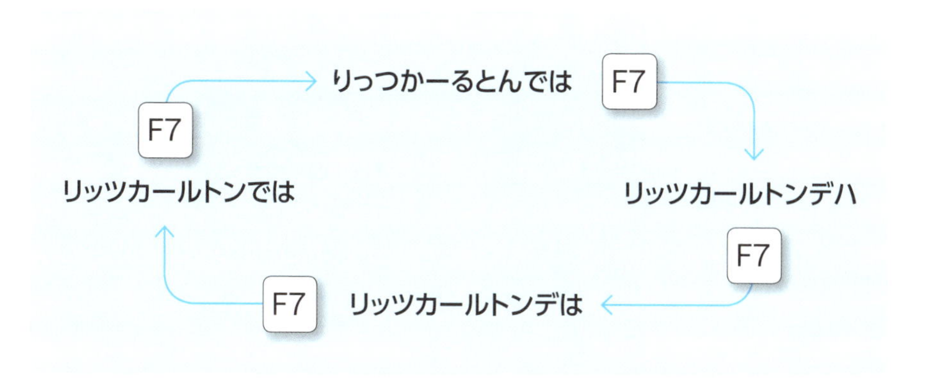

1-3

「パソコン操作」の基本を知る

スクロールの基本を知る

Windowsパソコンでは、文書やフォルダーの中のファイル一覧は、ウィンドウとして表示されます。長い文書でウィンドウ内にファイル全体を表示できないときは、スクロールによって画面表示を変更します。文書全体のうち、どの辺りを表示しているかを表すのがスクロールバーで、スクロールバー上下のボタンをクリックしたり、スクロールバーをドラッグすることによってスクロールを行うのが基本です。

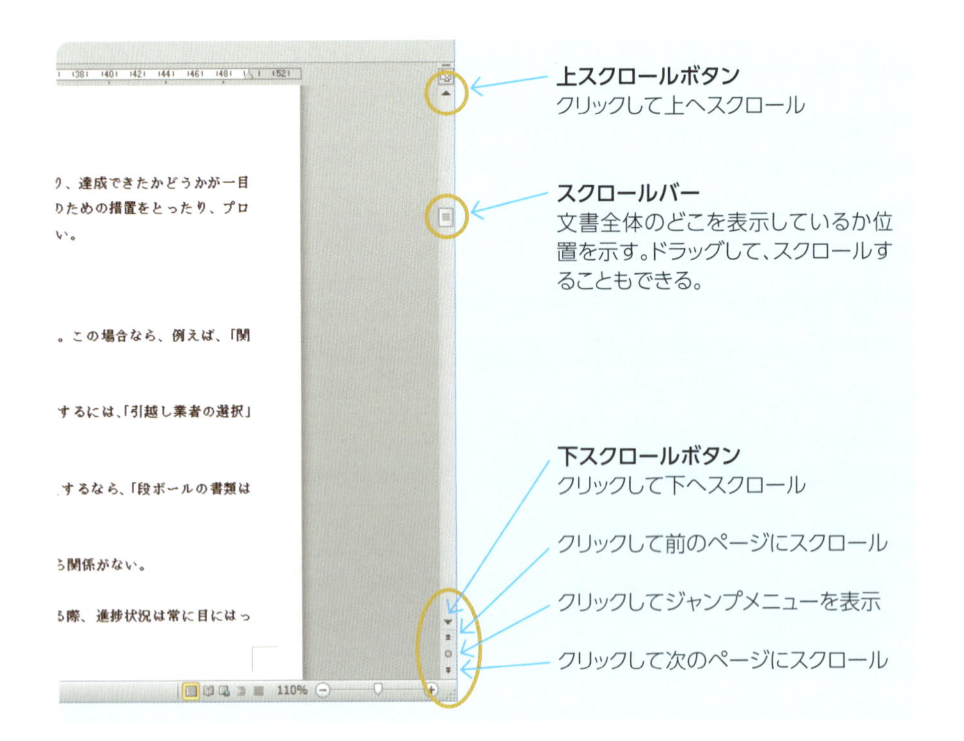

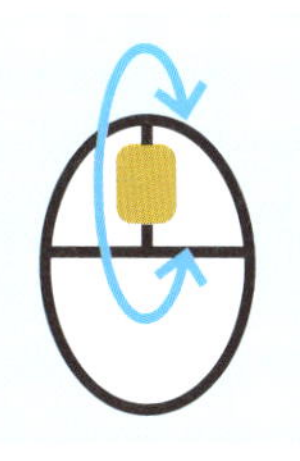

ただ、**小さなスクロールボタンをマウスでクリックする細かい操作は意外に面倒**なものです。そこで、マウスホイールを回してスクロールする方法が最も手軽で身近なスクロール方法となっています。

マウスホイールは、スクロールを行う簡単な方法ではありますが、何ページもスクロールする場合は逆に面倒です。そこで、**ショートカットキーで大きくスクロールする方法**がいくつか用意されています。キー操作だけで簡単に大きくスクロールできるので、覚えておくと仕事の効率を大幅にアップできます。

Home	文書の先頭に移動 (Word、Excelなどでは、行の先頭にカーソルを移動)
End	文書の最後に移動 (Word、Excelなどでは、行の最後にカーソルを移動)
Ctrl + Home	Word、Excelなどで、文書の先頭に移動
Ctrl + End	Word、Excelなどで、文書の最後に移動
PageUp	文書を大きく上にスクロール
PageDown	文書を大きく下にスクロール

移動先のページなどを指定して一気に画面表示をスクロールすることを「ジャンプ」といいますが、ショートカットキーで「Ctrl」+「G」を押せば「ジャンプ」画面を表示することもできます。

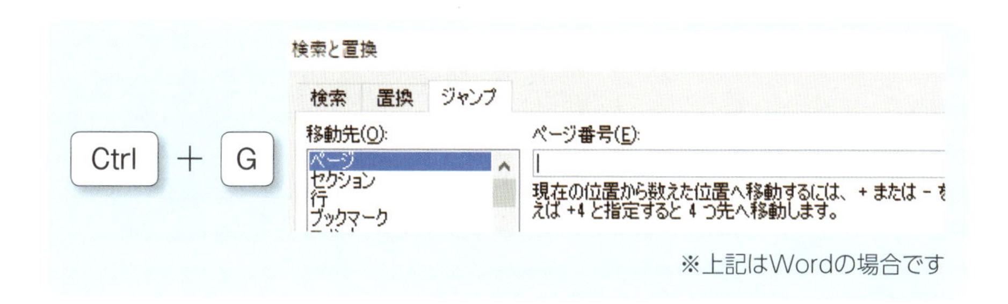

※上記はWordの場合です

アクティブ・ウィンドウを切り替える

仕事のパソコンでは、複数のウィンドウを開いて、相互にコピー&貼り付けなどを行うことが多いため、アクティブ・ウィンドウを効率よく切り替えられるようになる必要があります。

アクティブ・ウィンドウは、タスクバーのアプリのアイコンをクリックし、表示されるウィンドウをクリックして指定するのが一般的なやり方です。しかし、**文書作成中にいちいちマウスに手を移すのは効率が悪く、細かいマウス操作が必要なので、あまり効率のよいやり方とはいえません**。

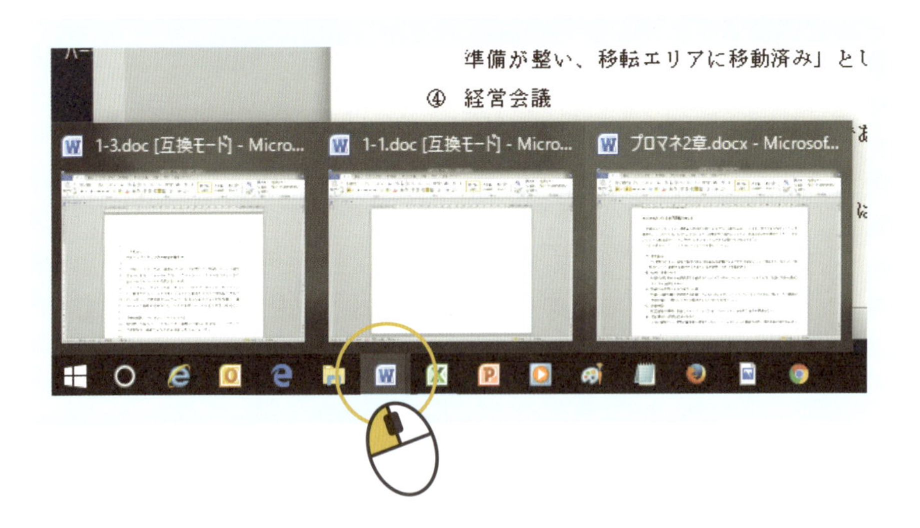

【用語解説】アクティブ・ウィンドウ

複数開いてあるウィンドウのうち、画面の一番上に表示され、スクロールや文書作成、編集などができる状態にあるウィンドウのこと。

一番手っ取り早い方法は、**アクティブにしたいウィンドウの一部をクリック**することです。開いてあるウィンドウがたくさんある場合は、下にあるウィンドウの一部をクリックすること自体が面倒ですが、Excel と Word の 2、3 個のウィンドウ間で、コピー&貼り付けを繰り返し行うような場合は、この方法が簡単でしょう。

コツとしては、左手の小指で「Ctrl」を押し、左手の中指、人差し指で「X」(切り取り)、「C」(コピー)、「V」(貼り付け) を行い、空いた右手でマウスを使うことです。

右手でマウス、左手でキーボードという二刀流なら、左手を頼りに右手をホームポジションに戻すのも簡単で、必要以上にマウスとキーボードの間で手が行ったり来たりすることがないので、効率よくパソコン操作を続けることができるからです。

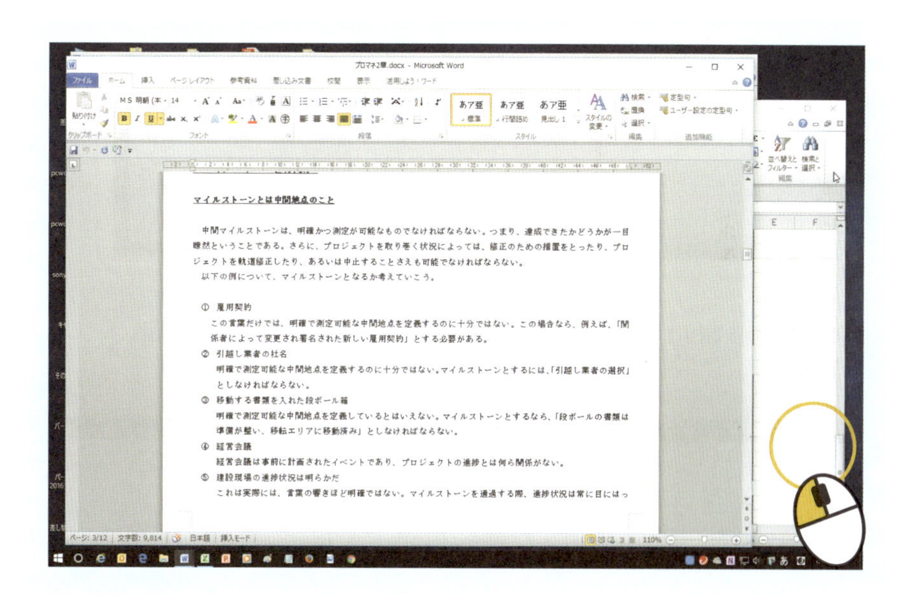

アクィブ・ウィンドウの切り替えには、もう１つ、ショートカットキーで行う方法が用意されています。それが、**「Alt」＋「Tab」**です。これらのキーは、左手の親指で「Alt」を押し、左手の薬指で「Tab」を押すのが押しやすいでしょう。

このやり方は、**「Alt」を押したままにして、「Tab」を繰り返し押せば、次のウィンドウ、そのまた次のウィンドウ……と、アクティブにしたいウィンドウを指定**していくことができます。

「Alt」＋「Tab」を押すと、画面の中央に、開いてあるウィンドウが一覧表示されます。

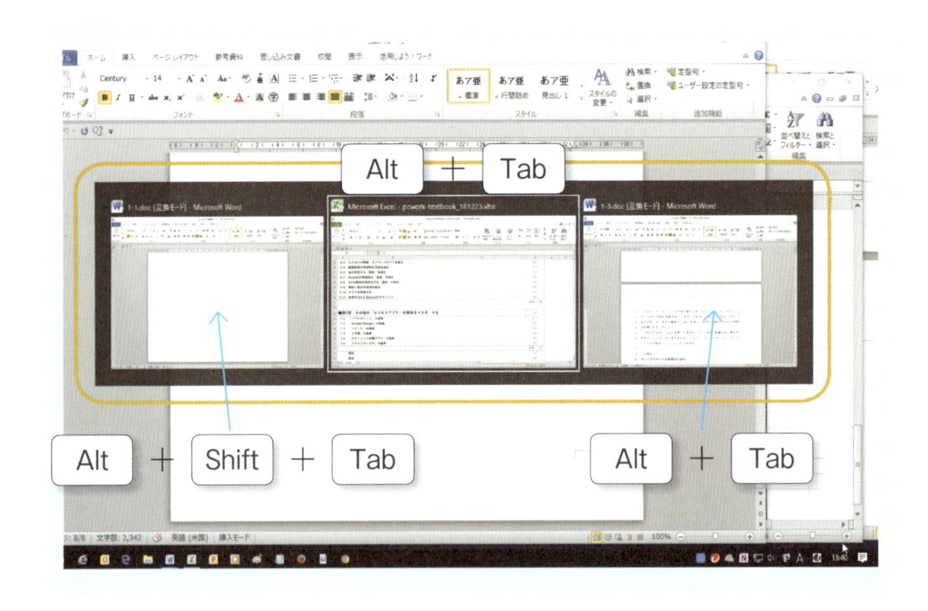

この状態で、「Alt」を押しながら「Tab」を押せば、「Tab」を押した回数分、右の候補のウィンドウを選択できます。ちなみに、左側の候補のウィンドウを選びたい場合は、「Alt」＋「Shift」＋「Tab」を押します。

この方法なら、アクティブにしたいウィンドウを、目で確認しながら選ぶことができます。

ウィンドウサイズを変更する

パソコンの操作中に、ウィンドウのサイズを変更して別のウィンドウを表示したり、デスクトップ上のファイルを表示することがよくあります。ウィンドウは、**ウィンドウの外周部にポインターを移動**するとポインターの形状が変わり、ドラッグしてサイズを任意の大きさ、任意の縦横比率に変更することができます。

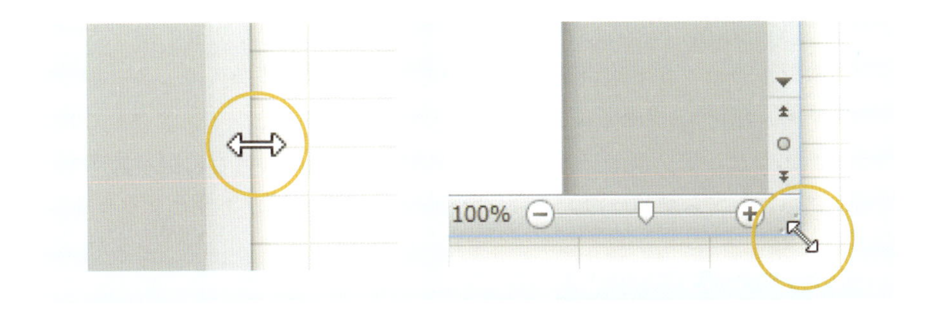

また、ウィンドウを画面いっぱいに表示したいとき、元の大きさに戻したいとき、最小化してタスクバーに格納したいときは、ウィンドウ右上に連なるボタンをクリックします。ウィンドウを閉じる場合は、ウィンドウ右上の一番右の「×」ボタンをクリックします。

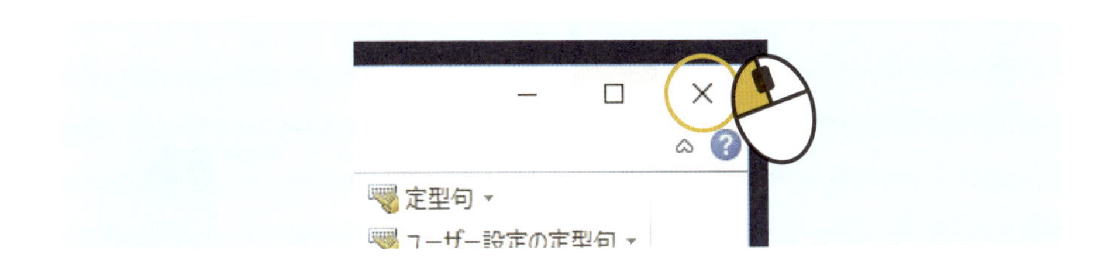

ただ、ウィンドウの大きさを変更するのに、いちいちマウスを使うのが面倒に感じられることは少なくありません。そこで、ショートカットキーでウィンドウの大きさを変更する方法も用意されています。

まず、**「Windows」＋「↑」と、「Windows」＋「↓」。これにより、ウィンドウの最大化、標準に戻す、最小化**というサイズの変更ができます。特に、下に隠れていたウィンドウの内容を確認したい場合など、「Windows」＋「↓」でアクティブ・ウィンドウを最小化し、そのまま「Windows」＋「↑」を押すと、元の大きさに戻すことができます。ただし、「Windows」＋「↓」の後に別の操作を行うと、どのウィンドウを元の大きさに戻すかがわからなくなるため、その点は注意しましょう。

また、すべてのウィンドウを最小化して、デスクトップを表示したい場合は、「Windows」＋「M」。例えば、デスクトップ上のファイルをウィンドウにドラッグする場合（文書作成時の画像ファイル挿入や、メールへのファイル添付）、ファイルをタスクバーの最小化されたウィンドウ上にドラッグすると、アクティブ・ウィンドウとなって元の大きさに戻りますから、いちいちタスクバーのアイコンをクリックする手間が不要となります。

ウィンドウを移動する

ウィンドウを移動する場合は、ウィンドウ上部のファイル名が書かれた部分（タイトルバー）をドラッグすれば、好きな場所に移動することができます。ただ、何かのはずみで、ウィンドウが画面からはみ出して、タイトルバーが画面上に表示されないことがあります。こんなときは、**「Alt」＋「スペース」を押すと、ウィンドウのサイズの変更と移動メニューが表れる**ので、「移動」を選べば、方向キーでウィンドウを移動できます。

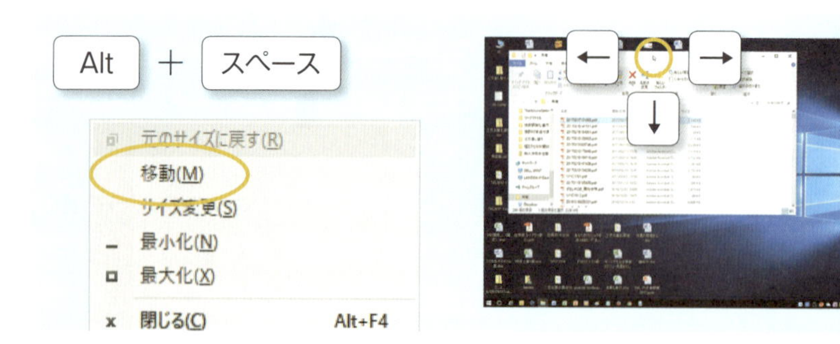

さまざまな範囲指定の方法

仕事では、他のファイルの文章をコピー&貼り付けしたり、キーワードなど特定の部分の書式を目立たせたり、といった作業をよく行います。この作業の際、**ひんぱんに行う操作が範囲指定**です。

範囲指定は、マウスをクリックしたまま動かして行う（ドラッグ）のが一般的な方法ですが、入力しているときに、いちいちマウスに手を移して、キーボードに手を戻す往復の時間がムダ。しかも何度も行うことなので、面倒だしムダに使った時間もかなりのものになります。ケースバイケースでいろいろな範囲指定の方法を知っておくと仕事の生産性が高まります。

まず、**文字数分、数行分を範囲指定するのに便利なのが、「Shift」＋方向キー**です。

「Shift」は、範囲指定以外にも、ファイルや図表などの複数選択ができるキー。「Shift」を押しながら、「←」を押すと、カーソルの位置から、1回押すごとに範囲指定が前に1字ずつ、「→」を押すと、1回押すごとに後ろに1字ずつ増やすことができます。もちろん、「Shift」＋「→」で範囲指定をした際、キーを押しすぎて不要な部分まで選択してしまった場合は、「Shift」＋「←」で、選択範囲を減らしていくこともできます。また、意外に役立つのが、「Shift」＋「↑」と「Shift」＋「↓」。これなら、先ほど説明したのと同じ要領で、行の範囲指定が行えます。

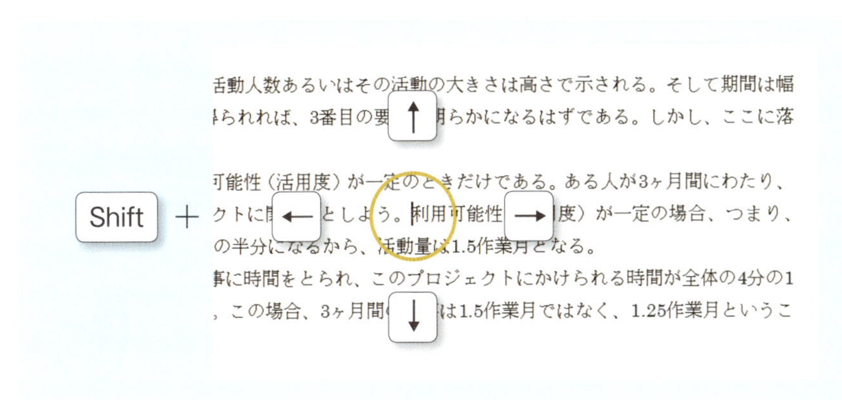

次に覚えたいのが、**範囲指定の「Shift」と、「Home」、「End」といった、一気にカーソルを移動させる操作を組み合わせる方法**です。

Word、Excelなら、カーソルのある位置から、「Shift」＋「Home」で行の先頭まで、「Shift」＋「End」で行の最後まで、「Shift」＋「Ctrl」＋「Home」で文書の先頭まで、「Shift」＋「Ctrl」＋「End」で文書の最後までを一気に範囲指定できます。

さらに、始点と終点を指定することで、範囲指定を行う方法もあります。

まず、範囲指定したい文章の始点をクリックして、カーソルを移動。それが近くにあるなら、方向キーで移動してもかまいません。

そして、マウスホイールでスクロールして、範囲指定の終点を画面に表示します。このとき、文書にざっと目を通しながら移動できるので、素早く終点が見つけられるのがミソです。

1.経営資源

資源とは何か?

経営資源とは実際のところ、何なのだろうか。

経営資源とは広い意味でとらえる必要がある。次のうち、どれがプロジェクトにおける

活動利用と活動比率

以上から次のことがいえる。

・利用可能性（活用度）に関するプランには利用不可能性も考慮に入れなければならな

・1つの経営資源が2つの異なるプロジェクトの日程に上ることがある

・日数は活動量の広がりと一致しない

・活動比率は活動量に影響を与えることなく変動することがある

・同じ活動が複数の経営資源に適用されることがある

そうしたら、最後に、**「Shift」を押しながら、範囲指定したい文章の終点をクリック。これで、最初にカーソルのあった場所からクリックした場所までを一気に範囲指定できる**のです。このワザは逆もしかりで、文章を打ち終え、終点にカーソルがある状態から前にさかのぼって範囲指定することも可能。わざわざ最初に戻って、範囲指定を始める必要はありません。

もう1つ、マウスならではのとっておきの範囲指定の方法があります。それが、「トリプルクリック」です。

マウスでの範囲指定は、細かい正確な操作が苦手。マウスで範囲指定をして、1字、1行といった細かい部分が範囲指定からもれた、不要な部分まで範囲指定してしまった、ということはよくあります。

1回クリックするだけだと、カーソルの位置が移動するだけ。しかし、ダブルクリックすると、カーソルの位置を含む単語を範囲指定してくれます。そして、さらにもう1回クリックを行う**「トリプルクリック」をすると、カーソルを含む段落を一気に丸ごと範囲指定**することができます。クリックするだけだから、マウスを動かす必要はありません。そのくせ、マウスを動かすより、速く正確に範囲指定できます。

経営資源の利用可能性(活用度)

例えば、安田さんが7月5日から8月10日まで、現場のチームが必要になったとする。また、埼玉の新しい工場施設において、機材調整のための設備が、8月8日から13日まで必要になるとする。

このように、フロー資源は、特定の期間における利用可能性（活用度）が問題となってくる。この場合の利用可能性（活用度）とは、プロジェクトにおける資源活用の可能性ということである。

では安田さんは、この利用可能性（活用度）を、いかに見積もればよいのだろうか。

ここにある例は、機材を解体するという活動である。この活動は10日間にわたって続く。

もし安田さんがこの活動のために現場から3名をあてがい、それでもなお10日間かかる場合には、この活動は30人日の作業ということになる。人日は、活動量（作業工数）と呼ばれるものである。下の図においては、面で示される。活動期間と関係する人数をかけ合わせれば簡単に計算できる。この人数は、活動の大きさとも呼ばれ、この例の場合、活動のために毎日あてがわれる3名を指す。活動が長期間にわたって続く場合は、人月、あるいは人年を使うことになる。

1-4 「ファイル管理」の基本を知る

仕事におけるファイル管理の重要性

見積書や提案書、仕様書、報告書……。仕事では大量の文書を扱います。しかも、終わった案件の文書であっても、ファイルを保管しておくのが当然とされます。それは、後でトラブルが発生したときに、文書は「こういうやりとりがあった」という証拠となる（仕事では、進行スケジュール、見積り、仕様書などの重要な内容は、「書面で」と指定されるのが通例です）ためですが、そればかりではありません。

仕事では似た業態の取引相手や同じ製品など、同じような案件を何度もこなします。以前の似た案件の文書に手を加えて再利用すれば、文書作成の手間を省き、仕事を効率化することができます。

しかし、こうして保管された文書が、数年分ともなると大変な量になってしまいます。**「一応、保存はしてあるものの、どこにあるかわからず、二度と使うことがない」ということなら、ゴミと同然**です。大量のファイルを、いかに効率よく管理し、再利用できるようにするかが仕事の実力に直結するというわけです。

ファイル名にルールを持たせる

ファイルを効率よく管理する第一のコツは、ファイル名にルールを持たせる、ということです。

例えば、「見積書」というファイル名を付けた場合、それがどの顧客に対する見積書なのか、どの製品・サービスについての見積りなのかは、ファイル名を見てもわかりません。いちいちファイルを開いて中身を確認しなければならないなら、仕事の効率は著しく落ちてしまいます。そこで、顧客名（案件名）と日付をファイル名に入れる、というルールを持たせる、というわけです。

この際、**顧客名や案件名は、なるべく半角英数の略称にするのがポイント**です。技術評論社なら「GH」、三笠書房なら「MKS」といった具合です。

その理由は、まず機密保持です。第三者に、顧客名を明らかにしないよう求められることは少なくありません。とりわけ近年は、NDA（Non-disclosure agreement の略。機密保持契約のこと）を交わす機会が増えてきました。もう 1 つの理由は、後ほど説明するように、ファイルを探すのに便利だからです。

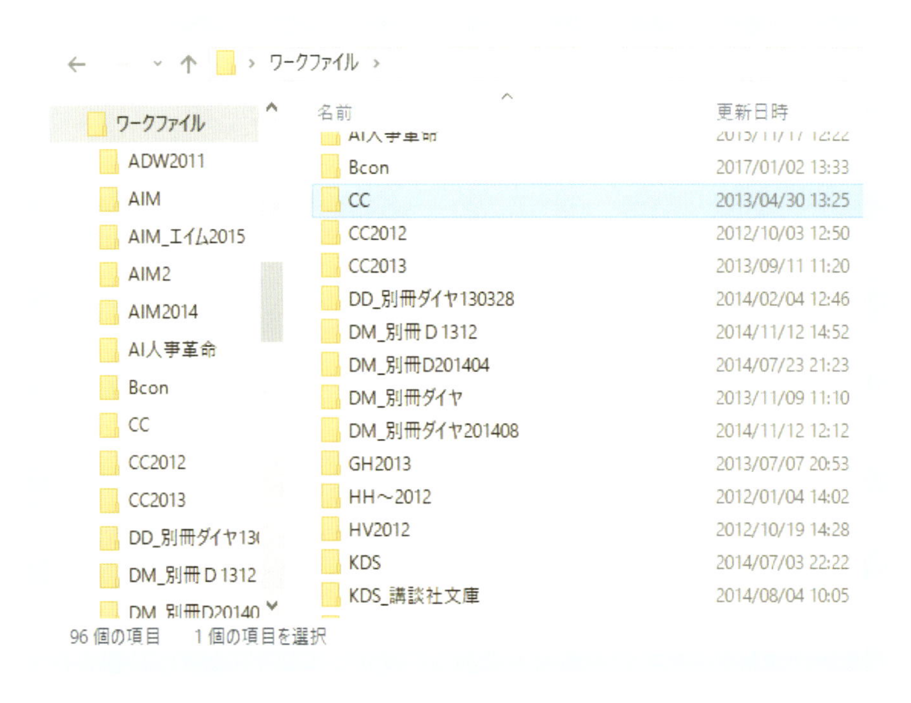

「顧客名」「日付」がわかれば、ルールそのものは、自分が使いやすいものにして構いません。業種や職種によっても、効率のよいファイル名のルールは異なってくるでしょうが、基本は、以下のようなルールです。

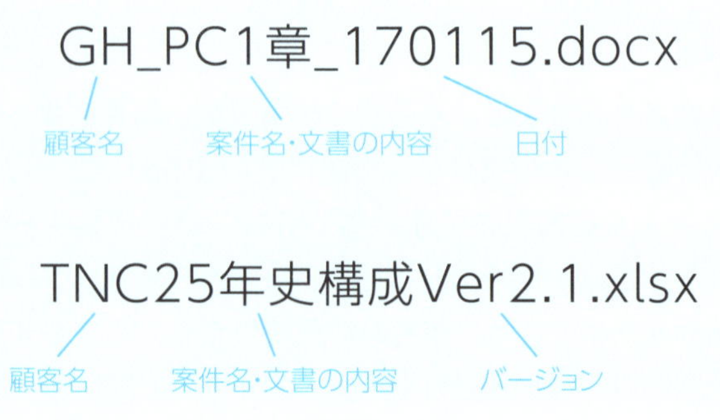

GH_PC1章_170115.docx

顧客名　案件名･文書の内容　日付

TNC25年史構成Ver2.1.xlsx

顧客名　案件名･文書の内容　バージョン

1つのファイルを何度も更新してアップデートするような場合は、日付ではなく、上の例のようにバージョンを入れる人も多いようです。仕事の性質上、使い勝手のよいルールを決めればOKです。

また、「KDS」と略称では自分自身がわからなくなるような場合は、「KDS_講談社～」などと注釈をつけてもかまいません。**絶対に押さえておきたいポイントは、ファイル名の先頭に半角英数の顧客略称を付けることで、それ以外は柔軟に運用すればよい**のです。

半角英数略称を先頭に付ける意義

半角英数文字をファイル名の先頭に付ける意義は、フォルダーを開いたときに、ファイルを簡単に探すことができることです。

フォルダーを開いて、例えば「TNC」という顧客のファイルを見たければ、**「T」のキーを押します。すると、「T」から始まるファイル、フォルダーにジャンプ**するのです。ジャンプした先がお目当てのフォルダーでなければもう一度「T」。次のTで始まるファイル、フォルダーに移動します。

私の場合、「ワークファイル」フォルダーに過去数年分の仕事が収められているので、そのファイル、フォルダー数は膨大です。スクロールするだけでも大変です。年次別のフォルダーにしなかったのは、「2013～

2016」年のファイルを見たいというケースもあるから。年に関係なく一緒にしておいた方が、名前順でズラリと並ぶので、かえって都合がよいのです。

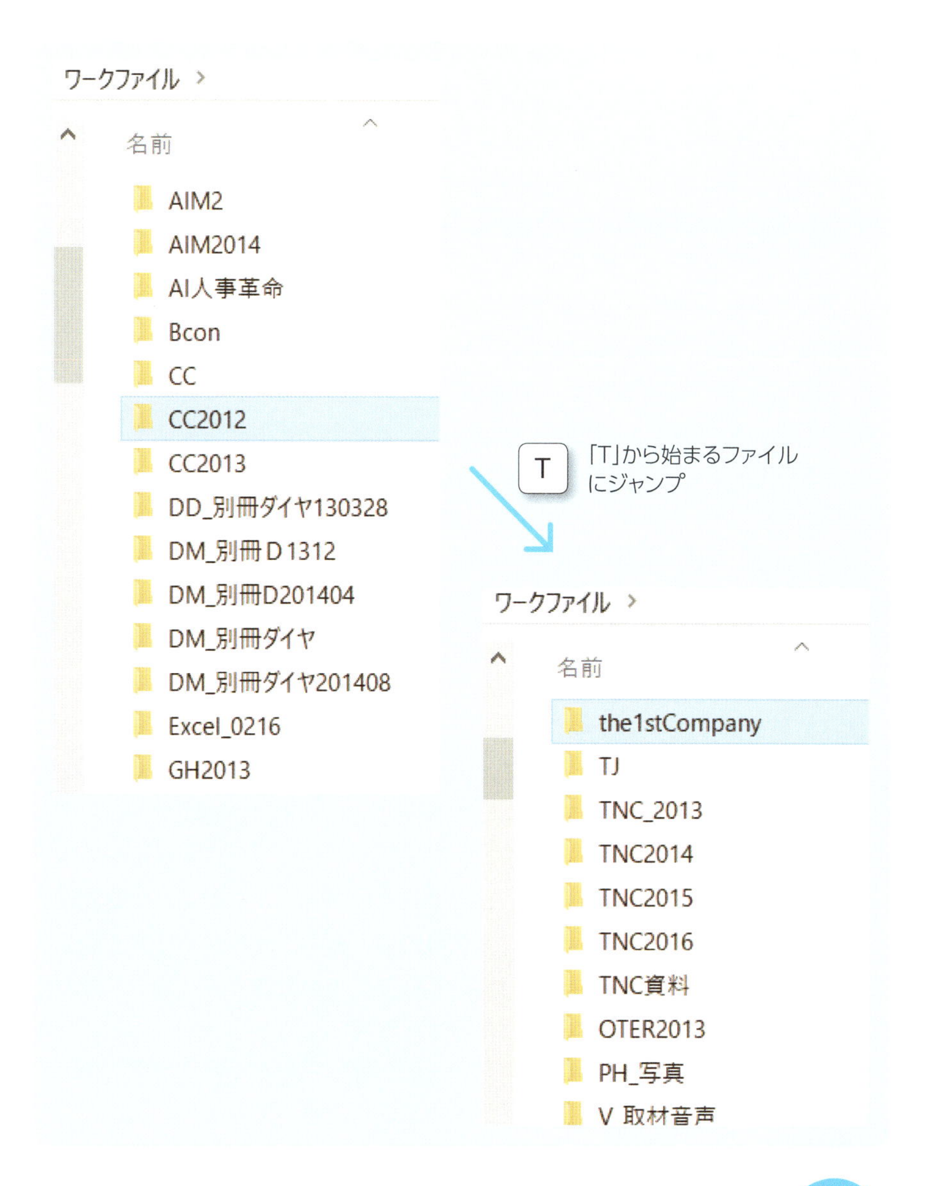

フォルダーを使ったファイル管理術

実際のところ、私自身は、それほど厳格にファイル名のルールを遵守しているわけではありません。というか、仕事のパソコンにおいて、ファイル名のルールを徹底するのは非現実的だからです。

なぜなら、仕事では、メールなどで他の人とファイルのやりとりを行うことが非常に多いから。**他人が作成したファイルは、当然、自分とは違うルール**で名前が付けられています。これをパソコン内に保管するときに、いちいち名前の変更を行っていたのでは、いくら時間があっても足りなくなってしまいます。

そこで、他人が作成した、ルールに準拠しない名前のファイルをうまく管理する方法が、**案件別にフォルダーを作成すること**です。1つの案件についてフォルダーを作成し、その中にまとめておけば、いちいちファイルごとの名前を変更する必要がなくなるからです。フォルダーをファイルの1つのかたまりとみなして管理すれば、それで十分です。

フォルダーの長所・短所を知る

ここで間違ってはならないことは、ファイル整理の目的が、必要なファイルを素早く取り出せるようにすることだということです。最初にフォルダーを大量に作成し、厳格にファイルを分類・整理しようとする人がいますが、フォルダーを使ったファイルの分類自体に意味はありません。

フォルダーの短所は、階層が深くなるほど取り出すのに時間がかかることです。つまり、フォルダーの中に、フォルダーを作って、さらにその中にフォルダーを作って……とやると、それだけファイルを開くのに時間がかかってしまいます。また、そうした**奥の方にあるフォルダーは開く機会が少ないので、ファイルの存在自体、忘れてしまいがち**です。もう二度と使うことのないファイルなど、ただのゴミです。

みなさんの机を思い出してください。現在進行中のすぐ使う書類は机の上に置いたり、案件ごとクリアファイルに入れて机の上の本立てに立てているはずです。大切なモノは引き出しの特別な場所に保管しがちですが、かえってどこにあるのかわからなくなる原因になってしまいます。

こうした机の実体験の反省をそのまま生かし、**現在進行中のファイルは、そのままデスクトップ上に保存**します。1つの案件で、アンケートの回答のように複数のファイルがある場合はフォルダーに入れますが、やはりそのままデスクトップ上に置きます。そうすれば、**デスクトップを見るだけで、現在進行中の案件がわかり、仕事のやり忘れがなくなります**。

そして、その案件が片付いたら、「ワークファイル」というフォルダーに入れます。1年の終わりに「2016年」などと年ごとにフォルダーを作って、1年分のファイルを整理します。これで、「あれはたしか、1年前だったな」という記憶を頼りに簡単に探し出せるからです。基本的に、私にとっての**フォルダーは「保管庫」。ひんぱんに使うファイルを置いておく場所ではありません**。

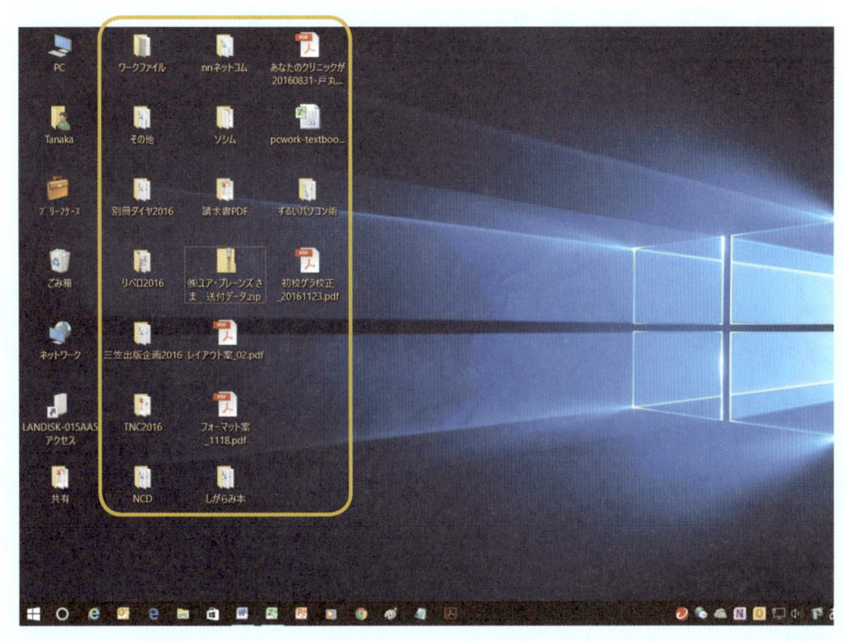

現在進行中のファイルをデスクトップ上に保存すれば、仕事のやり忘れを防げる

新規フォルダーを作成する

新規フォルダーを作成する一般的な方法は、右クリックして、右クリックメニューから「新規作成」→「フォルダー」をクリックして選ぶというものです。ただ、マウスは細かい操作が苦手なので、表示されるメニューから順にクリックしていく操作は、意外に面倒です。

こんな場合は、**「Ctrl」+「Shift」+「N」を押せば、即、新規フォルダーを作成**することができます。新規フォルダーを作成すると、フォルダー名が青く反転しているので、そのままフォルダー名を入力して最後に「Enter」を押せば、新規フォルダー作成の完了です。

Ctrl ＋ Shift ＋ N ＝ 新規フォルダーの作成

ファイルやフォルダーの名前を変更する

ファイルやフォルダーの名前を変更するには、いくつかの方法が用意されています。一般的な方法は、ファイル（フォルダーも同じ。以下、同）を右クリックして、右クリックメニューから「名前の変更」をクリックして選ぶというものです。また、別の方法として、ファイルを選択した後、長クリックする、というものがあります。細かい操作が不要なため、この方法で名前の変更を行っている人も多いようです。難点は、ファイルの選択→長クリック、という2つの操作が、ダブルクリックとみなされて、ファイルが開いてしまうことがある、ということです。

やはり、一番効率のよい方法は、ショートカットキーです。

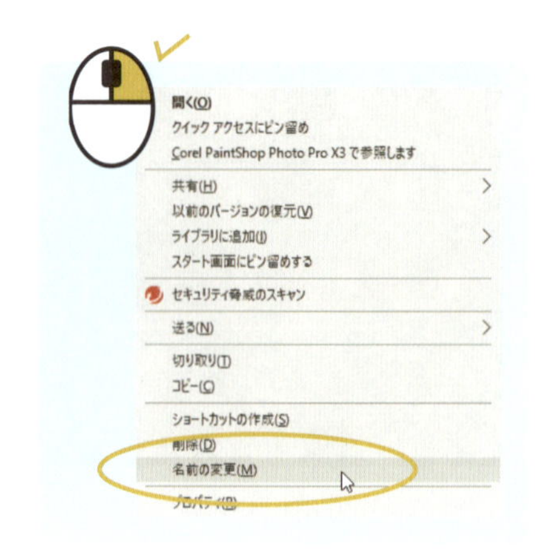

ファイルを選択した状態で、**「F2」を押すと、即、ファイル名が青く反転して、「名前の変更」モード**となります。手はキーボードの上にあるので、そのままファイル名の入力ができます。

F2 ＝ 名前の変更

ファイル名の変更は、日付や顧客名など、ファイル名の一部を修正することがよくあります。ファイル名をすべて変更する場合は、そのまま文字を入力すればよいのですが、一部だけ修正する場合は、カーソルの移動がやっかいです。こんなときは、「F2」を押してファイル名が青く反転した状態から、「Ctrl」＋「Home」を押すとファイル名の先頭に、「↓」を押すとファイル名の末尾(拡張子の前)に、それぞれカーソルが表示されます。

ファイル名を連番で管理する

さらに、このワザを応用した効率ワザがあります。それは複数のファイルの名称を変更する場合。例えば、展示会で撮影した複数の写真に、それとわかる名前をつけたいときなどです。

こんなとき、1つずつ名前を変更する必要はありません。最初に名前を変更したいファイルを同時選択して、「F2」キーを押します。すると、最初のファイル名が青く反転して、名前の変更モードになります。

F2

名前	日付時刻	種類
20160202222403.pdf	2016/02/02 22:20	Adobe Acrobat D...
20160202222437.pdf	2016/02/02 22:21	Adobe Acrobat D...
IMG_0208.JPG	2015/05/18 22:33	JPG ファイル
IMG_1385.JPG	2016/02/02 22:26	JPG ファイル
IMG_1386.JPG	2016/02/02 22:26	JPG ファイル
IMG_1387.JPG	2016/02/02 22:27	JPG ファイル
IMG_1388.JPG	2016/02/02 22:27	JPG ファイル
IMG_1389.JPG	2016/02/02 22:27	JPG ファイル
IMG_1390.JPG	2016/02/02 22:27	JPG ファイル
IMG_1391.JPG	2016/02/02 22:27	JPG ファイル
IMG_1392.JPG	2016/02/02 22:27	JPG ファイル

この状態で、「○○展 170108」などと名前を付けましょう。

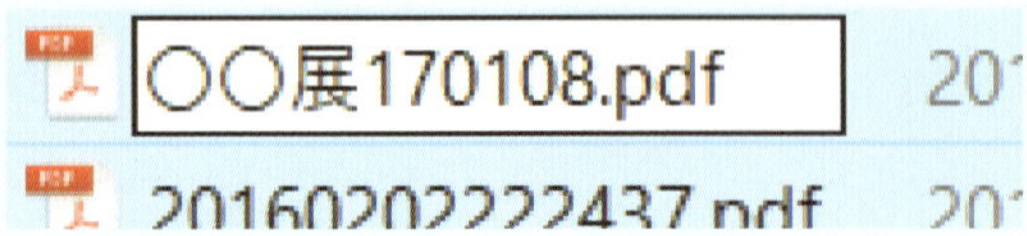

○○展170108.pdf

最後に、「Enter」キーで確定を行うと、同時選択したファイルに「○○展 170108(1)」といった具合に、通し番号がつけられるのです。

Enter ↵

名前	日付時刻	種類
○○展170108 (1).JPG	2015/05/18 22:33	JPG ファイル
○○展170108 (1).pdf	2016/02/02 22:20	Adobe Acrobat D...
○○展170108 (2).JPG	2016/02/02 22:26	JPG ファイル
○○展170108 (2).pdf	2016/02/02 22:21	Adobe Acrobat D...
○○展170108 (3).JPG	2016/02/02 22:26	JPG ファイル
○○展170108 (4).JPG	2016/02/02 22:27	JPG ファイル
○○展170108 (5).JPG	2016/02/02 22:27	JPG ファイル
○○展170108 (6).JPG	2016/02/02 22:27	JPG ファイル
○○展170108 (7).JPG	2016/02/02 22:27	JPG ファイル
○○展170108 (8).JPG	2016/02/02 22:27	JPG ファイル
○○展170108 (9).JPG	2016/02/02 22:27	JPG ファイル

これは、全く同じ名前のファイルは同じ場所に置けないため、パソコンが（1）（2）……を末尾に付けて区別するからで、Word と Excel、PDF 文書といったように、拡張子が違うファイルには通し番号をつけてくれません。しかし、複数のファイルに 1 つずつ名前をつける作業が不要になり、共通のファイル名でひとまとまりのファイルだとわかるようになるので、ファイル管理の手間が一気に解消されます。

【用語解説】拡張子

「.docx」「.pdf」などファイル名の最後につく英数文字のこと。Windows はこれを頼りにファイルの種類を識別し、開くアプリを決定しています。

複数のファイルを同時選択する

ファイルは、ドラッグ&ドロップによって、別のフォルダーに移動することができます（USBメモリーなど、別のドライブにドラッグ&ドロップした場合は、ファイルのコピーとなります）。あるいは、ファイルを選択した状態で「Ctrl」＋「C」を押してコピーをし、移動先のフォルダーを開いて、「Ctrl」＋「V」で貼り付けという方法でも移動できます。

いずれの方法でも、ファイルを1つずつ移動するのではなく、同時選択を行って、一気に移動することが可能です。

そこで、ポイントとなるのが、複数のファイルを同時選択する方法です。**「Shift」を押しながら、方向キーを押すか、最初のファイルを選択した状態で、最後のファイルを「Shift」を押しながらクリックすれば、複数のファイルを同時選択**できます。

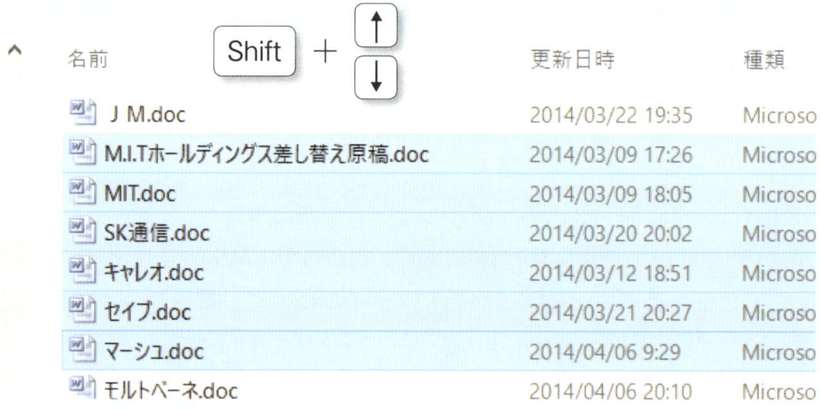

Shift ＋ ↑ ↓

名前	更新日時	種類
J M.doc	2014/03/22 19:35	Microso
M.I.Tホールディングス差し替え原稿.doc	2014/03/09 17:26	Microso
MIT.doc	2014/03/09 18:05	Microso
SK通信.doc	2014/03/20 20:02	Microso
キャレオ.doc	2014/03/12 18:51	Microso
セイブ.doc	2014/03/21 20:27	Microso
マーシュ.doc	2014/04/06 9:29	Microso
モルトベーネ.doc	2014/04/06 20:10	Microso

「Shift」では、連続したファイルを同時選択しますが、バラバラの場所にあるファイルを同時選択することも可能です。それが「Ctrl」です。

2つ目のファイル以降、「Ctrl」を押しながらクリックを行うと、ファイルを同時選択することができます。

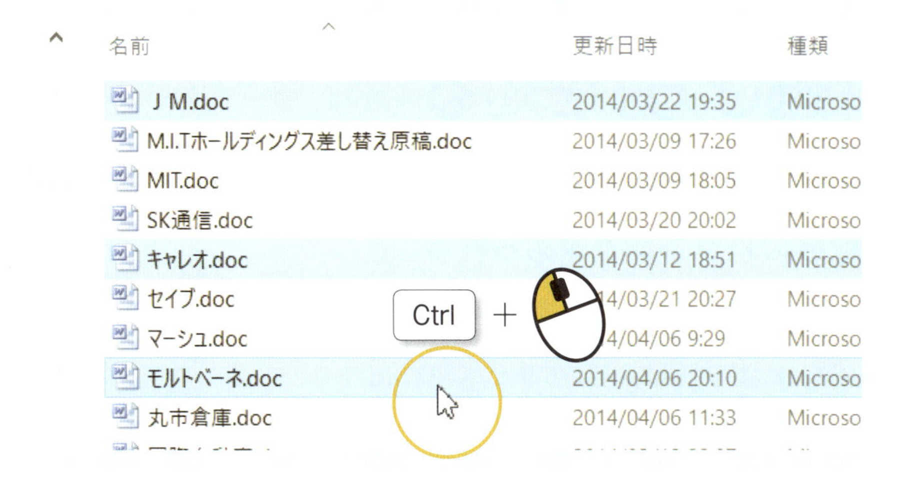

ファイルやフォルダーを削除する

ファイルの削除は、デスクトップ上の「ごみ箱」のアイコンにドラッグ&ドロップする方法が一般的ですが、ドラッグしているときにクリックする指が離れるなどして、違うフォルダーに移動、といったミスがよく起こります。そこで役立つのが、**「Delete」。このキーを押せば、マウスを使わずに簡単にファイルを削除する**ことができます。すなわち、ファイルを選択して、「Delete」を押すと、「このファイルをごみ箱に移動しますか」というアラートが表示され、「Enter」を押せばごみ箱への移動が完了します。

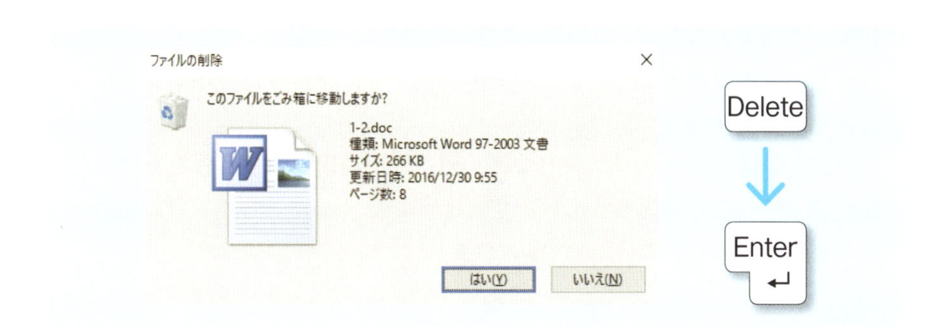

1-5

仕事のパソコンの「選び方」を知る

仕事のパソコンで求められること

意外に思われるかもしれませんが、一部の職種の人を除いて、**仕事のパソコンには高性能は必要ありません**。Word や Excel、メールや Web ブラウザといった仕事で使うアプリは、大してパソコンに負荷をかけないからです。パソコンに負荷がかかるのは、動画の編集や写真などの加工。実際、メーカーがハイエンドマシンとして用意しているものの大半は、ゲームユーザーを想定したものです。一般的な使い方なら、エントリーモデルで十分でしょう。

では、仕事用はどんなパソコンでもよいのか、というと、そういうわけでもありません。**求められるのは、信頼性の高さ**です。仕事のパソコンは毎日使うもので、大切なデータを日々扱っています。仕事はレスポンスの速さが重視されますから、パソコンが壊れて、大切なデータが消えてしまった、パソコンが復旧するまで、顧客の対応ができなかった、ということでは困ってしまいます。

以前、C 社のパソコンが壊れて、サポートセンターの人に、「コンシューマー用は仕方がないですよ」といわれたことがあります。メモリーや HDD など、パソコンは多数のパーツの集積です。**コストを下げるために、ジャンク品のようなパーツを使っているパソコンが少なくない**のだといわれました。多少高めでも、ビジネス用のパソコンを使った方がよいということでした。

特に、レノボやレッツノートなど、耐久性や衝撃に対する強さを売りにしているメーカーもあるくらいです。そうしたメーカーのパソコンを選ぶのが安心でしょう。

ノートかデスクトップか

パソコンは、携帯可能なノートが、デスクトップを出荷台数において上回っています。仕事では、パソコンを持ち歩くことが少なくないので、ノートパソコンの方が使い勝手はよいでしょう。ただし、**同じ価格帯なら、ノートの性能はデスクトップの性能に劣ります**。小さな筐体にパーツを凝縮するため、発熱対策からCPUもノートの方が性能的に劣ったものが使われています。事務職などで、外にパソコンを持ち歩くことはめったにない、という人なら、デスクトップをお勧めします。

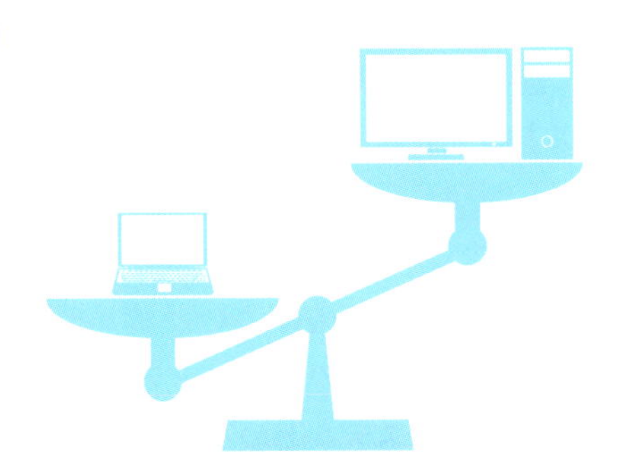

パソコンの大きさも重要なポイント

ノートの場合、A4サイズのような大型のものの方が、画面やキーボードが大きい分、使い勝手はよくなります。小型のものは、持ち運びに便利ですが、その分、操作性は悪くなります。筐体が小さく、発熱の問題上、性能も低めです。また、**ディスクドライブやAC電源など、本体が小さくても、一式持ち歩くとかえってかさばる**ことも少なくありません。

特に、最近は小型ノートを持ち歩かなくても、タブレットを携帯して、デモンストレーションやプレゼンに使うこともできる時代です。メインのパソコンは操作性を重視して大型のものを選び、デモンストレーションやプレゼンテーションにはタブレットを使うのが賢い選択です。

その他の注意すべき点

① メモリー搭載量

最近のパソコンはOS自体がメモリーの容量を食います。メモリーが不足した場合は、仮想メモリーとしてHDDをメモリー代わりに使うので**メモリー不足で動かないということはありませんが、パソコンの速度は極端に遅くなってしまいます**。最低でも4GB、できれば余裕を持たせて8GB以上のメモリーを搭載した方がよいでしょう。

② OS

最新のOSの方がよいとは一概にいえません。会社では、Windows7などの古いOSのパソコンを使っているところが少なくありませんが、これは**社内システムとの不具合が起こらないようにするため**です。また、新しいOSは、リリースからしばらく、ドライバーソフトが未対応で、プリンターなどの周辺機器が正常に動かないことがあります。会社が推奨するOSを搭載したパソコンを選ぶのが基本です。

③ HDDとSSD

従来のHDDは、ディスクを高速回転して読み書きを行うため、故障の確率が高く、読み書きの時間もかかります。そこで新たに登場したのがSSD。USBメモリーをHDD代わりに搭載したものと考えるのがわかりやすいでしょう。SSDは割高なことがネックとなっていましたが、最近になって、ずいぶん価格がこなれてきたので、予算的に折り合えば、SSDの方が安心です。

2章

仕事を
快適にする
「設定」変更

2-1
仕事のパソコンで設定変更が必要な理由

情報と周辺機器の共有

　仕事のパソコンと、家庭のパソコンの大きな違いは、**多くの人間がパソコンなどの情報端末をネットワークに接続して使っている**ことです。例えば、プリンター１つとっても、会社ではネットワークプリンターが一般的で、プリンター、コピー、FAXが一体になった複合機は、書類のスキャン機能がついていて、スキャンしたデータをパソコンに保存する設定なども必要になってきます。

　さらに、交通費精算のテンプレートや関係者で共有すべき情報・文書なども、ネットワーク上の共有フォルダーに置かれており、こうしたネットワークの設定が必須となってきます。また、近年は個人情報などの漏えいが大きな問題となっているため、セキュリティ対策のための設定も不可欠です。ただし、こうした設定は、社内のネットワーク担当者がやってくれるので、覚える必要はありません。

仕事の生産性を高めるための設定

　一般のビジネスパーソンが設定を自分で行うのは、**仕事の道具であるパソコンを、もっと快適かつ効率的に使えるようにする**ためです。

　例えば、パソコンの起動。会社には多数のパソコンがあり、これらを勤務時間外に立ち上げたままにしておけば､相当な電気代のロスとなります。しかも、第三者が夜間に忍び込んで情報の持ち出しをするかもしれず、セキュリティ上も問題があります。そこで、退社時にはパソコンの電源を落とすことを徹底している会社が大多数ですが、朝、出社したときにパソコンの起動に時間がかかったのでは、その分、仕事の生産性が落ちてしまいます。

さらに、仕事が始まると、メールチェックなども含めて、さまざまなアプリを同時に起動させながら使うことになるので、パソコンの動作が遅くならないようにしておくことが重要です。**パソコンの操作性が仕事の生産性に直結し、それが大きな差を生む**ことになってしまうからです。

パソコンの動作を速くするために設定の変更を行いましょう。設定の変更を行っていないパソコンでは、キー入力を行ってパソコンが反応するまで、かなりの時間待たされてしまう、ということもしばしばあります。これはパソコンの性能が足りないというよりも、設定の問題であることが多いものです。次節以降、具体的な設定の方法を解説します。

ムーアの法則の示す通り、パソコンの性能は日々向上を続けています。しかし、同時にOSやアプリに多くの機能が盛り込まれ、仕事には不要な設定も見受けられます。必要のない機能によって、かえってパソコンの動作が遅くなる、ということを避けるため、**設定を変更してパソコン本来の力を引き出せる**ようにしましょう。

また、会社から割り当てられたパソコンがノートだった場合、USBでつなげるマウスや数字入力のための外付けテンキーなどは、積極的に自前で用意した方がよいでしょう。ノートのタッチパッドは小さいため、指でなぞりながらのポインターの移動やドラッグは、マウスと比べればどうしても操作性が落ちます。数字入力をひんぱんに行う場合は、外付けテンキーを用意した方が数字入力がスピーディーになります。これらは家電量販店で、それぞれ1000円前後で購入できます。合計で数千円の投資を行うだけで、仕事の生産性を向上できることになります。

【用語解説】ムーアの法則

インテル創業者の一人であるゴードン・ムーアが書いた、「半導体の集積率は18か月で2倍になる」という半導体業界の経験則。

2-2

不要な常駐ソフトは停止すべき

起動が遅い一因は「常駐ソフト」にあり

パソコンの電源を入れて、仕事ができる状態になるまでには、意外に時間がかかります。これは、OSのWindowsが必要なソフトを順番に読み込んでいるためです。

常駐ソフトには、仕事には関係ない（というか、まず使うことのない）ものがけっこう含まれています。パソコンが使えるようになるまで、ハードディスクがカシャカシャと音がして、画面右下に1つずつアイコンが増えていきますね。この**常駐ソフトの読み込みをやめれば、その分、パソコンがすぐに使える**ようになるということです。さらに、常駐ソフトはメモリーを消費しています。起動に時間がかかるばかりでなく、**ExcelやWordなどに割り当てるメモリーが少なくなってしまうので、動作が遅くなったり、フリーズの原因になってしまう**のです。

CPU、メモリーの使用状況は、タスクマネージャーを開けばわかります。

タスクマネージャーは、タスクバーを右クリックして、「タスクマネージャー」を選びます。または、ショートカットキーで、「Ctrl」＋「Alt」＋「Delete」を押して表示されるメニューから「タスクマネージャー」を選んでもかまいません。

パソコンを起動して、何もアプリを立ち上げていない状態でCPU、メモリーの使用状況を見てみましょう。メモリーが4GB、CPUがIntel

【用語解説】常駐ソフト

日本語入力、ウィルス対策など、パソコンを起動すると自動で立ち上がるソフト。

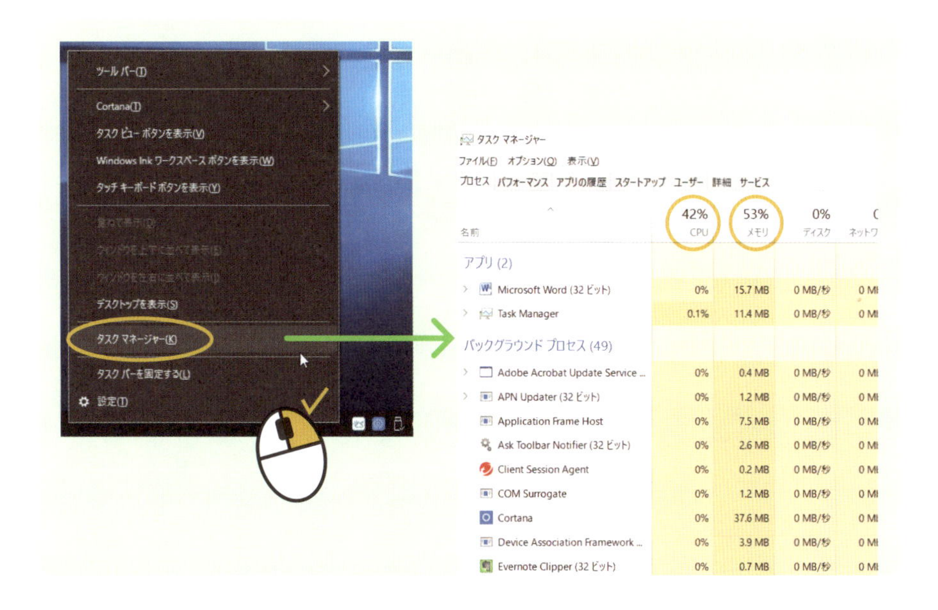

Corei5という標準的な仕様のパソコンですが、すでに53%ものメモリーを消費しています。

　また、私のパソコンはDELLのビジネス用のものですが、国産メーカーのコンシューマー用パソコンは、サポートサービスの小ウィンドウなどいろいろなソフトがバンドル（付属）されています。これでは、**複数のアプリを同時に開いて、サイズの大きいデータを扱うと、あっという間にメモリー不足になってしまいます**。

　実際には、パソコンを使っていて、メモリー不足になることはめったにありません。それは、メモリーが不足すると、HDDを仮想メモリーとして使用するようになっているからですが、メモリー上のデータに一瞬でアクセスできるメモリーに対し、HDDは物理的にディスクを回転させてデータの読み書きを行いますから、**処理速度は著しく低下**します。パソコンの処理速度が遅いと感じる原因は、CPUの性能不足以上に、メモリー不足であることの方が多いのです。

　不要な常駐ソフトをなくしてメモリーを解放すれば、あなたのパソコンはもっと速く、フリーズしにくい快適なものに一変します。

不要な常駐ソフトを停止する

Windows10で常駐ソフトを停止するには、タスクバーを右クリックして、「タスクマネージャー」を選びます。そして、「タスクマネージャー」のタブで「スタートアップ」を選びます。すると、起動時に立ち上がるソフトが一覧で表示されます。

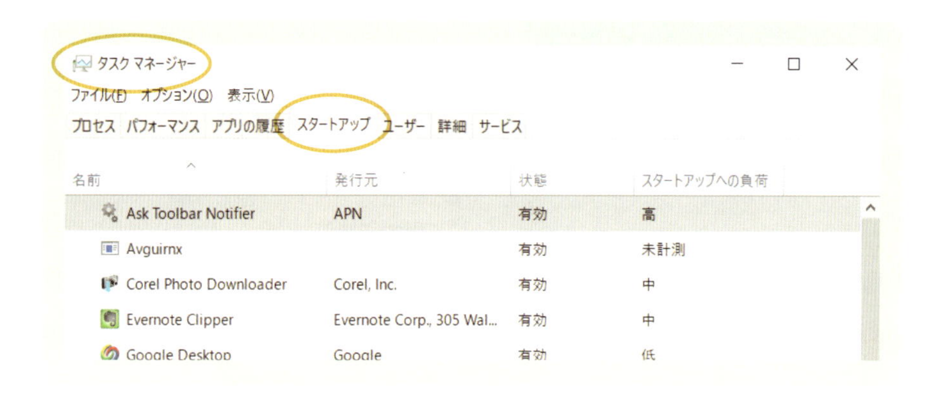

起動時に立ち上がるプログラムの一覧から、不要なものをクリックして選び、ウィンドウ右下の「無効にする」ボタンをクリックして無効化する――これで、パソコン起動時に、いちいち立ち上がらなくなります。

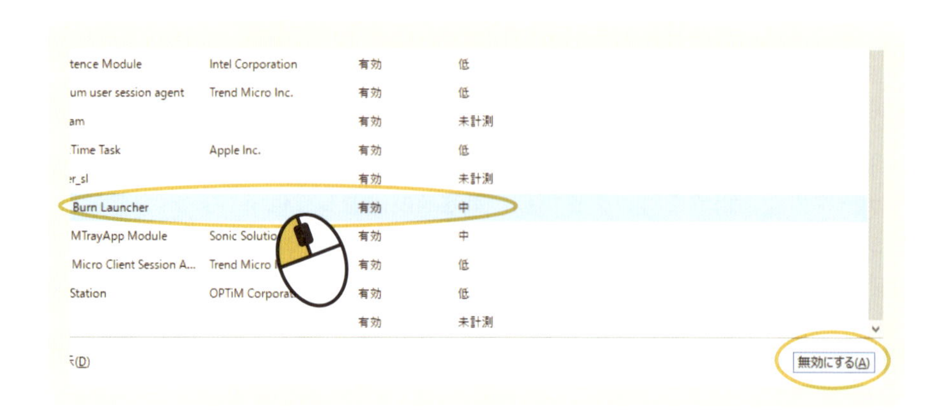

定期的に「スタートアップ」をチェックする

ウィルス対策など、常駐から外すわけにはいかないソフトもありますが、常駐ソフトは、なるべく少なくするに越したことはありません。電卓や天気予報など、「ガジェット」と呼ばれるミニアプリを入れている人がいますが、**たまにしか使わないお役立ちミニソフトのために、パソコンが遅くなってしまったのでは、かえって生産性が落ち、逆効果**です。特に最近は、こうした「ちょっとした調べもの」はスマホで行うことが多いので、パソコンに入れる必然性はありません。

重要なことは、**「スタートアップ」は定期的にチェックし、不要と思われるものを無効にする**ことです。アプリのインストールやアップデートをインターネット経由で行うことが増え、その際に、「勝手に」「スタートアップ」に追加されるソフトが少なくないからです。**入れたつもりはないのに、知らないうちに「スタートアップ」が増えて、パソコンの負荷が増してしまう**時代です。毎日確認する必要はありませんが、3カ月に1度くらいはチェックするとよいでしょう。

【用語解説】ガジェット

目新しい道具、面白い小物、携帯用の電子機器といった意味。パソコン上で動作する小型のアプリのこと。

2-3

インターフェースを自分に合った設定にする

インターフェースで仕事の効率は30％以上変わる

パソコンは、日常的に仕事で使うものだけに、使いやすい状態にしておくのが一番です。画面の解像度を変更して見やすくする、といったこともそうですが、キーボード、マウス、タッチパッドの設定変更が大切です。

私事ですが、最近、キーボードがへたってきたなと感じました。入力ミスや、押したつもりのキーが反応していない、ということが起こるようになったのです。めったにない機会なので、単位時間あたり平均してどれくらい文書を作成できているか、**キーボードの買い替え前後**で測定してみることにしました。すると、**30％以上もの差があることがわかった**のです。

これは大変な結果です。仕事のスキルとは無関係に30％も生産性が変わるということなのですから。

マウスやキーボードは消耗品です。マウスのクリックボタンが押しづらくなってきたり、キーボードのキーのタッチの感触が変わってきたり（たまったほこりのせいで押すのが固くなるキーもあります）と、何万回も押すことで、どうしてもへたってしまいます。使いにくいな、と感じたら、買い替えるのが一番です。キーボード、マウスともに、せいぜい数千円で購入できます。たったそれだけで、仕事の生産性が大幅にアップするわけですから、何とも効率のよい投資です。

マウスの設定を変更する

もちろん、マウスやキーボードは買い替えればそれで十分というものではありません。新品でも、使いにくいと感じることはよくあるものです。例えば、マウスを動かした距離に対して、ポインターの動きが鈍い場合です。マウスを目いっぱい動かして、それでも足りず、持ち上げて最初のところに移動させて、またマウスを動かさなくてはならない場合だってあります。これでは快適に、効率よく作業するというわけにはいきません。

これらは、設定の問題。買い替えなくても、**設定を変更するだけで、十分効率よく作業できる**ケースも少なくありません。

マウスの設定を変更するには、まず、「スタート」ボタンをクリックして、表示されたメニューから「設定」をクリックします。

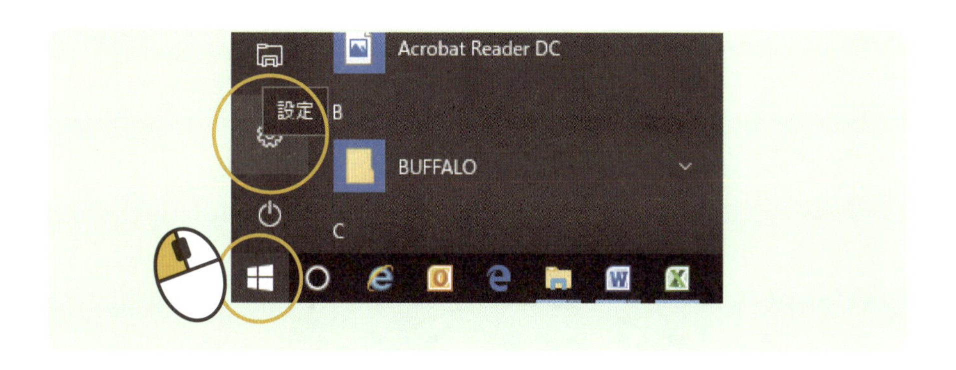

そして、表示された「設定」画面で「デバイス」をクリックします。

「デバイス」画面で、**「マウスとタッチパッド」をクリックし、「その他のマウスオプション」**を選びます。すると、「マウスのプロパティ」画面が表示されます。ここで、「ダブルクリックの速度」のつまみを動かせば、どの速さで２度クリックすればダブルクリックと認識されるかを調整できます。これにより、ファイルを選択しただけのつもりが、ダブルクリックとみなされてファイルが開いてしまった、という操作ミスが激減します。

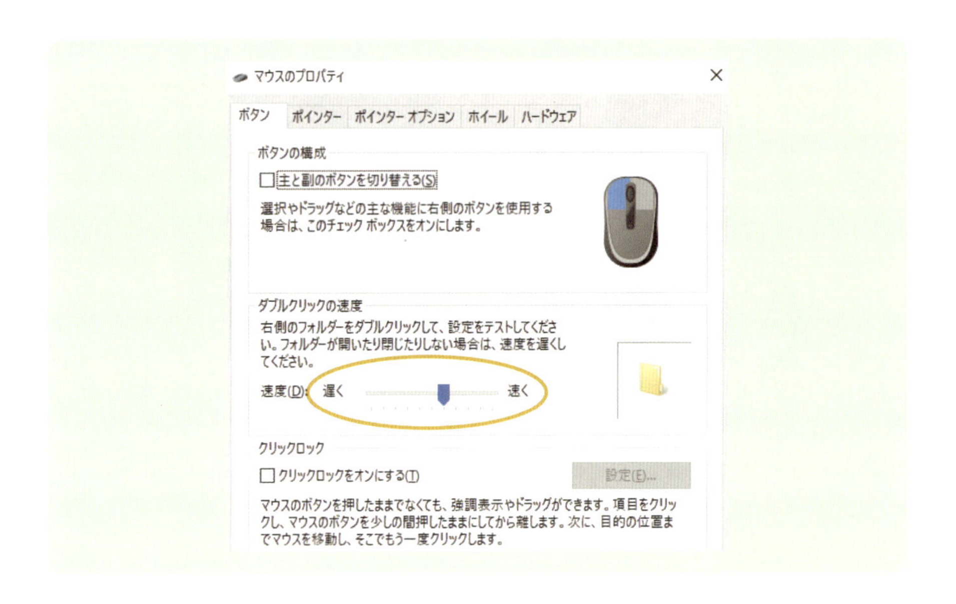

「マウスのプロパティ」画面には、多くのタブがあり、様々な設定が行えるようになっています。その中でも、**特に重要なのが、「ポインターオプション」**です。

【用語解説】デバイス

機器、装置、道具という意味の英単語。特に、パソコン外部に取り付けるマウス、キーボード、モニター、プリンターなどを指すことが多いです。

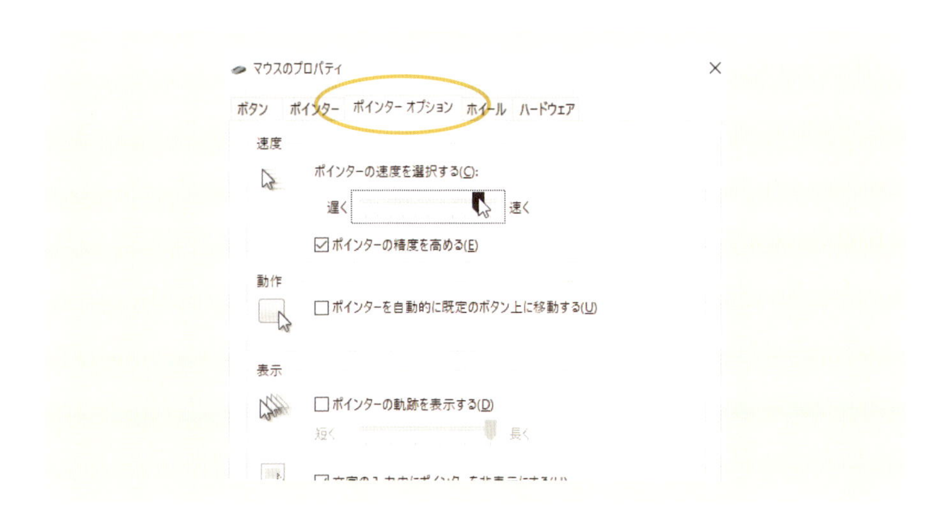

「速度」のつまみを動かして、マウスを動かしたときのポインターの動く速さ・距離を調整してやりましょう。

ここで重要なのは、マウスには、**真逆の２つのポイント**があるということです。

①マウスのポインターは、**速く動かせた方が効率がよい**、②しかし、マウスは少しだけポインターを動かすといった、**細かい操作が苦手である**、という２つです。

マウスのポインターが速く動く設定にするのはよいのですが、選択メニューを選ぶとき、範囲指定をするときなど、そうっとゆっくり動かさなくてはならない場合、かえって仕事の効率が落ちてしまいます。したがって、一番速く設定するのが常によいとは限りません。

結論からいえば、ちょうどよいマウスの速さの設定は人それぞれです。操作に慣れてくると、マウスを速くしても意外に正確に動かすことができるからで、実際、私は一番速い設定にしてあります。

動かしてみて､自分がちょうどよいという速さにするのがコツです。「ポインターの精度を高める」にチェックを入れて、正確に動くようにしておくことも大切。設定を変えたら、マウスを動かしてみて、感覚的に自分に一番フィットする速さかどうか確かめるとよいでしょう。

タッチパッドの設定を変更する

ノートパソコンで、タッチパッドをなぞったときのポインターの反応速度の変更は、マウスの場合と同様です。しかし、タッチパッドには、**タッチパッドならではの設定変更が必要**になってきます。

ノートパソコンでは、入力中などに突然カーソルの位置が全然違うところにジャンプしてしまった、ということがよくあります。ファイルをドラッグしてコピーや移動しているときに開いてしまった、ということも少なくありません。

これは、タッチパッドが、タッチでクリックできるようになっているのが原因です。このため、クリックしたつもりはなくても、パソコンが**勝手にクリックと勘違いしてしまうことがよく起こる**のです。カーソルがジャンプしてしまうのも、キーボードで入力しているときの手が、タッチパッドに少し触れてしまうとかいうことです。

私の場合、ふだんはデスクトップパソコンで、外出時だけA4サイズのノートパソコンを持ち歩いています。ところが、カーソルが勝手に動いてしまうというこの現象のために、デスクトップパソコンなら10分ですむ作業が、1時間かかってしまいます。**「タッチパッドをタッチ＝クリック」という機能を無効にすれば、仕事がもっとはかどります**。

設定を変更するには、「スタート」ボタン→「設定」→「デバイス」→「マウスとタッチパッド」→「その他のマウスオプション」までは、先ほどのポインターの速度を変更する場合と同じです。

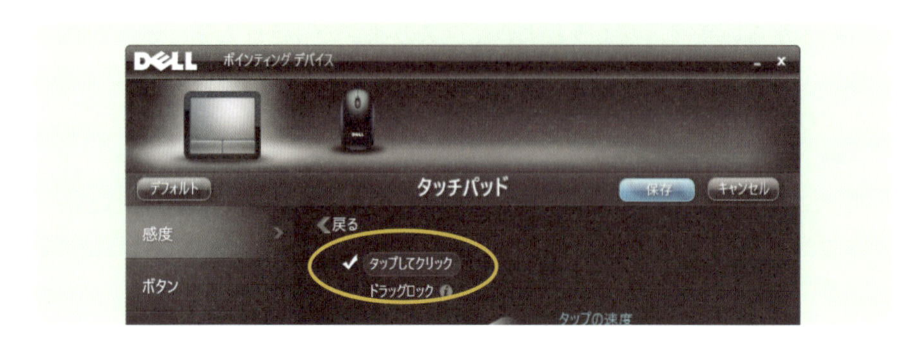

お使いのパソコンだと、違う設定画面が表示されるかもしれません。
この設定画面はDELL製のノートパソコンのものです。ノートの場合、メーカーによって設定画面の内容が異なりますが、**基本的な操作手順は、どれも同じ**です。
この設定画面が開いたら、「タップしてクリック」のチェックをクリックして外します。そして、「保存」をクリックして画面を閉じれば、設定完了となります。
「タップしてクリック」は、**誤操作の大きな原因**となります。私に言わせれば、こんな機能は不要で、最初からこの設定にしておけと言いたくもなりますが、こればかりは好みの問題です。クリックするために、タッチパッドとは別にあるクリックボタンを押す、あるいは、タッチパッドを強く押し込むといった操作をするより、軽くタッチするだけでクリックできるその軽快さが気に入っている人もいます。
「タップしてクリック」を無効にしたくなければ、「マウスとタッチパッド」の設定画面で、「タッチパッド」を、「待ち時間を長くする」に変更し、タップの反応を鈍くするのもよいでしょう。

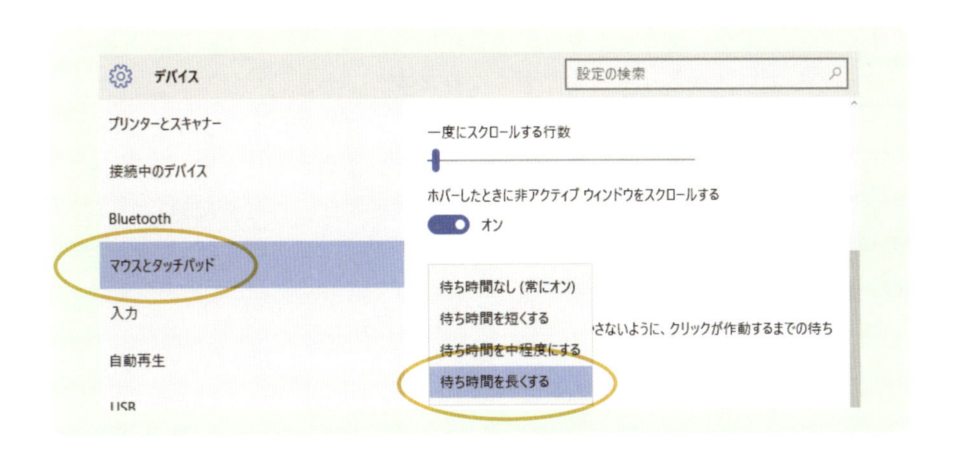

お勧めは、「タップしてクリック」を無効にしてしまうことですが、これらの設定変更を行えば、ノートパソコンの作業が5倍ははかどります。

2-4
「タスクバーにピン留め」でアプリやファイルは素早く起動

標準の状態では面倒なアプリの起動

Windowsでアプリを立ち上げるのは意外に面倒です。「スタート」ボタンをクリックしてスタートメニューを表示すると「よく使うアプリ」が表示されはしますが、けっこう使っているはずのアプリが含まれていなかったりします。

このため、Aから順番に表示されるたくさんのアプリを、スクロールして探し出さなくてはなりません。しかも、アプリは例えば「メモ帳」や「ペイント」が、「Windowsアクセサリ」フォルダーの中にあってどこにあるのかわからないことが少なくありません。**アプリを探すだけで、けっこうな時間がかかってしまい、何とも非効率**です。

ファイル・フォルダーを素早く開けるようにする方法に、ショートカットがありますが、ショートカットの数が増えると、デスクトップが乱雑になってしまい、かえって効率が悪くなります。

そこで、いちいちスタートメニューから、アプリをクリックする手間を省く方法として、**アプリのタスクバーへのピン留め**があります。起動中のアプリは、タスクバーにアイコンが表示されますが、これを起動していないときでも常に表示するのがピン留めです。

アプリをタスクバーにピン留めする

アプリをタスクバーにピン留めする方法は、以下の通りです。
「スタート」ボタンをクリックしてスタートメニューを表示し、よく使うアプリが表れたら、これを**タスクバーにドラッグ&ドロップ**します。

すると、アプリのアイコンがずっとタスクバーに表示されるようになります。この**アイコンをクリックすれば、即、アプリを立ち上げ**ることができるようになります。起動中のアプリは、アイコンの下に水色の帯が示され、起動した状態であることがわかります。複数のファイルが開かれているアプリは、この水色の帯の一部が薄い色になって区別されます。

タスクバーにピン留めしたアプリの活用方法

アプリをタスクバーにピン留めすると、クリック1つでアプリを起動できるようになります。さらに、**ファイルを素早く開けることにもつながる**のです。

Webブラウザやメールアプリなどを除けば、アプリをいちいち選んで起動することはあまりありません。Wordにせよ、Excelにせよ、ファイルをダブルクリックすれば（あるいは「Enter」を押せば）、自動的にアプリを選んでファイルを開いてくれるからです。このため、みなさんの中には、アプリのタスクバーのピン留めは、「自分にはあまり関係ない」と考える方がいらっしゃるかもしれません。

しかし、これによって一番効率化するのは、ファイルを開く作業です。ピン留めしたアプリを右クリックすると、**最近使ったファイルが、一覧で表示されるので、簡単にファイルを開ける**ようになるからです。いちいちフォルダーを順にクリックして、ファイルのアイコンを画面上に表示する手間が不要になるのです。

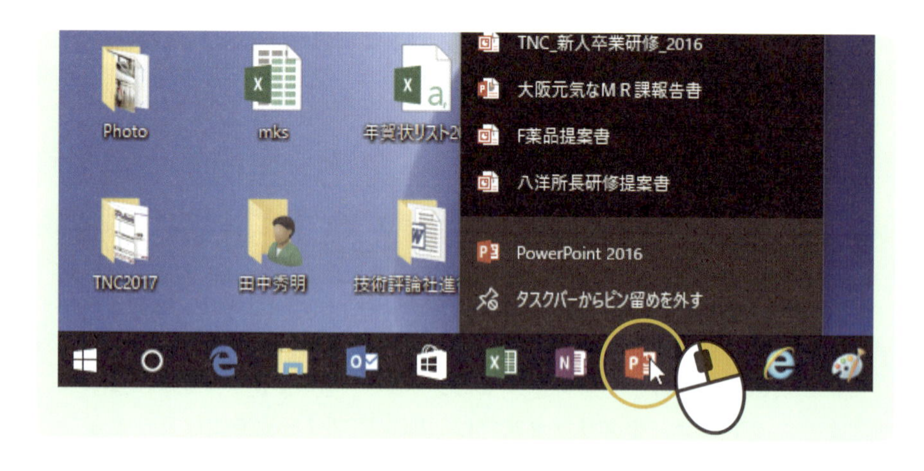

ただし、この方法は、ファイルの保存場所を移動すると使うことができません。

ファイルやフォルダーもピン留めする

もともと、タスクバーのアイコンにはフォルダーの形をしたものがあります。「エクスプローラー」という、ファイルやフォルダーを管理するためのものですが、タスクバーにフォルダーをドラッグすると、**「エクスプローラーにピン留めする」**と表示されるので、そのままクリックを離してドロップします。

こうしておけば、エクスプローラーのアイコンを右クリックすると、**「固定済み」の欄にそのフォルダーが常に表示される**ようになります。これをクリックして選べば、たちまちフォルダーを開いて表示することができます。「フォルダーの中のフォルダーの、そのまた中のフォルダー」など、よく使うが開くのが面倒なフォルダーに特に有効です。

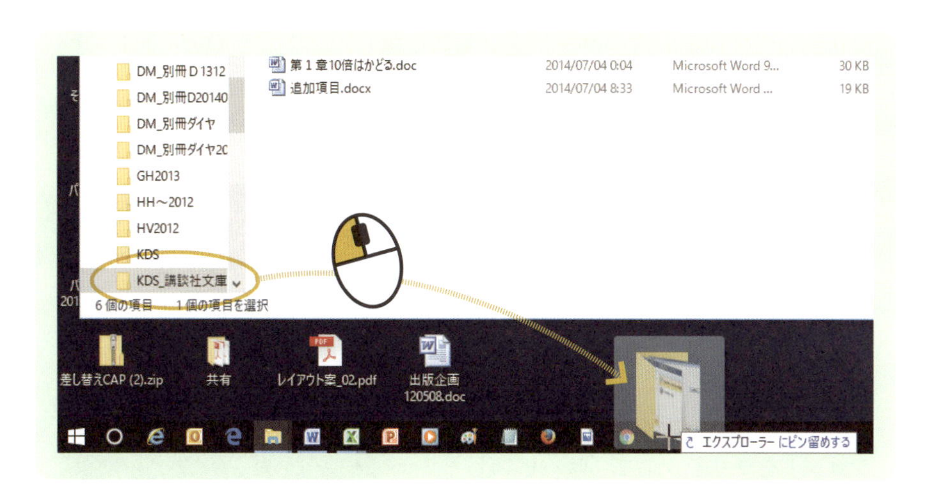

同様に、ファイルもタスクバーにピン留めすることができます。例えば、交通費精算のExcelファイルなど、よく使うファイル（半月に1回などの使用頻度で「最近使ったもの」には表示されないファイル）をタスクバーにドラッグ&ドロップすれば、**対応するアプリのアイコンに格納**され、右クリックによって、開くことができます。

2-5

その他「基本設定」の変更

Windowsの不要なサービスを無効にする

使わない常駐ソフトは、Windowsの中にもたくさんあります。すでに説明した通り、常駐ソフトは少ない方が、起動が速くなり、消費するメモリーも少なくなります。パソコンが快適に使えるようになるのです。

Windowsの常駐ソフト、それが「サービス」です。特にWindows10は、Microsoftの思惑で、**スマホやタブレットとの連携が強化された分、仕事には不要な機能が大幅に増えました**。要は、仕事用のパソコンには全く関係ないし、使いもしないサービスが多数起動していて、その分、起動の時間を遅くし、メモリーを消費しているわけです。

サービスを無効にするには、**「Windows」キーを右クリックして、「コンピューターの管理」をクリック**して選びます、すると、「コンピューターの管理」画面が表示されます。

次に、表示された画面左側のメニューから**「サービスとアプリケーション」をクリックして「サービス」をダブルクリック**します。

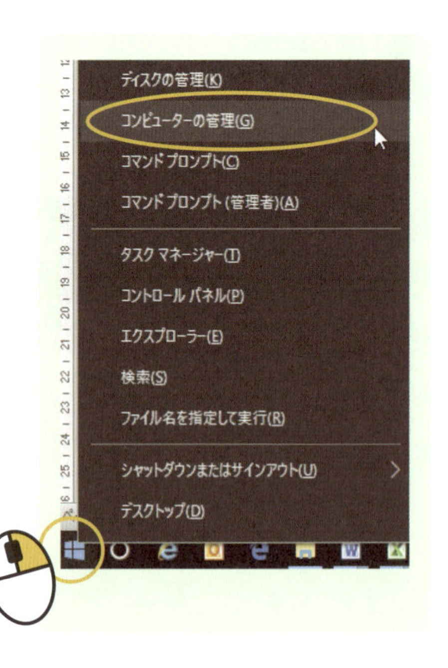

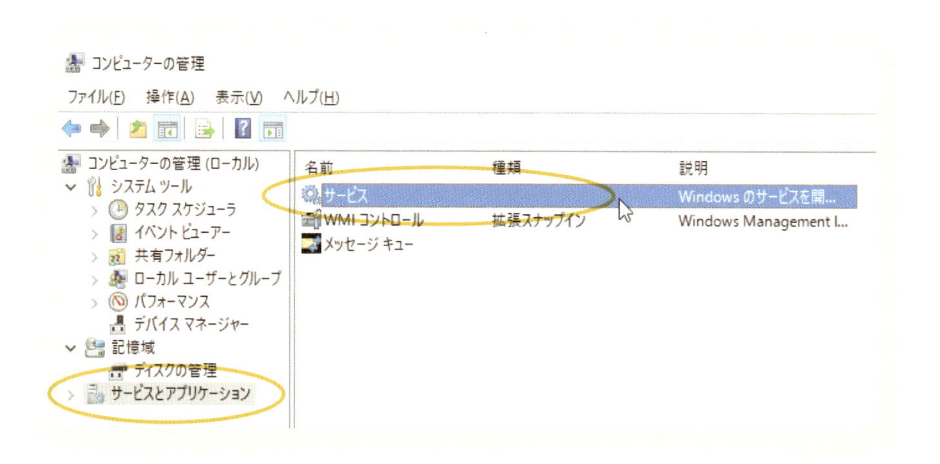

この中から、自分には不要なサービスをダブルクリックし、「スタートアップの種類」を「無効」にする——これで完了です。

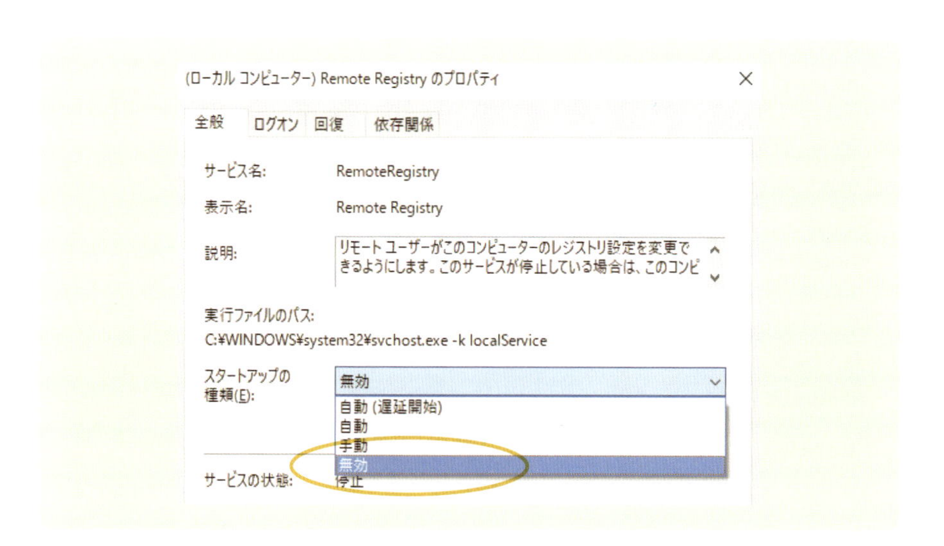

以上は、Windows10のものですが、Windows7なら、「スタート」ボタンをクリックし、表示される検索ウィンドウに、「msconfig」と入力し、「Enter」キーを押すと、「システム構成」のウィンドウが表示されま

す。「サービス」タブを選んで無効にしたいサービスのチェックボックスのチェックを外して「適用」ボタンを押します。

以下に、多くの人にとって不要と思われる機能を、簡単な説明とともに列挙しました。パソコンで「Fax」を使用しない人なら「Fax」、パソコンで仮想マシーンを使用しない人なら「Hyper-V」関連……などです。

サービス名	説明
Bluetooth Handsfree Service	パソコンでワイヤレスのヘッドセットを使えるようにする機能
Fax	パソコンでFaxを使えるようにする機能
Hyper-V ………	仮想マシーンを使用するための機能。8項目あり
Remote Desktop ………	デスクトップをリモート操作するための機能。3項目あり
Remote Registry	リモートでWindowsの設定情報を変更する機能
Routing and Remote Access	リモートでパソコンの操作を行う機能
Secure Socket Tunneling Protocol Service	VPN（仮想プライベートネットワーク）を使用するための機能
Sensor Data Service	モニターの輝度などのセンサーを使用するための機能。センサー付きのパソコンはほとんどないのが実態
Sensor Monitoring Service	
Sensor Service	
Smart Card	カード認証を行うための機能
Smart Card Device Enumeration Service	スマートカードのエミュレーション機能
Telephony	ビジネスフォンをコントロールする機能
Touch Keyboard and Handwriting Panel Service	タッチパネルを行うための機能。タッチパネル非対応のパソコンなら不要
Windows Biometric Service	生体認証を行うための機能
Xbox Live ………	ゲーム機Xboxをパソコンと連携させるための機能。3項目あり

【用語解説】仮想マシーン

Windows上で、別のOSを動かすソフト。パソコンの中にまるでもう1台、別のパソコンがあるように動かすことからこう呼ばれます。

「既定のアプリ」を変更する

Windowsは、ファイルをダブルクリックすれば（あるいは「Enter」を押せば）、**アプリを自動的に識別してファイルを開く**ことができます。その**カギとなっているのが、ファイル名の最後につく拡張子**です。

例えば、「.doc」「.docx」という拡張子が付いていれば、Wordのファイルであると判断し、Wordが起動します。しかし、「.txt」という拡張子ならどうでしょうか。標準の状態であれば、「メモ帳」が起動しますが、人によっては、「.txt」という拡張子のファイルもWordで開いてそのまま編集できるようにしたいはずです。

このように、Windowsが自動的にファイルの種類を識別してくれる仕組みはありがたいのですが、**自分が使いたいのとは異なるアプリで開かれて困る**、というケースがしばしば起こります。

例えば、Windows10では、標準の音声再生アプリが「Grooveミュージック」となっています。しかし、このアプリは早送り再生ができないので、取材や会議の音声を再生するには不便です。その点、「Windows Media Player」ならば、早送りボタンをクリックし続けると、その間、早送り再生してくれます。重要度の低い箇所を飛ばして聞きたいときなど、私にはこちらの方がはるかに便利です。

この他、「Microsoft Edge」以外のWebブラウザを使いたい場合、無償版のPDFビューアー「Adobe Acrobat Reader」より多彩な機能が使える有償版の「Adobe Acrobat」を使いたい場合、画像を編集したいので画像ビューアーの「フォト」ではなく、「ペイント」や「Adobe Photoshop」を使いたい場合などもそうです。

そこで、Windowsでは、アプリを指定してファイルを開く方法が用意されています。ファイルを**右クリックして、メニューの「プログラムから開く」からアプリの指定**ができます。閲覧するだけのとき、加工・編集を行うとき……と、ケースバイケースで臨機応変に開くアプリを指定できるので、これが便利だという場合も少なくないでしょう。

しかし、いちいち右クリックして使いたいアプリを指定しなければならないのは、かなり面倒です。また、メールのリンクをクリックしてWebを閲覧する場合には、Webブラウザを指定することができません。大容量ファイルをダウンロードしたり、気になるニュースなどを閲覧するだけならMicrosoft Edgeで十分ですが、私などは、Microsoft Edgeが立ち上がるだけでストレスです。

そこで、標準で使用するアプリを自分で指定しておくと、日々の仕事の効率アップにつながります。

まず、「スタート」ボタンをクリックし、「設定」を選択します。

「設定」画面が表示されたら、**「システム」→「既定のアプリ」**を選びます。すると、ウィンドウの右側の部分に、標準で使うアプリが一覧で表示されます。

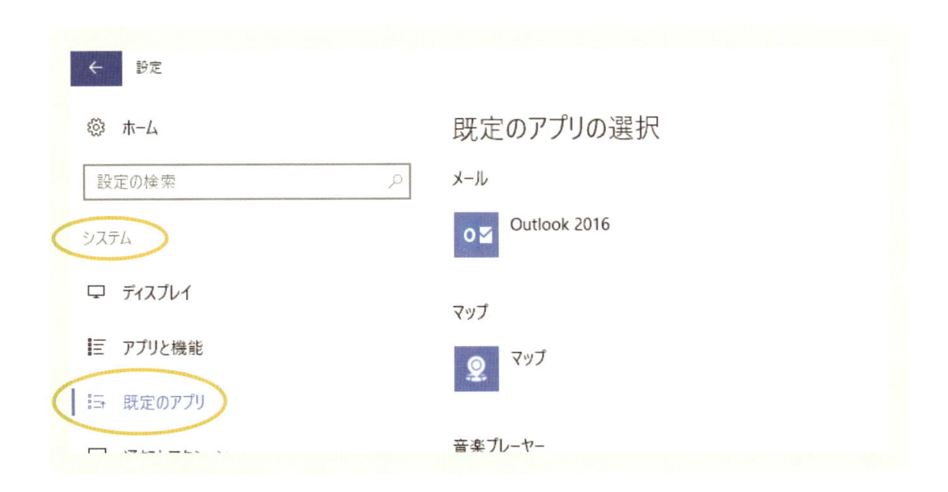

例えば、Webブラウザなど、変更したいアプリをクリックして選びます。すると、**「アプリを選ぶ」という選択式メニューが表示されるので、その中から使いたいアプリを指定すればよい**のです。

さらに、「.txt」のファイルをWordで開きたい場合など、拡張子ごとに開くアプリを指定することが可能です。その場合は、先ほどの「既定のアプリ」画面の下方にある「ファイルの種類ごとに既定のアプリを選ぶ」をクリックします。

アプリを変更したい拡張子の右側のアプリをクリックして、選択式メニューの中からアプリを指定すれば完了です。

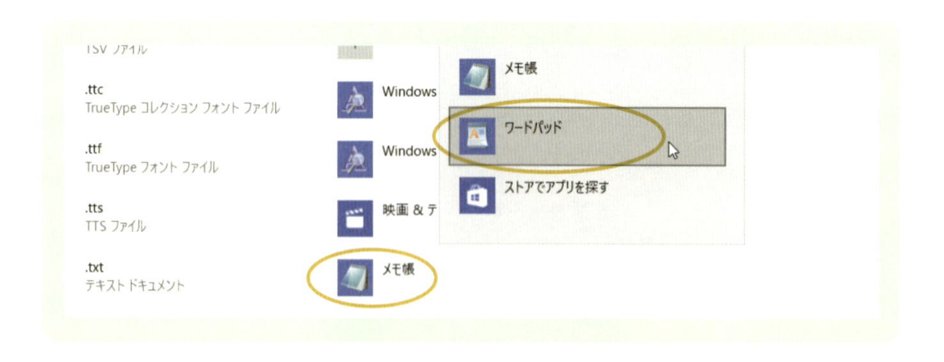

この画面からもわかる通り、拡張子には膨大な種類があります。すべての拡張子について確認するのは現実的ではないので、特に不便を感じたときなどに変更を行えば十分でしょう。

3章

メールの仕事術をマスター

3-1

「ビジネスメール」の鉄則を知る

メールはビジネスコミュニケーションの中心

仕事の基本は、**「ホウレンソウ（報告・連絡・相談）」**といわれます。メールはその中心的な手段となっています。これには、いくつか理由が挙げられます。

理由①：形として残る「文書」の一種である

理由②：送受信した日時が残り、万一の際のエビデンスとなる

理由③：郵便物と違い、送信すればすぐ届く

理由④：電話と違い、相手が不在でもメッセージを送れる

理由⑤：受信した後、都合のよい時間に読めばよい

仕事では、「言った、言わない」のトラブルを避けるため、また、伝達ミスや勘違いを防ぐため、**重要なことは書面でやりとり**します。過去のメールのやりとりを残しておけば、「あのとき、こういう指示をメールで出してあり、それに対して了解したとのメールも受け取っている」といったエビデンスになります。しかも、送信日時、受信日時がメールに記録されて

【用語解説】エビデンス

evidence。証拠・根拠、証言、形跡のこと。仕事では、統計データなど論旨の裏付けを求められることがよくあります。

いるので､いつそのメールが書かれたのかが明確となります。こうした｢書面性｣を満たす手軽なコミュニケーション手段がメールだということです(理由①、理由②)。

そして、スピード。**仕事において、スピードが重視されるのは当然**です。

学生時代なら、受け取ったメールに対して、気が向いたときに返信すればよかったでしょうが、仕事のメールにおいては、なるべく早く返信することが求められています。｢ファイル、確かに受領いたしました｣｢下記の件、承知いたしました｣など、返事がくることで、次の仕事のステップに進むことができるからです。朝、昼、夕方など、1日に数度、定期的にメールをチェックし、出張や終日外出、といった事情があったとしても、遅くとも24時間以内に返信するのが基本です(理由③)。

ただ、スピード重視といっても、相手にも都合があります。外出中、打ち合わせ中などで、メッセージを確認できないかもしれません。かつて、スピーディーなコミュニケーションの中心的手段は電話でしたが、なかなか相手と連絡がつかず、困ることが少なくありませんでした(理由④)。

また、**電話は相手の都合を無視して仕事に割り込んでくるやっかいな存在**でもあります。忙しくて邪魔されたくないときに、電話がかかってきてイライラすることは少なくありません。その点、メールなら、受信して読むのは自分の勝手。迷惑のかかりづらい手段なのです(理由⑤)。

ビジネスメールの特徴

1つ目の特徴は、簡潔性です。

仕事では、**同じ時間内でいかに大きな成果を上げるか**が問われます。だらだら長いメールは、用件を理解するのに時間がかかってしまうので、**何が言いたいかを簡潔に、短い文章で伝える**ことが求められます。また、1行の文字数はまめに改行を行って短めにし、打ち合わせの日時、場所など、確実に伝えたいことは箇条書きにするなど、効率よく用件が伝わるようにするのが鉄則です。

返信メールには、相手のメール文が引用されますが、同じことをくどくど書かず、「下記の件、承知しました」ですませるとか、内容ごとに空白行を入れて見やすくするとか、さまざまなテクニックがあります。**もらったメールを見て、「これはわかりやすい！」と感心したものはどんどん真似をすることがビジネスメールの達人への第一歩**です。

２つ目の特徴は、礼節重視です。

仕事では、ビジネスマナーが重視されます。結局、仕事は信頼関係が大切。相手を尊重する気持ちを忘れず、丁寧な言葉づかいを心がけましょう。例えば、「ですます」文体、「ありがとうございました」「よろしくお願いいたします」といった言葉を必ず添えるようにするなどです。こうした言葉のないメールは、ぶしつけで、事務的な冷たい印象を相手に与えます。ただ、スピーディーなコミュニケーション手段なので、手紙のような「謹啓、時下ますますご清祥のこととお慶び申し上げます」のような堅苦しい表現は不要。**会話と手紙の中間的位置づけのものと考えれば十分**です。

３つ目の特徴は、負の側面ですが、メールは微妙なニュアンスにおいて、誤解を生みやすいということです。

それは、どういう意味ですか。

この一文を、みなさんはどう受け取るでしょうか。

素朴に、質問しているだけと受け取るかもしれませんし、相手の怒りや不快感の表れと受け取るかもしれません。これは、書かれた文章では、微妙なニュアンスがわからないことがあるということを意味します。簡潔なビジネスメールでは、なおさらそうです。

したがって、ニュアンスが伝わるかどうか不安なときは、１本、電話を入れるなど、「プラスα」のコミュニケーションが必要です。

また、大量のメールに紛れて、相手がメールを読み落とすこともあるので、急ぎで重要な用件は、メールの後、「メールをお送りしたのですが、届いておりますでしょうか」と確認の電話を入れること。メールを過信してはいけません。

3-2

「メール設定」は人任せにしない

メール設定はIT部門がやってくれるが…

多くの会社は、社内の情報やシステムを共有するために、社内のネットワークを構築しています。そのため、インターネットに接続できるようにすればよい個人のメール設定とは事情が大きく異なります。セキュリティ対策が必要になるからです。

不特定多数の人とつながるインターネットを介してパソコンにアクセスし、会社のネットワークにアクセスされれば、**会社の機密情報や顧客情報が漏えいするリスク**が高まります。このため、メール設定をはじめとする**アカウントの認証は、会社のIT部門が行うのが一般的**です。小さな会社では自分で設定を行う場合もありますが、設定方法についてのマニュアルがあり、これに沿って設定を行えばできるようになっています。ただ、日々使用するものですから、メールがどのような仕組みになっているか、最低限のことは理解しておいた方がよいでしょう。メールのやりとりができなくなった場合、IT部門などの担当者、ホスティング業者と復旧の連絡をしなければなりませんが、知識があれば円滑なコミュニケーションができるからです。

【用語解説】メールアドレスとメールアカウント

事実上、両者は同じ。メールアドレスとは、メールを送受信するために宛先(あてさき)とする一連の文字列。これに対し、アカウントとは利用権の意味。仕事では、システム管理者の側から見ることが多いため、アカウントという言葉がよく用いられます。

メールの仕組みはこうなっている

メールアドレスは次のような構成で成り立っています。

メールアドレスは、プロバイダーや会社などがドメインを取得し、ユーザー１人１人にアカウント名を割り当てて発行しています。

ドメインを取得した会社は、**受信メールサーバーと送信メールサーバー**をインターネット上に置き、インターネットを介して他のメールサーバーとメールのやりとりをしています。つまり、**メールを送信すると送信メールサーバーにアップロードされ、送信メールサーバーが、インターネットを介して宛先となった受信メールサーバーにメールを送ります**。いったん受信メールサーバーに保存され、ユーザーはパソコンなどから受信メールサーバーにアクセスしてダウンロードを行う仕組みとなっています。

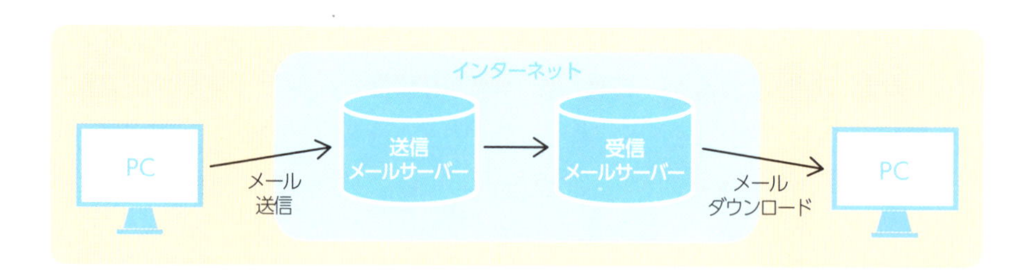

【用語解説】ドメイン

インターネット上の「住所」にあたり、世界に2つとありません。「.co.jp」「.or.jp」「.jp」などのJPNICはじめ、いくつかの管理団体があります。

メールアプリを設定する

パソコンでメールの送受信を行えるようにするには、まず、メールアプリにアカウントの設定を行わなくてはなりません。ここでは、代表的なメールアプリであるOutlookを例に説明していきます。

Outlookを起動したら、「ファイル」タブをクリックします。すると、次のような画面に切り替わります。

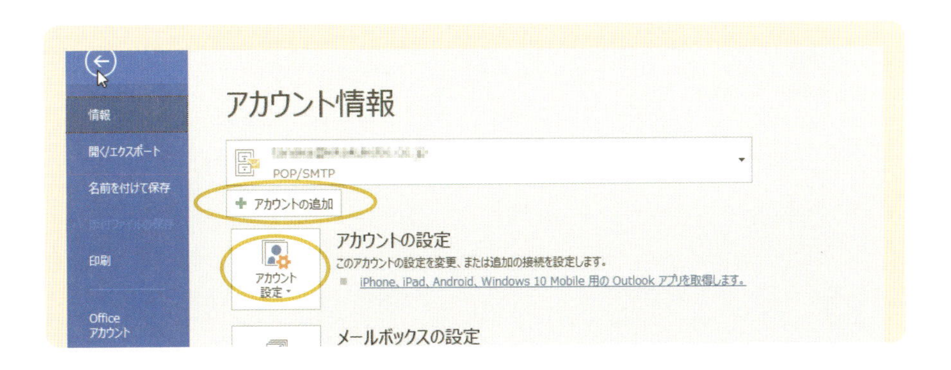

新規アカウントを設定する場合は、「アカウントの追加」ボタンをクリックし、すでに設定ずみのアカウント情報を修正する場合には、「アカウントの設定」ボタンをクリックします。

空欄にメールアドレス、パスワードなどの必要な情報を入力し、「次へ」ボタンをクリックします。ウィザードで指示に従って設定を行うだけでメールの設定を行えるようになっています。

しかし、**セキュリティの強化が施されているため、この方法でメールアカウントの設定が行えることはほとんどなくなりました**。次のような画面が表示されるので、「次へ」ボタンをクリックして、アカウントの設定を自分で行います。

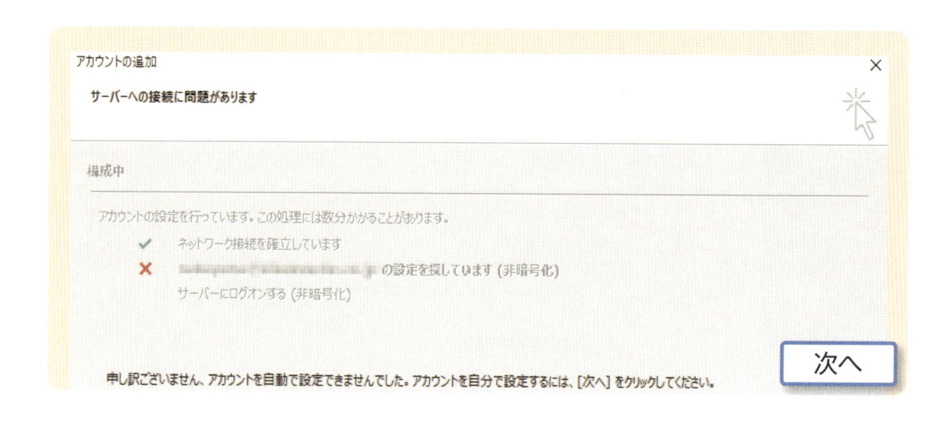

会社のメールアドレスは大半がPOPまたはIMAPなので、これをクリックして選び、「次へ」ボタンをクリックします。

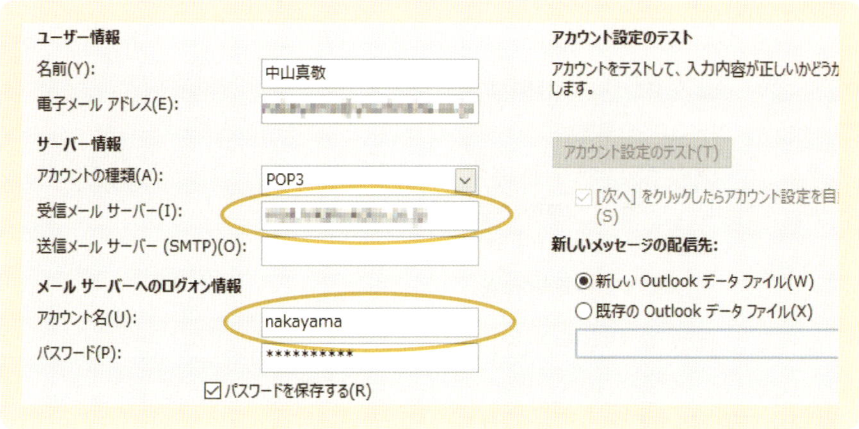

ユーザー情報
名前(Y): 中山真敬
電子メール アドレス(E):
サーバー情報
アカウントの種類(A): POP3
受信メール サーバー(I):
送信メール サーバー (SMTP)(O):
メール サーバーへのログオン情報
アカウント名(U): nakayama
パスワード(P): ***********
☑パスワードを保存する(R)
アカウント設定のテスト
アカウントをテストして、入力内容が正しいかどうか
します。
アカウント設定のテスト(T)
☑[次へ] をクリックしたらアカウント設定を自
(S)
新しいメッセージの配信先:
◉新しい Outlook データ ファイル(W)
○既存の Outlook データ ファイル(X)

以前は、受信メールサーバーといえば「pop.（ドメイン名）」、送信メールサーバーといえば「smtp.（ドメイン名）」が主流でしたが、セキュリティ強化のため、「mail.（ドメイン名）」など**別のサーバー名が割り当てられることが多くあります**。また、メールサーバーへのログオンについても、①メールアドレスをすべて入力する、②アカウント名（@の前の部分）だけ入力する、③メールアドレスの@を#に変える、など、**システム側で様々な指定方法**があります。また、受信メールサーバーと送信メールサーバーで認証が異なる場合、**使用するポート番号が標準以外のものに変更されている場合などがあります**。自動で設定できないことが多いのはこのためです。これらの細かい設定は、「詳細設定」ボタンをクリックして行います。こうした設定内容は、会社ごとにバラバラです。第三者が不正にメール設定できないようにすることを考えれば当然といえば当然です。IT担当者まかせ、マニュアル通りの入力で設定は可能ですが、それぞれどのような意味を持っているかを理解しておいた方がいざというとき安心でしょう。

【用語解説】サーバーのポート番号

扉・出入り口のこと。送信サーバーの標準は「25」だが、不正アクセス防止のため「587」など別のポート番号がよく使われます。

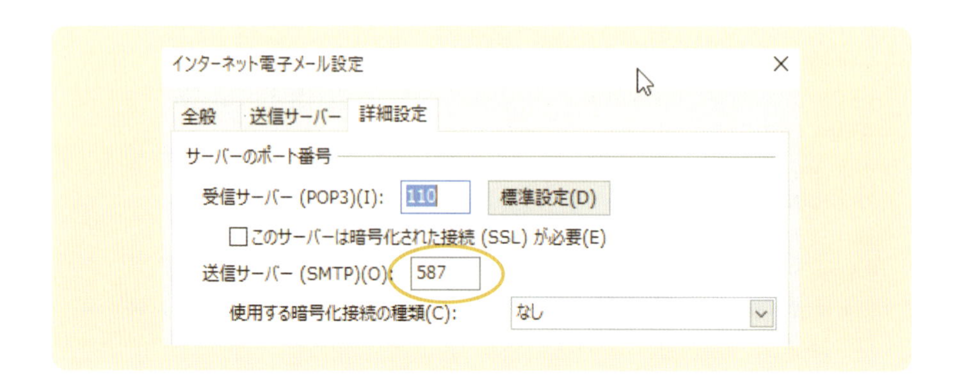

個人で別に設定しておいた方がよいこと

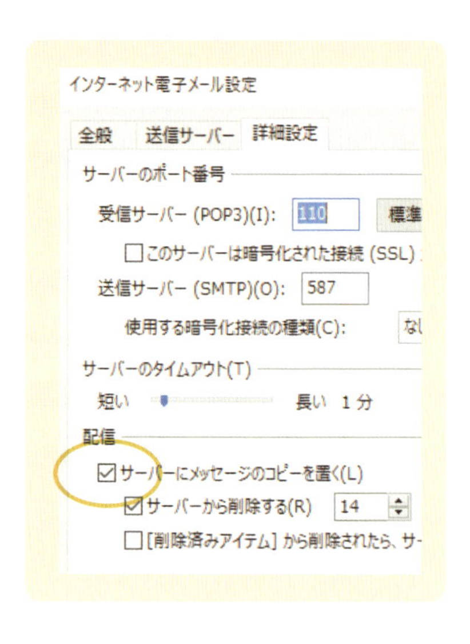

以上の基本設定が終われば、メールの送受信が可能となりますが、もう1つ、自分で設定しておきたいことがあります。それが、先ほどの詳細設定画面で、**「サーバーにメッセージのコピーを置く」のチェックボックスにチェックを入れる**ことです。

ここにチェックが入っていないと、一度受信すればサーバー上からメールが消えてしまいます。しかし、自宅のパソコン、スマホといった別の端末でもメールを受信したければ、この設定が必要となります。

ただ、受信メールをすべてサーバー上に保存し続けておくと、サーバーの容量はいくらあっても足りません。そこで、その下にある設定部分で数日後に削除するか、**削除したらサーバーからも削除されるようにしておく**のが会社に対するマナーです。

最近は情報漏えい対策として、会社のパソコン以外でメールの送受信ができなくするところも増えてきました。その場合は、この設定は不要です。

メールアプリ「Outlook」の基本構成

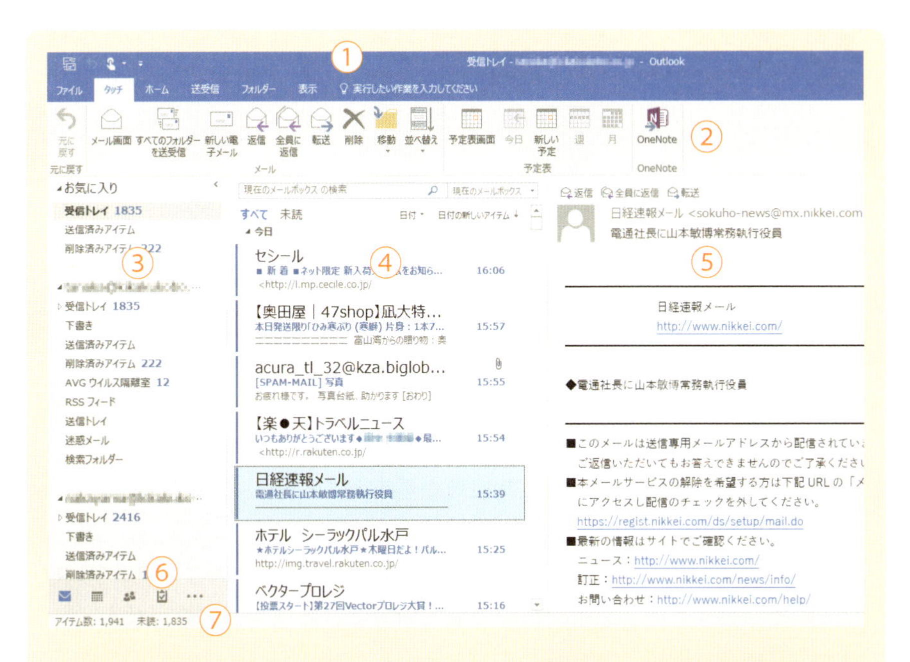

① タイトル バー
選択中のフォルダー名と使用中のソフト名が表示される。

② リボン
メニューバーとツールバーをタブで分類し、ボタンのクリックで操作できるようにしたもの。

③ ナビゲーションウィンドウ
フォルダーや予定表、連絡先、タスクなど、クリックすることで、画面表示を切り替える部分。

④ ビュー
メール、予定表、連絡先、タスクなど、③で指定した部分の内容を表示する部分。メールのフォルダーなら、メールが一覧表示される。「Enter」またはダブルクリックで、その中身が別ウィンドウで表示できる。

⑤ プレビュー
ビューで選択したメール、タスクなどの情報が表示される部分。

⑥ To Do ボタン
カレンダーと直近の予定やタスクが表示される。Googleカレンダーなど、別のスケジュールソフトを使っているなら、非表示にすることもできる。

⑦ ステータス バー
左端にアイテム数(メールや予定の数)、中央に送受信など、作業中のステータス、右端にズームスライダーなどが表示される。

3-3

「メール操作」の効率を上げるコツ

ショートカットキーで効率よく処理

メールの操作方法で、難解な操作というものはほとんどありません。Outlookをはじめ、メールアプリのボタンにはわかりやすい日本語でメニューが書かれているので、初心者でも扱いやすいからです。

ただ、仕事では効率よくメールを処理することが求められます。**大量のメールを処理していたら、かなりの時間を消費する**ことになってしまうからです。メールはマウスを使った処理が基本とされますが、マウスは細かい操作が得意ではありません。また、新規メールにせよ、返信・転送メールにせよ、キーボードを使った文字の入力が必ず発生します。**いちいちマウスとキーボードの間で手を移動させたのでは、効率が上がりません**。

そこで、キー操作（ショートカットキー）を活用して、メールの操作を行うことをお勧めします。

まず、新規メールの作成は、「Ctrl」＋「N」。

Ctrl ＋ N ＝ 新規メールの作成

「N」は「New（新しい）」の頭文字なので、すぐに覚えられるはずです。これにより、新しいメールの作成ウィンドウが開きますが、カーソルは「宛先」欄に表示されます。

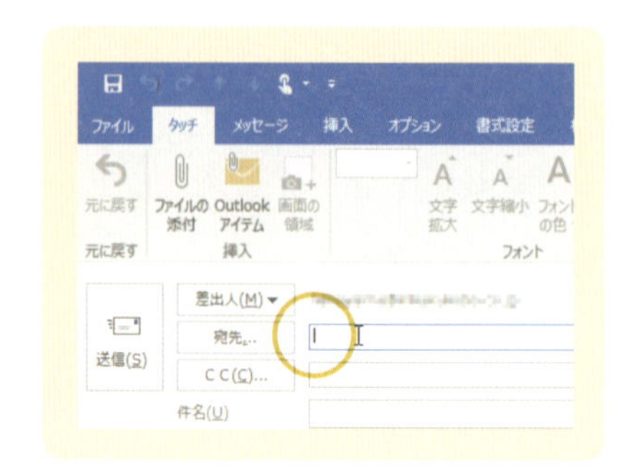

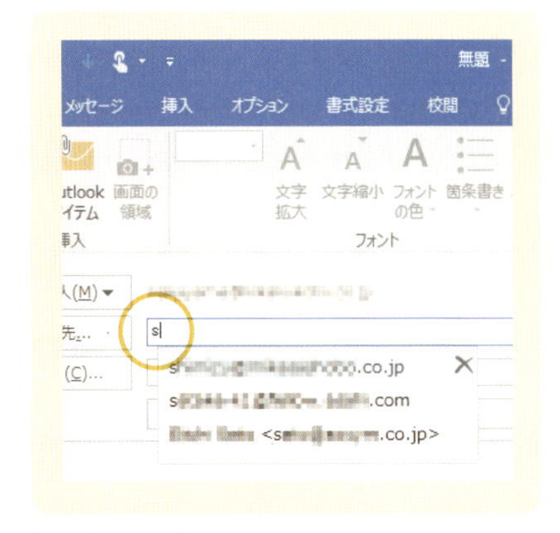

メールアドレスの入力は誰にとっても面倒なので、できることなら避けたいところ。ただ、Outlookはじめ多くのメールソフトでは、標準で、過去に返信したメールアドレスを自動的に連絡先（アドレス帳）に登録する設定になっています。すると、メールアドレスの**一部を入力すれば、候補のメールアドレスが表示される**ので、方向キーで選んで「Enter」を押せば、メールアドレスの入力ができる、ということは知っておきましょう。

入力欄の移動は、「Tab」で行う

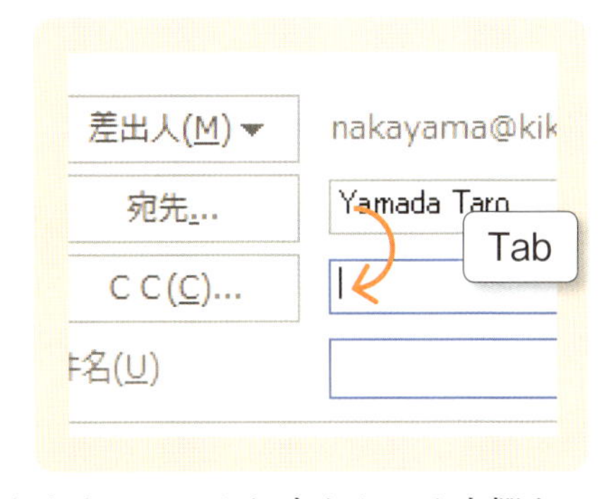

メール文書の特徴は、宛先欄、CC欄、件名、本文と、入力欄が複数に分かれていることです。それぞれの入力欄をマウスでクリックすれば、カーソルを移動できますが、これでは効率が著しく落ちてしまいます。

こんな場合は、「Tab」を押せば、下の欄にカーソルを移動することができます。このやり方なら、入力欄を移動した後、効率よく文字の入力を行うことができます。

作成を終えたメールを送信する

作成を終えたメールを送信するには、新規メールの作成ウィンドウのリボンにある「送信」ボタンをクリックするやり方が一般的ですが、これもまた、ショートカットキーですませることができます。

それが「Alt」＋「S」で、「S」は「Send（送る）」の頭文字です。

このように、新規メールを作成して送信するまで、一切、マウスを使わずに処理することができます。

Alt ＋ S ＝ メールを送信

メールを返信する

仕事では、特定の相手に何度もメールを送ることがよくあります。問い合わせに対する回答や添付ファイルの受領確認など、メールをもらった相手に返事を書く場合はもちろん、**別件であっても返信を利用すれば、メールアドレスの入力を省くことができる**からです。

一般的なメールの返信のやりかたは、リボンの「返信」ボタンをクリックしますが、やはり、いちいちマウスを使うのは非効率です。「Ctrl」＋「R」を押せば、返信メールのウィンドウが表示されます。「R」は、「Return」の頭文字。返信メールの件名には、**元の件名の前に「Re:」がつくことはご存じだと思います。この「R」なので、覚えやすい**はずです。

なお、仕事では、CCを使って、複数の関係者にメールを送ることがよくあります。どういうやりとりがなされたのか、全員で情報共有できるようにするためですが、そうなると、送信者だけに返すのではなく、関係者全員に返信メールを送る必要が出てきます。

「全員に返信」ですが、「Ctrl」＋「Shift」＋「R」で行えます。

このやりかたなら、キー操作だけでできるので、やはり、メールの送信も「Alt」＋「S」で行うのがよいでしょう。

Ctrl ＋ R ＝ 返信メールを送る

Ctrl ＋ Shift ＋ R ＝ 全員に返信メールを送る

メールを転送する

Aさんからもらったメールを別のBさんに送る機能が、「転送」です。差出人はAさんではなくあなたになり、メール本文のヘッダー部分が「Original Message」となって、元の差出人、元の送信日時がわかるようになっています。

新しいメールの作成と同様、転送メールのウィンドウが開くと、カーソルは宛先欄に表れます。

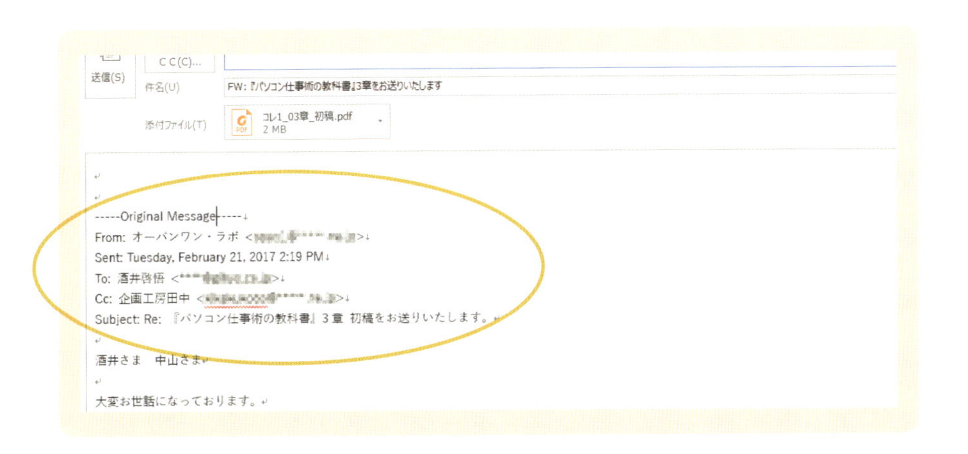

一般的なやり方は、リボンの「転送」ボタンをクリックするというものですが、やはり、文字入力を行うなら、手はずっとキーボードの上にあった方が効率的です。転送のショートカットキーは、「Ctrl」+「F」となります（メールアプリによっては、「Ctrl」+「Shift」+「F」が割り当てられているものもあり）。

ちなみに　転送メールは、件名の頭に、「Fw:」という文字がつきます。**「F」は「Forward」の頭文字で、「Fw」もそれを表すもの**です。

Ctrl + F ＝ 受信したメールを転送する

3-4

メールならではの「ビジネスマナー」

メールに堅苦しい作法は不要

すでに説明した通り、メールが仕事で多用されるのは、スピードが求められるビジネスに適したコミュニケーションツールだからです。したがって、用件がすぐ伝わるよう、簡潔で見やすいことが求められます。

相手への敬意、マナーはもちろん必要ですが、形式ばってスピードが落ちることは望まれません。手紙であれば、

> 謹啓、時下ますますご清祥のこととお喜び申し上げます。平素より格別のご高配を賜り、厚く御礼申し上げます。

と書き出さなくてはなりませんが、メールではこうした文章は不要です。その理由は、こうした文章が入ると、メール本文が長くなってしまうから。メール本文が長くなると、用件を読み進めるのにスクロールが必要になってしまいます。

位置づけとしては、**ビジネスメールの文体は、手紙と話し言葉の中間**。

もともと、メールは、スピーディーなコミュニケーションであった電話に替わるものとして普及してきました。このため、電話に近い言葉で浸透・定着してきました。ビジネス電話は、「私、○○社の山田と申します。いつもお世話になっております。○○様はいらっしゃいますか」などと話します。メールでも、堅苦しい敬語は不要であっても、「いつもお世話になっております」のような**丁寧な言葉が、相手に好印象を与えます**。

もう1つ、最後に、「以上、(ご確認) よろしくお願いいたします」と

いった一文を添えることも大切です。ビジネスメールは、返信、返信の返信……、と何度もやり取りを重ねることがよくあります。それまでのメール文の引用が最後に続くことが多く、**この一文がないとどこまで読めばよいか、わからない**からです。

簡潔で読みやすいメール文を書くコツ

簡潔で読みやすい文章を書くには、①だらだらと余計なことを書かない、②1文をなるべく短く書く、③文のつながりがわかるよう、接続詞で結ぶ、④1段落はなるべく短くする。最大でも5～6行まで、といったコツがあります。これに加えて、メールというコミュニケーションツールの特性からくるコツがいくつかあります。

コツ① メール本文の冒頭に相手の名前を書く

具体的には、

技術評論社　酒井様
（CC：デザイナー佐藤様）

というものです。メールを送る相手は、用件を伝えたい人だけではありません。CCで関係者にも同時に送ることがよくあります。このため、メールを受信しても、それが自分宛かどうかわからないことがしばしばあります。だから、用件を伝えたい相手が誰なのかを明記し、参考までに送った人を（CC：～）と書いて、それがすぐわかるようにするのがコツです。

コツ② 1行の文字数は15～20字以内が目安

メールは、いちいち紙に印刷してから読む方が例外です。画面上でサッとチェックすることが圧倒的に多いので、1行が長いと視線を左から右に移動しなければならず、意外に目が疲れます。**視線を横に動かさず、縦方向に読み進めるには、15 ～ 20 字以内が目安**とされます。つまり、一般の文書と違い、メールは 1 文の中でも切れがよい箇所でマメに改行するのが、ビジネスマナーとされます。

コツ③ 段落の変わり目は空白行を設ける

メール文は、改行をひんぱんに行うことが多いため、通常の改段落がわかりにくくなります。このため、話の内容が変わる段落の区切りは空白行を設けて、**内容ごとブロック感が出るようにする**のがコツです。

コツ④ 箇条書きを多用する

簡潔なビジネス文書を書くコツに、箇条書きがあります。メール文でも箇条書きは有効な方法となりますが、いくつかポイントがあります。

まず、箇条書きにするのは、並列の関係にあるものということ。例えば、「打ち合わせの日時の候補をいくつか教えてください」というメールに返信する場合に、

・4月5日（木）　14時～ 18時
・4月6日（金）　午後
・4月10日（火）　終日

といった具合です。

なお、上記の例で、時間帯の文字の開始位置がきれいに揃わないことがよくあります（4月 10 日のように桁数が違う日付が含まれる場合）。このため、日付を入力した後の空白部分を「スペース」ではなく、「Tab」で挿入するときれいに揃います。また、メール文は改行をひんぱんに行うため、箇条書きであることがわかりづらい場合も少なくありません。箇条書きであることがわかるように、「・」「■」などを先頭に付けるのが基本

となります。ただ、「①」「②」…は、避けること。最近は、「Unicode」という汎用的な文字コードが普及してあまりありませんが、もともと①などは機種依存文字といわれるもので、Mac など Windows 以外の端末でメールを受信すると、文字化けすることがあります。

コツ⑤ 返信メールでは引用をうまく活用する

返信メールは、元のメール文が引用として、行の左側に > や縦線がついて引用されたものとわかるようになっています。1 つの案件について、何度もやりとりすることが多いビジネスメールでは、元のメール文を削除せず、そのまま残しておくのが基本です。過去のやりとりを確認するために、以前のメールを引っ張り出して確認しなくてよいからです。

先ほどの「打ち合わせの日時の候補をいくつか教えてください」のように、相手の質問に答える場合は、この元のメール文を活用しない手はありません。引用された質問の文の下に、回答を打てば、自分自身もいちいち「打ち合わせ日時の候補の件ですが」などと入力する手間が省ける上、相手も自分がした質問に対する回答なので、目に入りやすいからです。ただ、元のメール文が長く続く場合は、その途中に挿入した回答がわかりづらくなるので、前後に空白行を入れてわかりやすくするのがコツです。また、ヘッダー部分の「Original Message」など、不要と思われる部分は削除してなるべくスッキリさせます。

【用語解説】機種依存文字

パソコンの種類や環境（OS）に依存し、異なる環境で表示させると、文字化けや機器の誤作動を引き起こす可能性のある文字のこと。

コツ⑥ 見出しを立てて用件をわかりやすくする

内容の変わり目に空白行を入れて区切りがわかるようにするといっても、文章を読まないと、何を言っているのかわからないというのでは、効率がよくありません。新聞が好例ですが、見出しが立っていると何について書いてあるのかがすぐわかり、相手も読みやすくなります。例えば、

【お願いしたいこと】
4/10 昼までにご回答ください。

といった具合です。

コツ⑦ 太字、下線などを使って目立たせる

メールには、テキスト形式、リッチテキスト形式、HTML 形式などいくつかのタイプがあります。テキスト形式のメールは、フォントや文字の大きさを指定することはできません。ただ文章を打って送るだけのものです。

以前は、通常のメールはテキスト形式にするべきだとされていました。その方がメール文書のデータサイズが小さく抑えられるからです。しかし、高速インターネット、常時接続が当たり前になった現在、文書のデータサイズにそれほど配慮する必要はなくなりました。それよりも、期日や見積り金額に下線をつけて目立たせるとか、見出しを太字にしてメリハリをつけた方が、効率が上がり、お互いにとって好都合です。

なお、ビジネスメールは、紙に印刷する場合、コストを抑えるため白黒で印刷することが少なくありません。したがって、文字に色をつけて目立たせる方法もありますが、実際にはあまり効果的ではないということは理解しておいた方がよいでしょう。

ビジネスメールの文体例

```
株式会社技術評論社
第1編集部書籍課
主任　技評太郎様
（CC：課長　鈴木次郎様）

いつもお世話になっております。
ユア・ブレーンズ中山です。

先日は、お忙しいところお時間をいただき、
ありがとうございました。
非常に参考になりました。

次回のお打合せの件ですが、
・4月5日（木）　　14時～18時
・4月6日（金）　　午後
・4月10日（火）　 終日

のいずれかの時間でお願いできますでしょうか。
ご都合のよい日時をお知らせください。

以上、お忙しいとは存じますが、
ご確認よろしくお願いいたします。

***************************************
　※　オフィス移転しました　※
株式会社ユア・ブレーンズ　中山真敬
〒XXX-XXXX
神奈川県〇〇市△△区XXXX〇-〇-〇
TEL：XX-XXXX-XXXX／FAX：XX-XXXX-XXXX
***************************************
```

① 相手の肩書・氏名　② 最低限の挨拶　③ 自分の氏名　④ 1行の文字数　⑤ 空白行　⑥ 箇条書き　⑦ メール文の最後　⑧ 署名

① 相手の肩書・氏名
CCメールが送られてくることが多いので、誰宛てのメールかわかるよう、冒頭に明記する。

② 最低限の挨拶
ビジネスの挨拶としてよく使われる「いつもお世話になっております」が基本。

③ 自分の氏名
社名・氏名が基本。肩書は不要。

④ 1行の文字数
15～20字以内が読みやすい。区切れのよいところで改行する。

⑤ 空白行
内容の変わる箇所で、空白行をはさむと読みやすい。

⑥ 箇条書き
用件は箇条書きにしたり、見出しを立てたりすると見やすい。

⑦ メール文の最後
ここで終わり、ということがわかる一文を添える。ただし、「以上」だけではぶしつけで相手に不快感を与える。

⑧ 署名
文章の最後に署名を入れる。

3-5

知っておくと役立つメール表現集

「うまいメール表現」を他人から盗む

メールに何を書くかは、慣れの問題です。最初は何をどう書けばわからないことも多いはずです。例えば、先日、取引先の若手社員から、以下のようなメール文を受け取りました。

ユア・ブレーンズ　中山様

お世話になっております。
ご送付ありがとうございます。
確認いたします。
よろしくお願いいたします。

意味不明の文章です。私は一体、何をお願いされたのでしょう。

気持ちはわからないではありません。メール文をどう締めくくればよいか、悩むことは私自身もあるからです。

最近、私がメールの締めくくりによく使っているのが、

引き続きよろしくお願いいたします。

です。元々は、ある取引先担当者が使っていた表現です。これを見て「う

まい」と感じました。そして使うようになったのですが、面白いことに、この表現で締めくくったメールを送った別の取引先も、この表現を使い始めました。私の周りでは、ちょっとしたブームです。

ビジネスでメールが使われるようになって、まだ20年くらいのものですが、最初は皆、試行錯誤で書いていたのが、他人のメール表現を盗み合いながら、徐々に洗練されてきたように感じます。

別に、そう書かなくてはいけないという決まりがあるわけではありませんが、うまいメール表現を集めました。

うまいメール表現集

メール表現	備考
ユア・ブレーンズ 中山真敬様	ユーザー名は、会社名+氏名が基本。メールアドレスそのまま、あるいはMasataka Nakayamaなどだと、日本人には一目で判別できず、迷惑メールと勘違いされるリスクがある。
(CC:○○様)	複数の人にメールをCCで送る場合、宛先の下にこう書き加えると、CCの人に、「自分宛の用件ではない」とすぐわかる。
いつもお世話になっております。	宛先の下の冒頭の書き出しに便利。急いでいるときは、「お世話になっております」「お世話になります」でもかまわないが、相手に失礼な印象を与えることもあるので注意。
早々にお返事いただき、ありがとうございます。	送ったメールに、返信が来た場合、こうした感謝の気持ちを表す一文が入っていると、丁寧な印象を与える。
ご連絡が遅くなり、申し訳ございません。	メールの返信が翌日になってしまった場合など、こうした一文があると、相手に対する敬意が伝わる。こうした文がない用件だけのメールは、事務的に処理した印象を与えやすい。
このたびは、お問い合わせいただきありがとうございます。	メールなどで仕事のオファーをいただいた場合。こうした一文が入っていると、丁寧な印象を与える。
ご連絡ありがとうございました。	この一文が入っているだけで、丁寧な印象を与える。

メール表現	備考
先日は、お忙しいところお時間をいただき、ありがとうございました。	訪問のお礼メールなどを送る場合。メール文の冒頭あたりに書けば、特に用件があるわけでなく、お礼メールなのだと相手がすぐわかるので、相手に警戒されにくい。
下記の件、承知いたしました。	用件を伝えてきたメールに返信する場合、返信メールには、元のメール文の引用が入っているので、「下記の件、」ですませるのが最も手っ取り早い処理方法。 なお、「了解いたしました」とする人も多く、それでも通用するが、「了解」は目下に対して使う言葉なので、年配の人からはクレームをつけられることがあるので注意。
確かに拝受いたしました。	「確かに受け取りました」「確かに受領いたしました」でもよいが、「拝受」という言葉が洗練されていて、教養を感じさせる。
>山田様	複数の相手にメールを送信する場合、その中の特定の相手に用件を伝えたいことがよくある。その場合、「>山田様」のように、相手の名前を示すとわかりやすい。 文例) >山田様 業者への発注の締切が4/6(金)です。 4/5(木)中に、数量のご連絡をお願いいたします。
以上、ご確認よろしくお願いいたします。	メールで大切なのは、用件がきちんと伝わること。見積書や提案書を送る場合、用件は送付した文書を確認してもらうことなので、この表現が適切。
引き続きよろしくお願いいたします。	お礼メール、「確認しました」メールなどの連絡メールの場合、継続的に取引が続く相手などには、この表現で締めくくるとよい。
当日は、よろしくお願いいたします。	文例) 下記打ち合わせ日時の件、承知いたしました。 4月5日(木)16時に、御社にお伺いいたします。 当日はよろしくお願いいたします。
取り急ぎ、御礼まで。	「よろしくお願いいたします」などの文章の最後に、この一文を入れると、メールという略式の手段をとったことに対するお詫びの気持ちを含めながら、お礼の気持ちが伝わる。

メール表現	備考
取り急ぎ、ご連絡まで。	「確認しました」などの連絡を行う場合は、こう締めくくるとよい。 文例) ご注文いただいた商品ですが、本日、出荷いたしました。 明日には、お手元に届くかと存じます。 取り急ぎご連絡まで。
寒い日が続きますが、 良い年末年始をお迎えくださいませ。 来年も引き続きよろしくお願いいたします。	年末や夏季休暇前に送るメールなど、最後の締めくくりに、こうした時候の一文を入れると、柔らかい印象を与える。
寒暖差の激しい日が続きますが、くれぐれもご自愛ください。	メールは、簡単で効率のよいコミュニケーションツールである一方で、事務的な印象を与えやすい。上記の時候の一文もそうだが、こうした言葉が入ると人としての温かみが伝わりやすい。
追	近況報告など、メールの用件とは関係のない内容を書く場合、最後に「追」として、用件とは別の扱いにすると簡潔さが失われない。「PS」とする人をたまに見かけるが、ある程度関係のできている相手に対してでないと、くだけすぎた印象を与え、失礼になる。
** ※　オフィス移転いたしました　※ 株式会社ユア・ブレーンズ　中山真敬 〒xxxx-xxxx 神奈川県○○市△△区xxxx○-○-○ TELxxx-xxx-xxxx／FAXxxx-xxx-xxxx **	ビジネスの鉄則は、いかに相手が自分に対して連絡を取りやすくするか。メール最後の署名には、電話番号、住所など、連絡先を明記すること。また、オフィス移転や部署の異動、新サービスの開始などのアナウンスも盛り込むとよい。
(悪い例) 請求書の件、社内確認をした結果、すでにいただいていたことが確認できました。 お騒がせしました、よろしくお願い申し上げます。	実際に受け取ったメールの例。その数時間前に、「さて、問題は中身です。○○分の請求書がありません。合わせてお送りください。よろしくお願い申し上げます」とのメールを受けて。 ⇒謝罪の言葉は、はっきり書くべき。 「お騒がせして、申し訳ございませんでした」 ⇒最後の一文は、何をよろしくお願いされたのかわからない。 「引き続きよろしくお願いいたします。」または 「ご確認よろしくお願いいたします。」

3-6

大量のメールをうまく管理するコツ

受信メールをフォルダーで管理する

仕事では、大量のメールを扱います。後でメールのやりとりの履歴を確認したり、受け取った添付ファイルを再利用したりすることも多いので、**メールは読んでも削除せず、そのまま保管しておく**のが一般的です。

何年も仕事をしていると、受信トレイには、何千というメールが残るのでその管理は大変になります。そこで、ファイルと同様に、メールもフォルダーを作成して分類・整理を行うことができます。

フォルダーを作成するには、ナビゲーションウィンドウの**受信トレイを右クリックし、「フォルダーの作成」**を選択します。

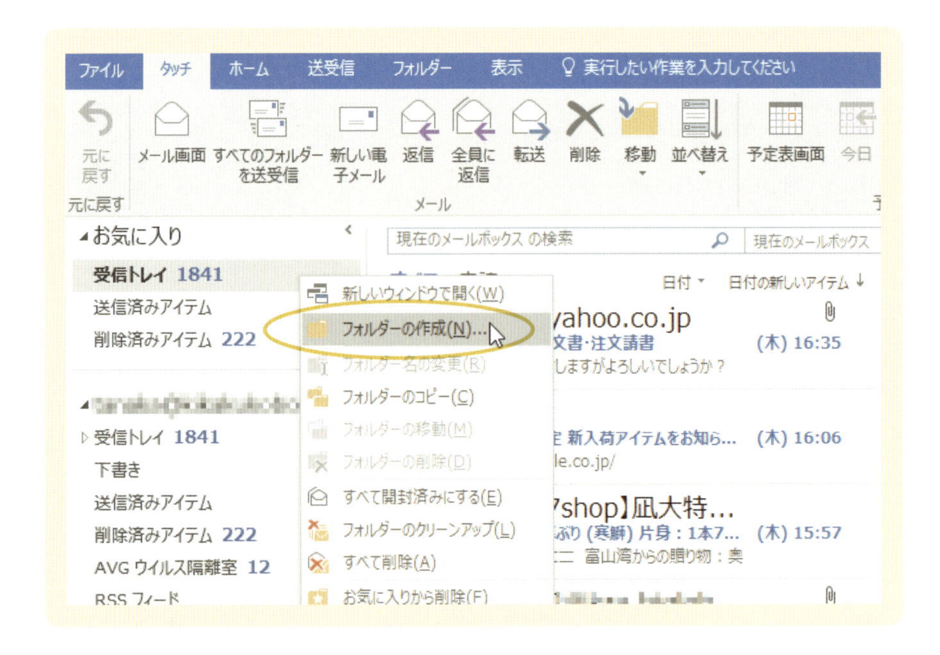

「新しいフォルダーの作成」画面が表示されるので、フォルダー名をつけ、フォルダーを作成する場所を指定し、「OK」ボタンをクリックすれば完了です。

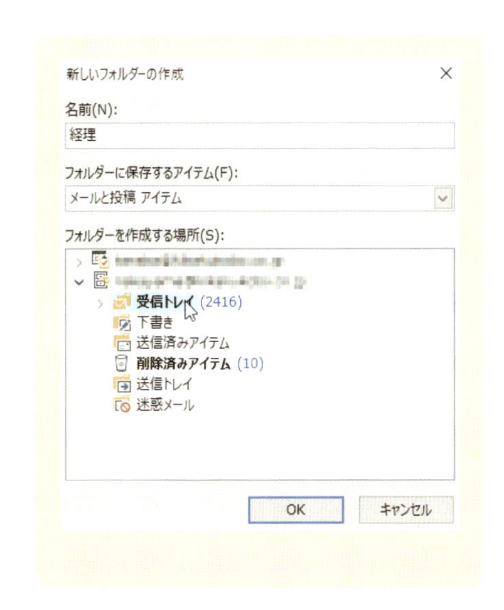

すると、指定した位置に作成したフォルダーが表示されます。

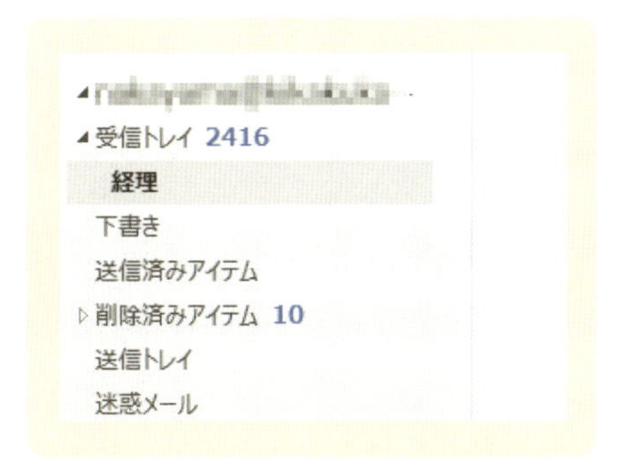

フォルダーは、フォルダーの中にも作成することができます。フォルダーを右クリックして「フォルダーの作成」を選べば、フォルダーの下位に新しいフォルダーが作成され、フォルダー名の部分にカーソルが表れます。

また、右クリックして「フォルダー名の変更」を選べば、後からでもフォルダー名を変更できます。さらに、ナビゲーションウィンドウ上でドラッグ&ドロップすれば、フォルダーの位置を変更することもできます。

フォルダーの順番は、後からでも簡単に変更できるので、難しく考えなくても気軽にフォルダーを活用できます。

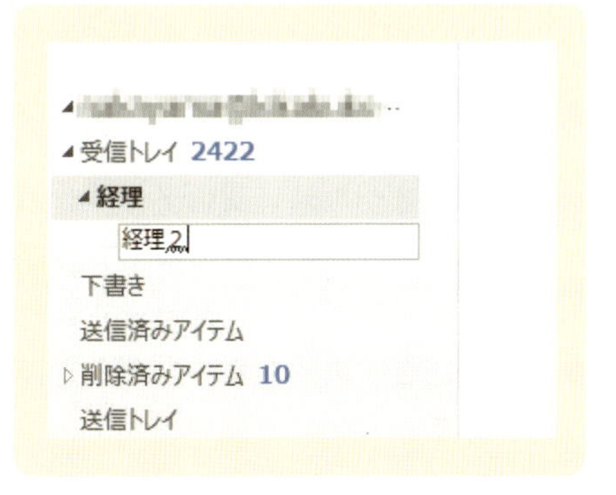

フォルダーのうまい活用方法

Outlookには､｢ルール｣という機能が用意されています。リボンの｢ルール｣ ボタン→「仕分けルールの作成」で、差出人など指定した条件を満たすメールを、受信時に指定したフォルダーに自動で仕分けする、といったことが可能です。

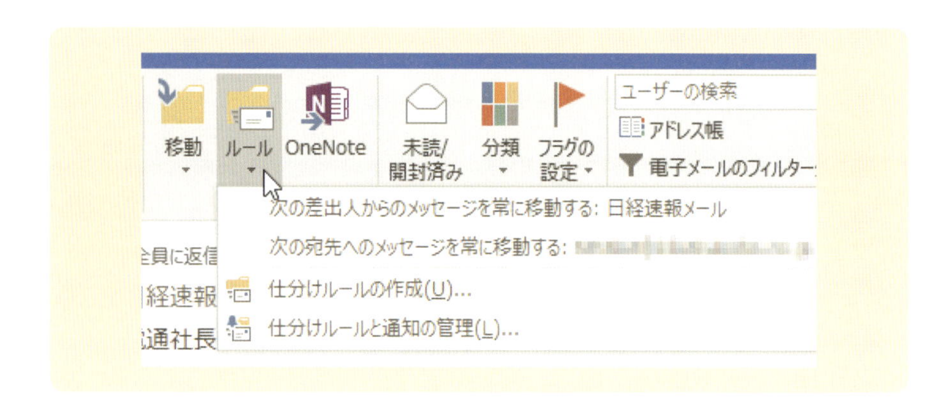

この機能を使って、顧客別、案件別などでメールの自動仕分けを行っている人をたまに見かけます。しかし、この活用方法はお勧めできません。

新着メールを複数のフォルダーに仕分けると、**メールチェックの際、いちいちフォルダーをクリックして受信メール一覧の表示を切り替えなくてはなりません**。毎日、繰り返し行うメールチェックが面倒になり、結果的に仕事の効率を落としてしまうからです。ネット通販を行っていて、注文メールを見落とさないようにする、といった特定の場合にのみ、「ルール」は活用するべきです。

また、メールは、受信メール一覧で選択し、ナビゲーションウィンドウのフォルダーに**ドラッグ&ドロップすることで、移動**ができます。

注文メールのうち、発送をすませたもの、入金確認ができたもの、請求書の発送をすませたものなど、進捗状況に合わせてメールをフォルダーに仕分ける、といった使い方がよいでしょう。

検索機能で読みたいメールを素早く探す

いちいちフォルダーで分類を行わなくても、Outlookには、強力な検索機能が用意されています。メール一覧の上にある検索ボックスをクリックしてカーソルを表示し、キーワードを入力すれば、該当するメールだけを抽出してメール一覧に表示してくれます。いちいちマウスを使うのが面倒なら、「Ctrl」＋「E」で、検索ボックスにカーソルが表示され、最近、検索したキーワードが一覧表示されます。また、検索終了後は、検索ボックスの右端の「×」をクリックすれば、元の表示に戻ります。

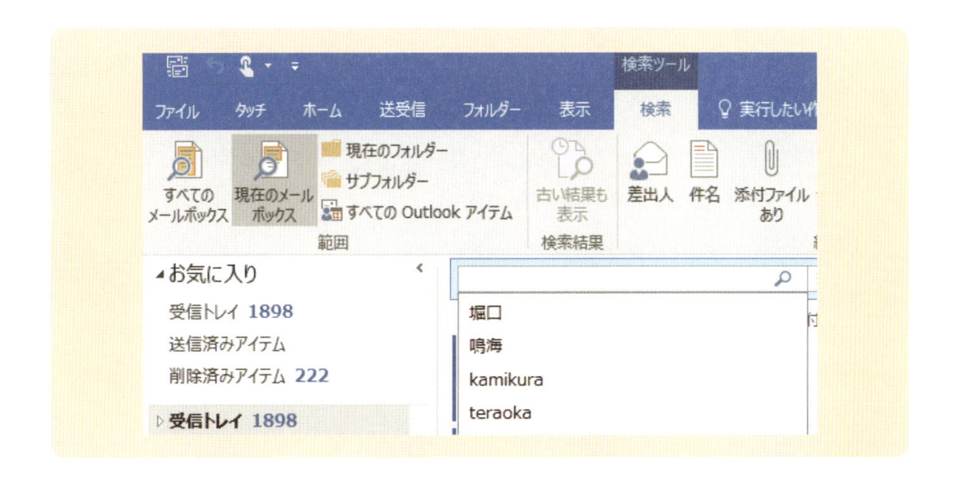

Googleの創業者の一人であるラリー・ページは、無料メールGmailの開発の際、**「(検索すればよいのだから) 不要なメールを削除するなんて時間のムダだ」**と言ったそうですが、メールの管理についても同様です。いちいちフォルダーに分類しなくても、検索すれば、簡単にメールを探し出すことができるからです。Outlookの検索機能は、差出人名で検索するだけではありません。メールの件名や本文も検索の対象となっているので、見たいメールを素早く見つけ出すことができるのです。

メールを素早く見つけるもう1つの方法

仕事では、特定の相手とのメールをやりとりすることがよくあります。例えば、Aさんから以前にもらったメールを探す場合、直近でAさんからメールを受け取っていれば、メール一覧の並べ替えを「差出人」にすることで素早くメールを探し出すことができます。いちいち検索を行う必要はありません。

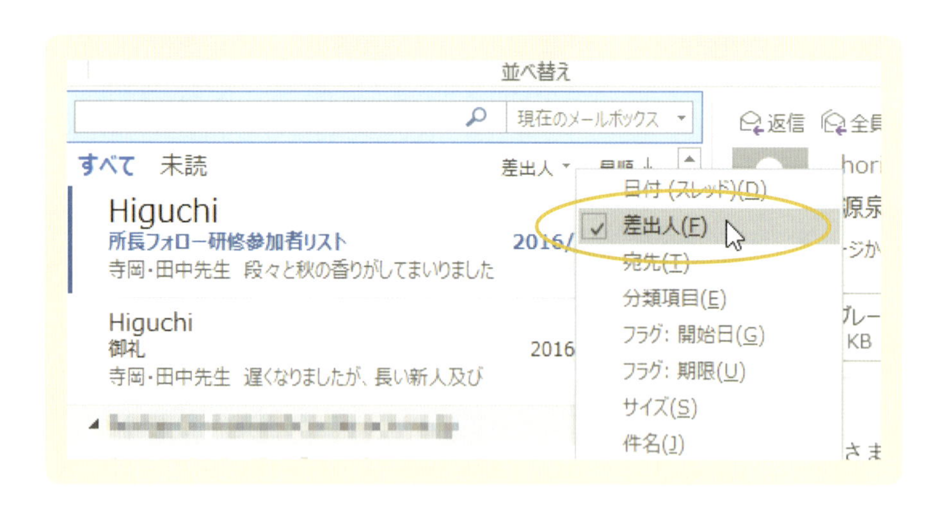

このやりかたなら、1人の相手からのメールがズラリと並ぶので、やりとりの履歴を確認するのにも便利です。

不要なメールを削除する

ラリー・ページに言わせれば、検索すればよいのだから、迷惑メールや広告メールをいちいち削除するのは時間のムダ、ということになるのかもしれません。実際、Yahooや楽天、アマゾン、Facebookなどのお知らせメールを含め、私が1日に受け取る迷惑メール・広告メールの類は1日に100通以上。受信メールの大半を占めています。確かに、こうした不要メールの削除に相当な時間を奪われています。

しかし、私などは、受信トレイの右側に未読メールの数が表示され、太字になっていると、やはり気になってしまいます。不要メールを効率よく削除する方法について考えていきましょう。

まず、メールを削除する方法について。

メールは、リボンの「削除」ボタンをクリックすれば削除できますが、いちいちマウスを使うのは面倒です。マウスを使わないでも、キーボードで「Delete」を押せば削除できることは知っておきたいところです。

Delete ＝ 選択したメールを削除する

次に、メールを削除するには、1つずつメールを選んで削除する必要はないということ。例えば、以前利用した通販サイトから広告メールがやたら届くのが気になる場合。

こんなときは、メール一覧を「差出人」で並べ替えて表示します。すると、差出人ごとのメールの先頭にスレッドが表示されます。

【用語解説】Gmail

Googleが提供する無料メールサービスの名称。ユーザー登録すれば、誰でも使うことができます。

これをクリックして選んで「Delete」で削除すれば、その差出人からのメールを一気にまるごと削除することができます。

そもそも、不要メールは、「迷惑メール」に設定しておけば、自動的に「迷惑メール」フォルダーに移動してくれます。迷惑メールに指定したいメールを**右クリックして、「迷惑メール」→「受信拒否リスト」を選べばよい**のです。

ただ、不要メールはいろいろなところから送られてきます。いちいち設定を行っていたのではきりがありません。また、広告メールの中には、ごくまれですが、役に立つ情報や商品を知らせるものもあります。ある程度の猶予期間をもたせて、「もうこのメールはいらない」「数が多すぎる」と感じるようになってから設定すれば十分でしょう。

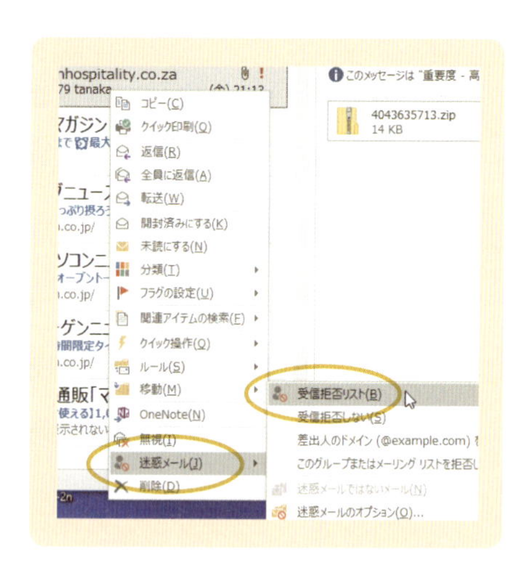

【用語解説】スレッド

「1本の筋」という意味。掲示板などで共通の話題の投稿をまとめたもの。メールアプリでは、一連のやり取りをツリー表示にすることをスレッド表示といいます。

複数のメールを同時選択して削除

メールは、「Shift」を押しながら「↓」を押すと、同時選択できます。こうして不要メールを同時選択し、「Delete」を押せば、一気に削除することができます。

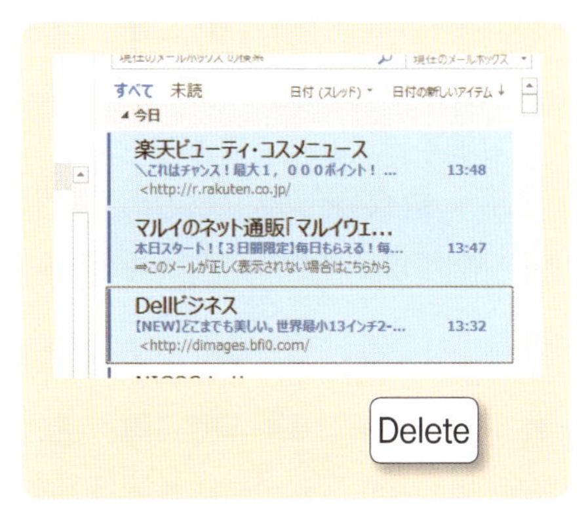

ただ、同時選択したいメールがたくさんある場合、「↓」を何度も押すのは面倒です。そこで、「Shift」を使った「終点指定法」が便利です。

まず、最初の不要メールを選択します。そして、残したいメールが表れるまでメール一覧をスクロールします。そして、その直前にある不要メールを、「Shift」を押しながらクリックするのです。すると、その間にはさまれた不要メールがすべて同時選択されます。そして最後に、「Delete」を押せば、一気に不要メールを削除できます。

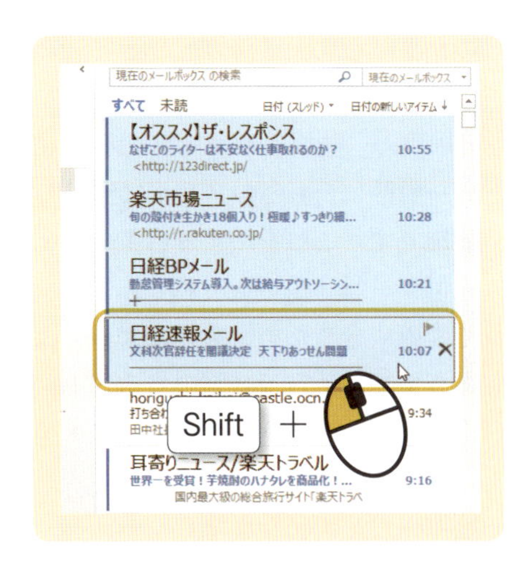

大量の受信メールの中で、必要なメールは見つけ出してチェックしなければなりません。そのプロセスと一致するので、実際にやってみるとかなり効率のよい削除ワザです。

3-7

相手を不快にさせない「添付ファイル」のマナー

添付ファイルのルール

写真や作成した文書などを、メールに添付して即送ることができる添付ファイルは、ビジネスにおいて非常に大きな意義があります。まずは、いくつか添付ファイルのルールを確認しておきましょう。

ルール① 添付できるのはファイルだけ

フォルダーに集約した複数のファイルをそのままメールに添付して送れれば便利ですが、**メールに添付できるのはファイルだけ**です。フォルダーごと送るには、フォルダーを圧縮ファイル（ZIP ファイルなど）にする必要がありますが、後ほど詳しく説明します。

ルール② 送れるファイルの容量に制限がある

一般的に、**1つのメールに添付して送れるファイルの総容量は、10MB前後**です。これを超える容量のファイルは、送信エラーを伝えるメールが送信サーバーから送られてきます。また、この容量は、サーバー側の設定で変更できるため、**会社によっては 2 ～ 3MB** としているところも少なくありません。容量を制限する理由は、サーバーへの負荷を減らすためです。

こうした容量制限を超えるファイルを送るには、オンラインストレージと呼ばれる大容量ファイル転送サービスを利用します。これについても、後で詳しく説明します。

ルール③ ファイル名のつけ方に注意が必要

ファイルを他人に送る場合、「①」などの機種依存文字が入っていると文字化けする場合がありますが、それ以外にも、拡張子が「.dat」となって開けなくなる場合があります。これは、日本語が使える見た目上のファイル名とは別に、コンピュータがファイルを識別するための半角英数のファイル名があるのですが、そのデータサイズには制限があります。この制限以上の日本語の長いファイル名のファイルを送ると、ファイル名の後半がうまく送れず、拡張子が欠落してしまうことがあります。こうした拡張子が不明なファイルにつけられるのが、「.dat」です。

このため、ファイルをメールに添付して送る場合は、ファイル名が長くなりすぎないよう、注意する必要があります。

ファイルを添付する

作成中のメールにファイルを添付するには、リボンの「ファイルの添付」ボタンをクリックするのが基本的なやり方です。このボタンをクリックすると、添付するファイルを指定するダイアログが表示されます。

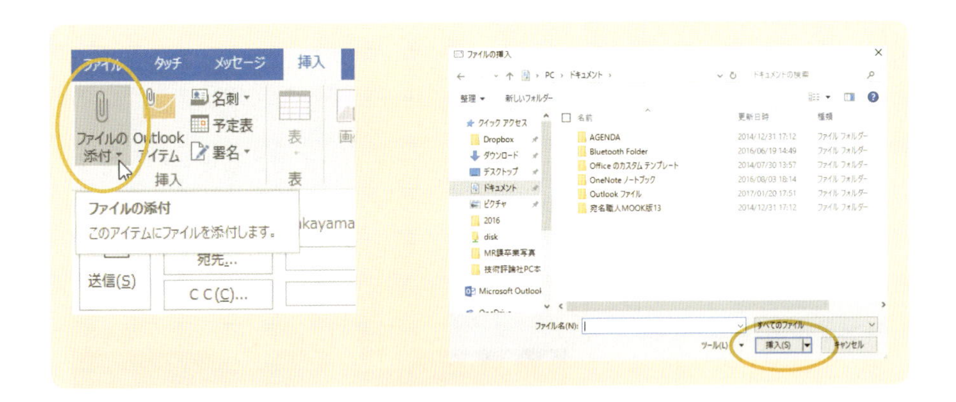

【用語解説】オンラインストレージ

ストレージとは、外付けHDDや共有サーバーなどの外部記憶装置のこと。そのうち、インターネット上のサーバーをファイル保管用に提供するサービスをオンラインストレージという。

ただ、このやり方では、添付したいファイルがあるフォルダーを探して、ファイルをダイアログに表示するのが大変で、効率のよい方法とはいえません。

そこで、ファイルを添付する別の方法として、**作成中のメールに、ファイルをドラッグ&ドロップ**する方法があります。

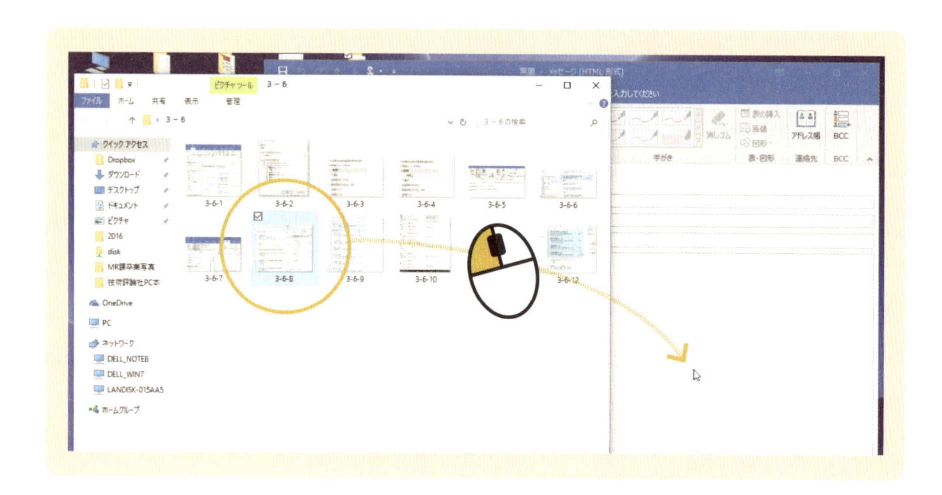

このやりかたでも、デスクトップ上のファイルを添付する場合や、フォルダーに多数のファイルがある場合など、ファイルのアイコンと新規作成メールのウィンドウを同時に表示するのが難しいことがあります。

そんなときは、添付ファイルを作成する前に、いったんすべてのウィンドウを最小化して、画面上をスッキリさせます。やりかたは、「Windows」+「M」が便利です。

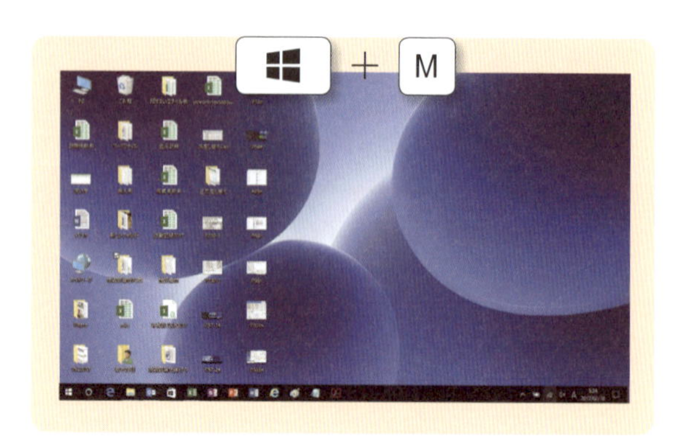

⊞ ＋ M ＝ すべてのウィンドウを最小化する

画面がスッキリした状態で添付したいファイルのあるフォルダーを開き、ファイルをタスクバーの Outlook のアイコン上にドラッグします。

すると、最小化されていた作成中のメールのウィンドウが画面に表示され、ドラッグ&ドロップしたファイルも添付することができます。

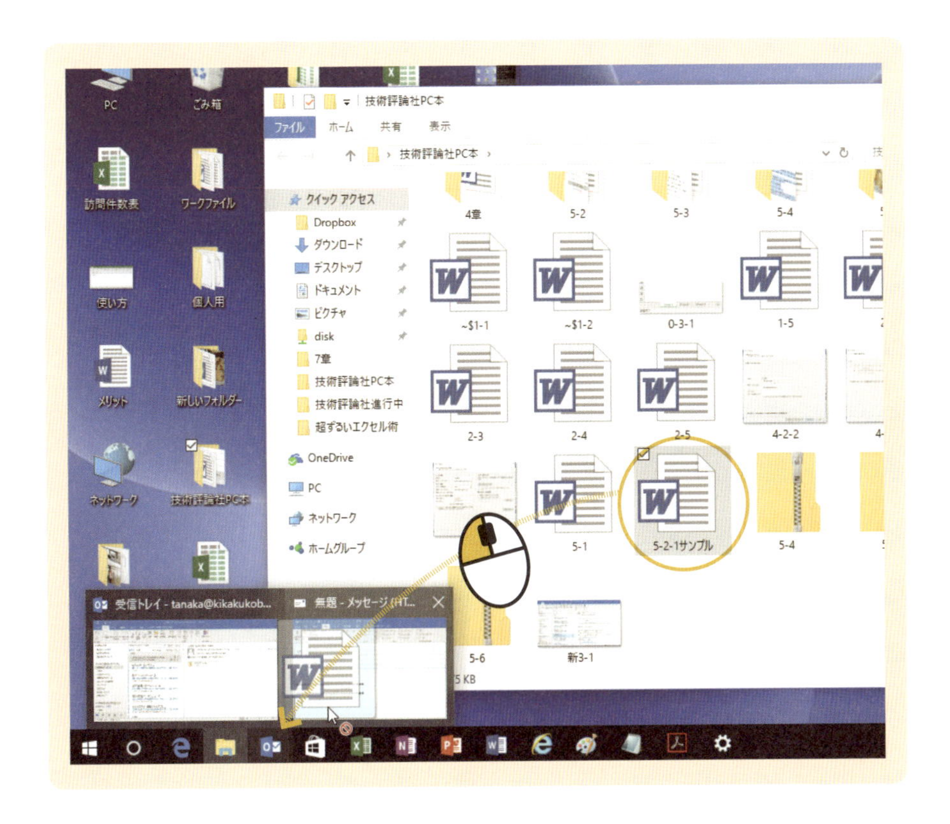

あるいは、ファイルを作成中のメールに、コピー&貼り付けする方法もあります。まず、添付したいファイルを選択したら、「Ctrl」＋「C」でコピーし、作成中のメールのウィンドウをアクティブにして、「Ctrl」＋「V」

で貼り付けを行えば、ファイル添付の完了です。

どの方法が一番効率的かは、ケースバイケースです。例えば、ノートの場合は、ドラッグの最中に指がタッチパッドから離れたせいか、全然関係のないフォルダーにドロップされ、どこにいったかわからなくなることがしばしばあります。このため、私は、モバイル用のノートのときは、最後の「ファイルのコピー&貼り付け」という方法を利用し、通常のデスクトップの場合は、ドラッグ&ドロップする方法と使い分けています。これらのやりかたをひと通り覚えておいて、状況に応じて手っ取り早い方法を選択して使うのがよいでしょう。

添付ファイルは1つにまとめる

受信したメールに添付されたファイルは、メール本文の上にアイコンで表示されます。このため、添付ファイルの数が多いと画面上にすべて表示しきれず、確認もれなどの原因になりかねません。

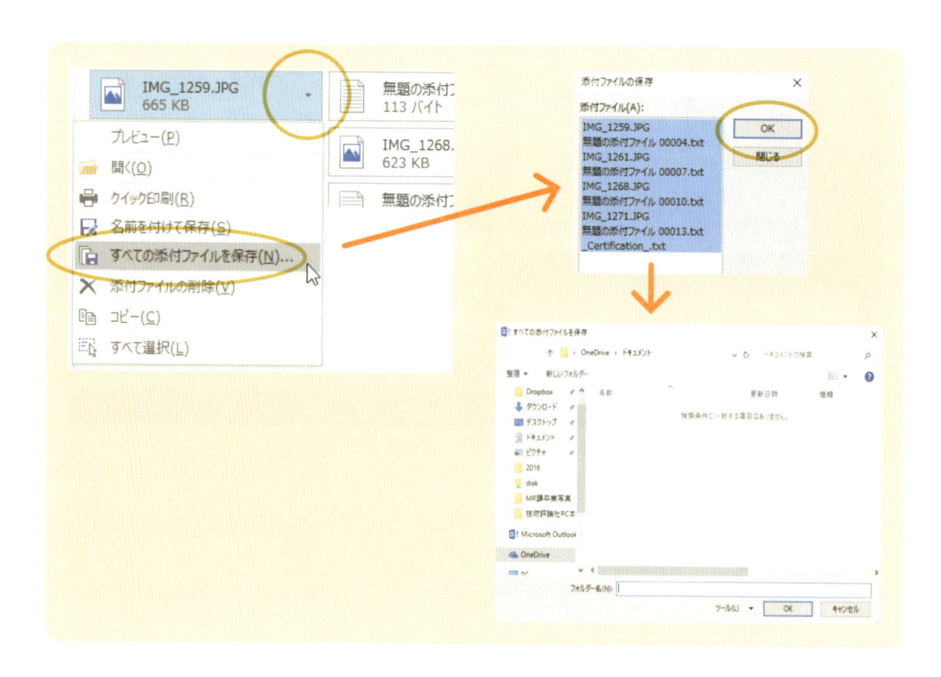

また、添付ファイルをパソコン内のファイルとして保存する場合、添付ファイルの「▼」ボタンをクリックして、「すべての添付ファイルを保存」を選びます。すると、保存する添付ファイルの一覧が確認のため表示され、「OK」を押すと、保存場所の指定を行うダイアログが表示されます。

これだけの手順があるとかなり面倒なので、添付ファイルの欄をクリックして選んだ後、「Ctrl」＋「A」ですべて選択し、デスクトップ上にドラッグ＆ドロップするのが効率的で、私だけでなく多くの人がこうしているようです。しかし、保存する添付ファイルが大量にあると、デスクトップ上がファイルだらけになり、その後のファイル整理がかなり面倒です。

相手の手間を考えて、**たくさんのファイルを添付するには、1つのフォルダーにファイルをまとめて、フォルダーごと圧縮するのがビジネスマナー**です。元はフォルダーであっても、圧縮すると1つのファイルとみなされるからです。

フォルダー（大容量ファイルでも同じ）を圧縮するには、フォルダーのアイコンを右クリックし、**「送る」→「圧縮（ZIP形式）フォルダー」**を選びます。これを行うと、フォルダーと同じ名前のZIPファイルが同じ場所に作成されます。

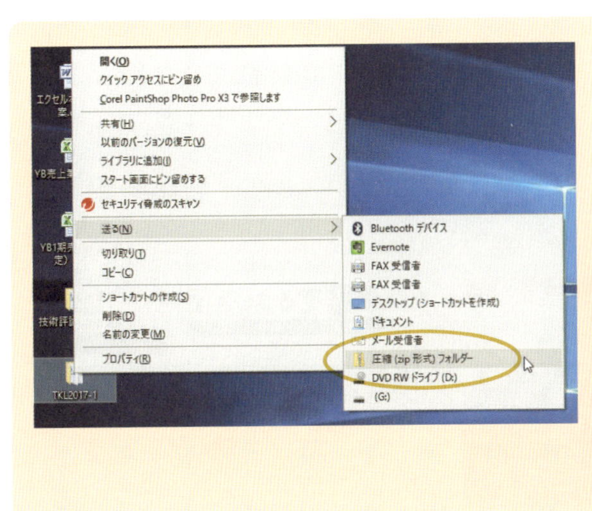

添付で送れない大容量ファイルの場合

添付ファイルは、容量の総合計が約10MB以下となっているため、これを超える場合は、メールでは送れません。そこで、オンラインストレージ上にファイルをアップロードし、アップロード先のURLを相手に伝えてダウンロードしてもらう、という方法を取ります。

オンラインストレージには､元祖と言ってよい「宅ふぁいる便」をはじめ、「データ便」、「firestorage」などいろいろなサービスがありますが、ほとんどが無料で利用できるサービスです。例えば宅ふぁいる便なら、会員登録なしで1回のデータ容量300MBですが、ビジネスプラス会員なら50GBまでと、有料で容量アップなどができます。また、会社で100ユーザーで月額1万7000円＋税（2017年2月現在）のオフィス宅ふぁいる便は、情報漏えい対策機能が強化されています。機密情報を、一般向けのオンラインストレージでアップロードして、第三者に盗み見されても、サービス業者は責任を取ってくれません。そうしたサービスを利用した軽率さに責任を問われるだけです。情報漏えい対策として、会社で有料サービスを申し込んだ方がよいと提言すると、評価アップにつながるかもしれません。

代表的なオンラインストレージのURLを紹介するよりも、最近は、検索を行った方が手っ取り早いので、先ほどご紹介したサービスの名前、あるいはオンラインストレージなどのキーワードで検索してください。気に入ったサービスは、ブラウザのブックマークバーに登録しておくと、素早く大容量ファイルを送れます。

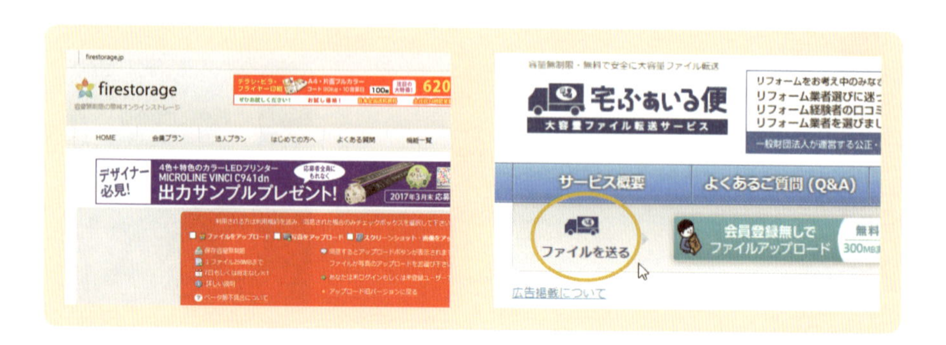

オンラインストレージの利用の手順

ここでは、宅ふぁいる便を例に手順を説明していくことにします。まず、ブラウザで宅ふぁいる便のサイトを開き、「会員登録無しでファイルをアップロード」ボタンをクリックします。

アップロード画面が表示されたら、送りたいファイルを画面の枠内にドラッグ&ドロップし、スクロールして画面の一番下にある「アップロード内容を確認する」ボタンをクリックします。内容に問題がなければ、アップロードを行います。すると、アップロード完了を知らせる画面が表示されます。

ダウンロードURLをコピーし、メールでファイルを送りたい相手に伝えます。メール中のURLをクリックすれば、ダウンロードサイトがブラウザで表示され、そこからダウンロードを行うという仕組みです。

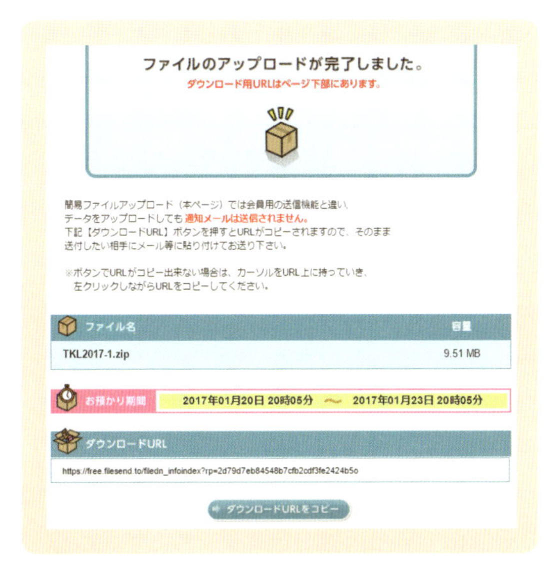

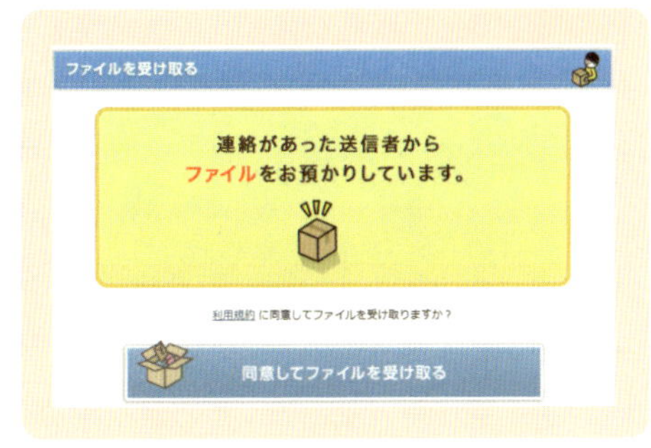

3-8

仕事がはかどる メール操作の「テクニック」

テクニック① 「複数の署名」を使いこなす

メールでは同じような文面を繰り返し書きます。例えばこんな具合です。

いつもお世話になっております。
海山商事の山田です。
先日は、お忙しいところ、お時間をいただき、
本当にありがとうございました。

こうした決まりきった文言を繰り返し打つのは、いかにも時間のムダです。しかし、「署名」機能を使えば、この手間を一気に省くことができます。「署名」とは、新規メール（返信、転送を含む）に、名前、連絡先などの登録した文面を自動的に挿入するもの。これには、一緒に「いつもお世話になっております。海山商事の山田です～」という文言を加えておくことも可能です。そうすれば、入力の手間を大幅に省けて効率的です。

登録できる「署名」は、1つだけではありません。だから、「初回訪問お礼」「問い合わせお礼」など、いくつかのパターンを用意すればよいのです。

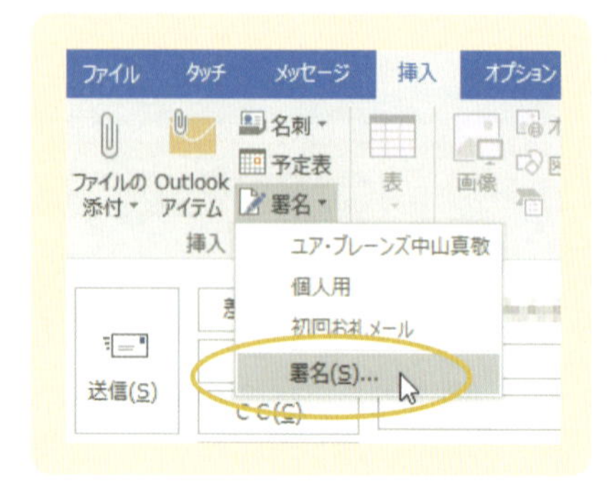

署名の登録を行うには、まず、新しいメール作成のウィンドウを開きます。このメール自体は後で削除し

てかまいません。新しいメール作成ウィンドウのリボンの「署名」ボタン→「署名」を選びます。

すると「署名とひな形」ウィザードが表示されます。「新規作成」ボタンをクリックして、文面を登録します。

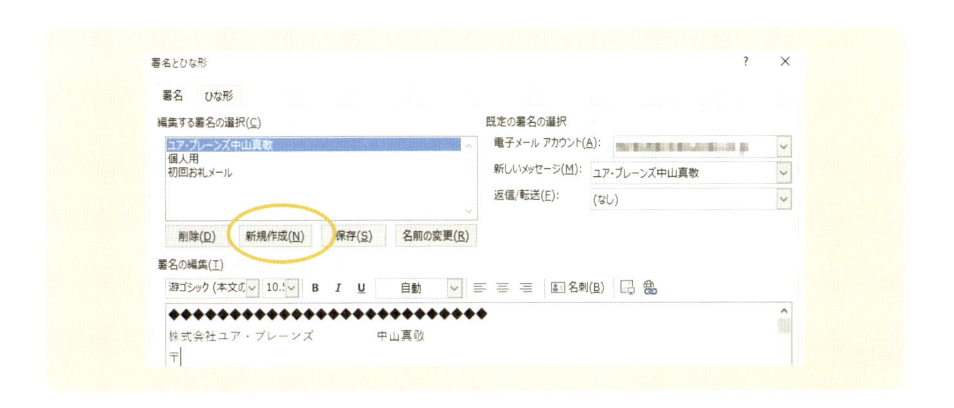

先に示した画面の通り、「署名」ボタンをクリックすれば、登録された署名が一覧表示されます。この中からケースに合った文面を選び、加筆すれば効率よくメールを作成できるというわけです。

テクニック②「CC」「BCC」を使い分ける

近年は、個人情報の取り扱いが厳しくなりました。宛先以外の人にCCでメールを送ると、宛先の他、CC欄に入力した人のメールアドレスが全員にわかってしまいます。

【用語解説】CCとBCC

CCはカーボンコピーの略。宛先以外の人にメールを同時送信すること。BCCはブラインド・カーボンコピーの略。機能はCCと同じですが、BCCに入力したメールアドレスは、メールを受信した人にわかりません。

メールアドレスも重要な個人情報。**お互いを知らない複数の顧客に、お知らせメールを送るような場合、メールを受信した人が別の顧客のメールアドレスを知る、というのは、情報管理上、大きな問題**。ある顧客が、別の顧客に対して新規営業のメールを送るかもしれません。そうなると、大きく信用を損ねることになりかねません。

こんなときに使うのが、BCCという機能です。

新しいメールを作成する場合、ウィンドウには「BCC」欄はありません。以前のOutlookでは、「宛先」か「CC」をクリックし、アドレス帳を表示してBCCへの入力を行いました。Outlook2013/2016では、リボンの「オプション」タブに「BCC」ボタンがあり、これをクリックすれば、「BCC」欄が表示されるようになっています。

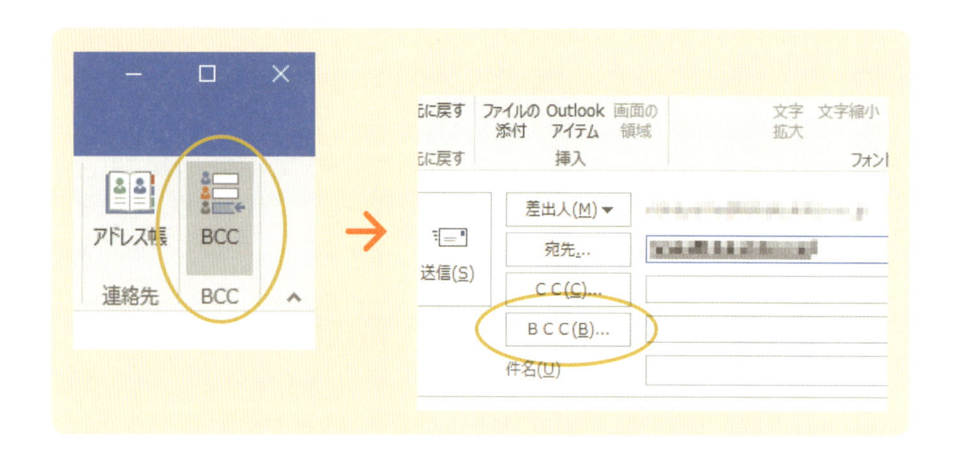

テクニック③「開封確認要求」は避けた方がよい

開封確認要求とは、相手がメールを受信すると、受信したことを知らせる確認メールが送り返されてくる、という機能です。メールがきちんと届き、いつ用件が伝わったかが正確な日時でわかるので、重要な案件についてのメールを送る場合に有効な機能です。

しかもその設定は簡単です。新しいメール作成のウィンドウで、リボンの「オプション」タブ→「開封確認の要求」のチェックボックスをクリックしてチェックを入れるだけです。

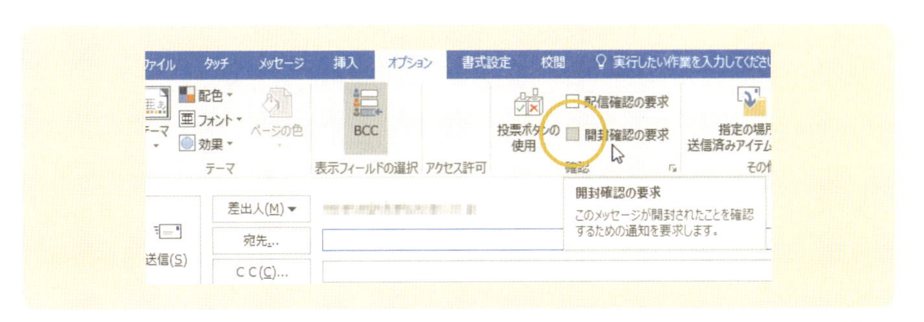

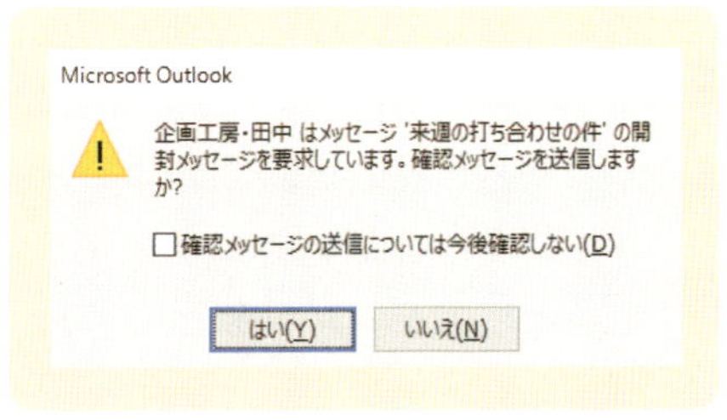

すると、相手が受信メールを開いたとき、開封確認メールを送るかどうかを聞く画面が表示されます。ここで、相手が「いいえ」を選んだら、もちろん開封確認メールは送り返されてきません。また、Mac の Mail など、この機能に対応していないメールアプリで受信すると、そもそも開封確認メールを送るかどうかさえ聞いてきません。

このように、**開封確認要求は、非常に不確実な機能**です。しかも、電話を 1 本かけて確認すればよい話なので、**開封確認要求を失礼だと怒る人も少なくありません**。ただでさえ、微妙なニュアンスが伝わらずに相手を不快にさせがちなメールですから、不確実なこの機能は最初から使わない方が賢明ではないでしょうか。それだけ重要ならば、電話で確認する労を惜しむべきではありません。むしろ、「届きましたか」と確認の電話を入れる丁寧な姿勢が喜ばれるはずです。

テクニック④「フラグ」機能でToDo管理を行う

開封確認要求と並んで、評判が悪いのが重要度の設定です。新しいメールを作成するウィンドウのリボンをクリックすれば簡単に設定できます。すると、相手がメールを受信するとメールの先頭に重要度:高という「！」のマークが表示されます。

しかし、重要度の高低を判断するのは、本来、メールを受信した人ですから押し付けがましい印象を与えかねません。しかも、送信者側が自由に設定できるものなので、迷惑メールが多用しています。これでは全く無意味ということになります。

これに対して、受信した側が重要と判断したメールなどを目立たせる「フラグ」機能は、使うことで仕事の精度を高めることにつながります。

すなわち、対応が必要なメールが来たとき、メール一覧の右側にマウスのポインターを動かすと、旗のアイコンが薄く表示されます。これをクリックすると、アイコンが赤色になり、フラグが立てられたことになります。

受信したメールを後でも確認しやすくするには、別のフォルダーに移動した方が効果的です。しかし、Outlookは、メールの他、スケジュール管理、ToDo管理にも対応しています。フラグを立てると、そのメールの案件が「ToDo」として登録されるのです。

私を含め、Outlook以外のToDo管理アプリを使っている人間は少なくありません。しかし、代表的なコミュニケーションツールであるメールの中に多くのToDoが眠っていることは確かです。OutlookのToDoに登録して、使っているToDo管理アプリへはコピー&貼り付けすれば効率的です。メールチェックをして気づいたToDoを、うっかり忘れてしまうこともないし、OutlookとToDo管理アプリをいちいち切り替える手間が不要になります。

情報収集

4章

ブラウザの仕事術をマスター

4-1

「ブラウザ操作」の基本を知る

Webは、最も重要で身近な情報源

仕事に限った話ではありませんが、現代においてはWebは重要かつ最も身近な情報収集源となりました。ニュース、外出時の天気予報、交通情報の他、ヒット商品、ビジネスの成功事例の記事、初めて訪問する営業先の事前情報収集など、仕事ではWebを閲覧することが多くあります。「Webからの情報収集でライバルに差をつける」というのはもはや過去の話で、最近は**言われなくても自主的に情報収集するのが当たり前**で、やらなければ「何をしていたんだ」とダメ社員の烙印を押されてしまいます。

仕事においてこれほど重要なWeb閲覧ですが、だらだらやっていると、「ちゃんと仕事、しているのか」と評価を下げることになりかねません。Web閲覧は、仕事から脱線しやすく、一見、仕事しているかさぼっているのかわからないからです。少なくともあまり時間を費やすと、生産性が低くなることは間違いありません。

仕事のWeb閲覧は、**すき間時間や、文書作成中に調べものをするなど、効率よく短時間ですませるのが鉄則**です。

ブラウザ各部の名称

ブラウザの使い方がわからないという人はまずいないでしょうが、確認の意味で、各部の名称と基本的な操作方法を整理しておきます。ブラウザの種類によって若干異なりますが、ほぼ共通しています。

① 「戻る」ボタン
前に閲覧していたページを表示する。

② 「次へ」ボタン
「戻る」を行った場合、次のページを表示する。

③ 「ホーム」ボタン
「ホーム」に設定したページを表示する。

④ 「お気に入り」ボタン
「お気に入り」に登録したサイトを一覧表示。

⑤ 「詳細」ボタン
各種メニューを表示する。

⑥ タブ
複数のページを開いておき、タブで画面に表示するページを切り替えることができる。

⑦ アドレスバー
表示中のページのURLが示される。URLを入力して、「Enter」を押すとそのページに移動する。

⑧ スクロールバー
ドラッグすると画面をスクロールできる。表示している範囲・位置をつまみの高さ・位置で示しているので、ページの分量・位置を確認できる。

⑨ リンク
マウスのポインターが指のマークになる箇所は、リンクが張られているということ。クリックするとリンク先のページに移動する。

【用語解説】ブラウザ

「ブラウズ」とは、「拾い読みする」の意味。写真などデータを閲覧するアプリ全般を指しますが、一般にはWeb閲覧アプリを指します。

ブラウザ操作の基本

① スクロールする

ページを読み進める場合、スクロールバーを使うのではなく、マウスホイールを回してスクロールするのが一番簡単な方法です。

② 検索する

Google検索など、検索ボックスにキーワードを入力してキーワードを含むサイトをリストアップする、といった情報収集を、「プル型情報」といい、初めて訪問する営業先の自社ホームページをチェックするなど、仕事では非常によく使います。いちいちGoogleなどのサイトを開いて検索するのは手間も時間もムダ、ブラウザの検索ボックスなどを使って、調べたいときにすぐ検索できるようにするのが、仕事における検索の鉄則です。

③ ページを印刷する

「詳細」ボタンをクリックして、「印刷」を選べば印刷できますが、意外に面倒な操作なので、「Ctrl」＋「P」で印刷ダイアログを表示し、「Enter」を押す方法をお勧めします。

Ctrl ＋ P ＝ 印刷する

【用語解説】プル型情報とプッシュ型情報

検索など、自分から特定の情報を収集する「プル型」に対し、向こうから自動的に送られてくる情報を「プッシュ型」といいます。スマホアプリのお知らせ通知、メルマガなど。

④ Webの情報を引用する

マウスでドラッグすると、ブラウザ上の文章の範囲指定を行うことができます。範囲指定を行って、「Ctrl」＋「C」を押してコピーし、Word文書などに、「Ctrl」＋「V」で貼り付けます。

⑤ 画像やグラフをダウンロードする

Web上の**写真やイラストは原則として著作権がある**ため、二次使用できませんが、官庁が公表している統計データや、フリー素材集の写真・イラストは問題ありません。ダウンロードするには、デスクトップにドラッグ&ドロップするやり方が効率的です。

⑥ 右手でマウス、左手でキーボード

リンクのクリックをしばしば行うWeb閲覧において、マウス操作は不可欠です。しかし、「Ctrl」「Shift」などのキーを使えば、より効率的に操作を行えるようになります。**マウス操作を行いながら、必要なときにすぐキー操作が行えるよう、左手の小指を「Ctrl」に添え、両手で操作できるようにする**のがコツです。

4-2

「ブラウザ選び」のポイント

ブラウザ次第で仕事のスピードが変わる

Windows10では、長年標準のブラウザだったInternet Explorer（以下、IE）がEdgeに替わりました。Edgeは、ページに書き込みを行うことができるなど、従来のブラウザにはない機能をもちますが、今までと違う操作性から「使いにくい」という人が多いのも事実です。

IEは、Windows10でもスタートメニューのアプリ一覧の「Windowsアクセサリ」の下にあるので、IEが慣れていて使いやすいという人は、そのままIEを使い続ける手もあります。ただ、IEは、Microsoftが開発をやめてしまったためか、スクリプトエラーが頻繁に起こります。とても快適に使える代物ではありません。

今では当たり前になったタブブラウザですが、初期のIEはタブブラウザではありませんでした。タブブラウザの草分け的存在としてFirefoxが普及し、その後、Googleがアドレスバーにキーワードを入力して検索ができるChromeの提供を始め、利用者を増やしました。シェア低下に悩むMicrosoftが打開策として送り出したのがEdgeというわけです。

現在は、これら4つの代表的ブラウザが群雄割拠している状況ですが、**それぞれに長所、短所があり、どれを選ぶのが正解というものはありません**。しかし、自分が使い勝手のよいブラウザを選べば、仕事の効率が上がります。効率を上げたければ、ブラウザ選びにもこだわるべきで、標準のEdgeを無反省に使うのは考えものなのです。

【用語解説】タブブラウザ

複数のページを開き、タブで表示を切り替えられる仕組みのブラウザ。

Edgeの特徴

Edgeは、ウィンドウ右上の「Webノート」機能をクリックすると、Webページ上に書き込みやマーキングを行えるのが最大の特長です。自分なりに手を加えたページは保存して、後で見直すこともできます。

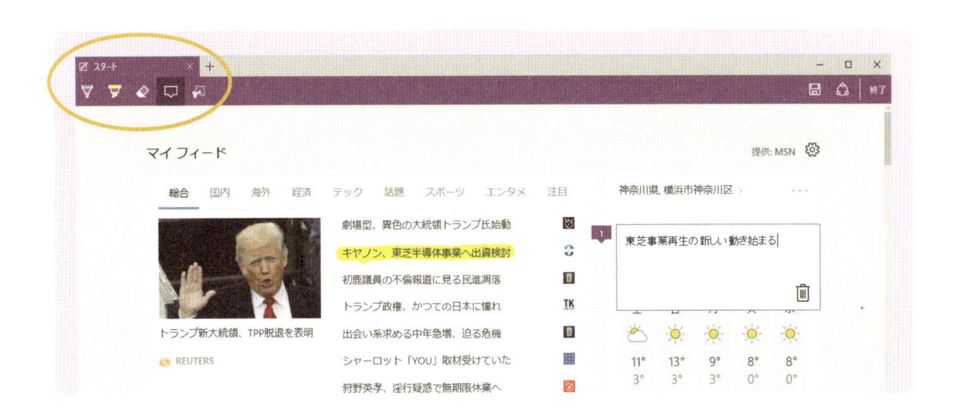

また、「ホーム」として標準で設定されている「マイフィード」は、「設定」ボタンをクリックすることで、コンテンツを自分の好みにアレンジすることができます。

ただ例えば天気予報をチェックするなら、長年見慣れたYahooがよい、と思うのは私だけではないでしょう。Microsoftのポータルサイトmsnを利用させたいという意図が強すぎて、扱いづらい――それが、Edgeの一番の問題点なのです。

Edgeはタブブラウザとなっている点、アドレスバーにキーワードを入れて検索できる点など、他のブラウザと同等の機能はひと通り揃えていますが、ウィンドウ右上の詳細設定で、どこにどんな設定があるのかもわかりづらいということもあります。

慣れれば快適に使えるのかもしれませんが、従来のブラウザとは使い勝手があまりに違うので、効率よく使えないのが現状です。

○専用の「マイフィード」をカスタマイズできる
○表示したページに、書き込みができる
×最初のページは変更できるが、「ホーム」は「マイフィード」
×検索エンジンの変更など、設定がわかりづらい

IEの特徴

IEは、長年、Windowsの標準となっていたブラウザです。横長になったモニターでWebの表示領域を増やすため、以前のバージョンにあったメニューバーがなくなりました。しかし、「Alt」を押せば、画面上にメニューバーを表示することができます。こうした操作に慣れている人なら、やはりIEが一番使いやすいでしょう。

そして、IEの一番の長所は、「ホーム」を自由に、しかも複数設定可能なことです。私の場合、ニュースや天気予報をチェックするのにもっぱらYahooを使っていますが、Yahooを「ホーム」に設定していたので、「Alt」+「Home」を押して、素早くYahooを表示できました。株価情報、業界ニュース、日経のビジネスニュースなど、毎日定期的にチェックする

サイトが複数ある場合は、複数設定することも可能。「ホーム」に戻ると、それぞれを別々のタブとして読み込むのです。

ただ、すでにふれた通り、開発が終わったIEは、**スクリプトエラーが頻繁**に起こります。セキュリティ上も不安なので、使用は避けた方がよいでしょう。

○好きなページを「ホーム」に設定できる
○ずっと使ってきた人には使いやすい
×スクリプトエラーがたびたび起こる

Firefoxの特徴

Firefoxは、オープンソースの無償ブラウザで、タブブラウザを普及させた草分け的存在でもあります。IEとしのぎを削り、お互いのよいところを真似し合ってきたためか、操作性・機能ともにIEとよく似ています。IEから乗り換えるなら、Firefoxがとっつきやすいかもしれません。

Firefoxは、標準で検索ボックスが備わっており、ここにキーワードを入れれば、いちいちGoogleなどにアクセスしなくても検索を行うことができます。

ただし、Firefoxは、長い間使っていると、明らかにページの読み込みなどが遅く、スクロールなどの動作が鈍くなっていると感じました。

【用語解説】スクリプトエラー

スクリプトとは、簡易的なコンピュータプログラムのこと。最近のWebには、広告やコンテンツを配置するなど様々な処理が伴うため、その処理が正常にできないと「スクリプトエラー」と表示されます。

Googleで検索ボックスに「Firefox」と入力すると、「Firefox　重い」という候補が表示されますから、多くの人がこの現象に煩わされているようです。この点については、リセットやキャッシュの消去など、その解消法が数多く紹介されていますから、致命的な弱点とはいえません。

ただ、いちいちそうしたケアが必要なのは、面倒だなあと私などは感じます。

いったん処理が遅くなると、ページの読み込みに30秒くらい待たせることも当たり前で、読み込み中にページをスクロールしても、しばらく反応しません。マウスホイールを回しても、スクロールの速度は他のブラウザよりかなり鈍いと感じます。

この状態で使い続けている人は、仕事の生産性が著しく落ちているということですから、リセットなどの改善を図るか、他のブラウザに乗り換えた方がよいでしょう。

○操作は、インターネットエクスプローラーとほぼ共通
○「ホーム」を自由に変更できる
○検索エンジンなどの設定変更も簡単

Google Chromeの特徴

Android スマホの標準ブラウザとなっているので、スマホやタブレットに慣れた人にはとっつきやすいかもしれません。
「ホーム」は Google のトップページに固定されており、変更できませんが、起動時に「Yahoo」などを同時に開くよう設定することもできます。また、「ホーム」には、最近開いたページのサムネールも表示されるので、アクセスも簡単です。動作も軽快ですし、アドレスバーに直接キーワードを入れて検索することもできます。拡張機能も充実しています。使い慣れた IE と全く異なる画面構成に違和感を覚えてはいますが、現時点においては、最もすぐれたブラウザだと私は思います。

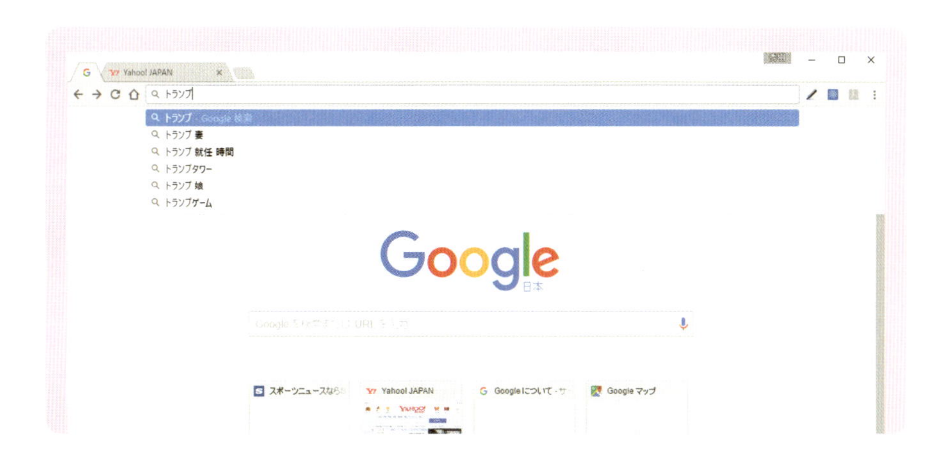

○スマホ、タブレットとの親和性が高い
○翻訳機能など、機能拡張が充実
○動作が軽快
×「ホーム」を変更できない
△好みがわかれる画面構成である

4-3

ストレスなくWeb閲覧するコツ

ページを大きくスクロールする

　ブラウザでスクロールを行う最も手軽な方法は、マウスホイールのスクロールです。しかし、スクロールする量が多いと、マウスホイールを回し続ける操作が苦痛です。しかも効率もよくありません。

　そこで、長いページをスクロールして読み進めていく場合には、「スペース」を押します。これで、「ほぼ1ページ分」下にスクロールできます。

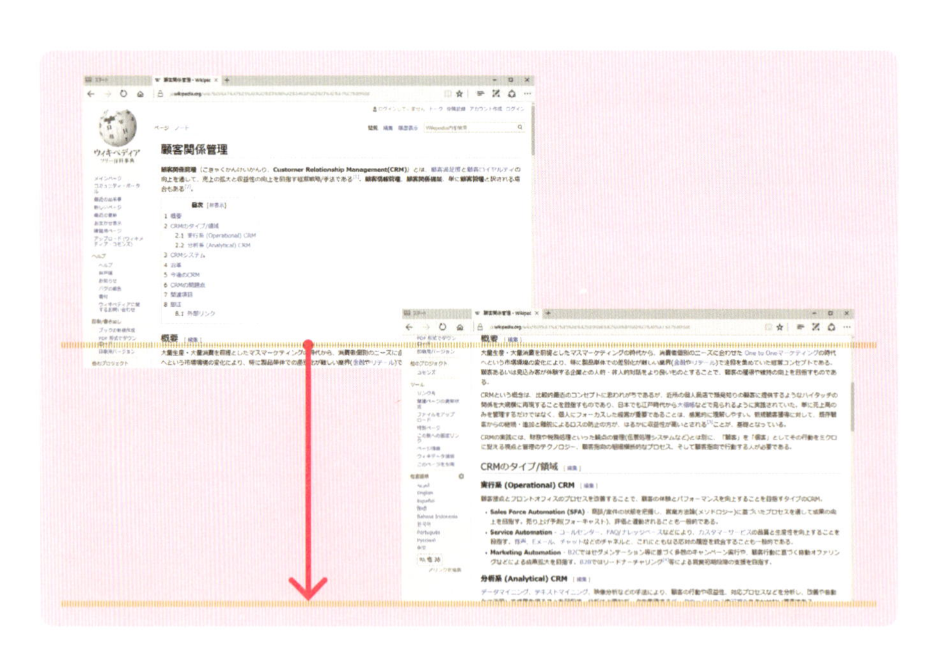

スペース　＝　「ほぼ1ページ分」下にスクロール

ポイントは、「ほぼ1ページ分」というところ。「スペース」を押すと大きくスクロールされますが、この例なら、2行分、重複して表示されています。つまり、スクロールで画面が大きく変わっても、どこまで読んだかわからなくなる、ということがないのです。

同様のことは、「PageDown」でも行うことができますが、**お勧めは「スペース」**です。その理由は、キーの大きさにあります。「PageDown」は目で確認しないとどこにあるかわかりづらいキーですが、「スペース」は大きく、しかもキーボード中央の一番下にあります。右手でマウスを操作し、「Ctrl」に小指を添えた**左手の押しやすい指で、簡単に押せるキー**だからです。効率よくスクロールを行うことができます。

上方向に大きくスクロールする

「PageDown」には、「PageUp」という反対のことを行うキーが対になっています。Web閲覧は、下へ下へと読み進めるのが通常ですが、場合によっては、戻って内容を確認したいこともあるはずです。

「PageUp」を押せば、ほぼ1ページ分上にスクロールできますが、「PageDown」と同様、目で確認しないとどこにあるかわかりづらいキーです。こんな場合は、「Ctrl」に添えている左手の小指を少し上にずらし、「Shift」を押しながら「スペース」を押すと、ほぼ1ページ分、上にスクロールすることができます。

Shift ＋ スペース ＝ 「ほぼ1ページ分」上にスクロール

【用語解説】スクロール

スクロールとは、「巻く」という意味。はみ出して見えない部分が見えるように、表示範囲を上下あるいは左右に移動すること。

ページの先頭、最後へ移動する

Webサイトは、ページの先頭と最後に、役立つボタンやリンクなどがあることが多いものです。下に示した画面は、技術評論社のホームページの先頭部分と最後の部分です。

先頭部分には、サイトの各コーナーのボタン、最後の部分には、会社概要や問い合わせなどのリンクが置かれています。このため、次のコンテンツに移動するために、ページの先頭・最後に移動することが非常に多くあります。長く続くページをマウスホイールを回してスクロールするのは、いかにも効率がよくありません。

そこで、ページの先頭・最後にキー一発で移動できるショートカットキーが用意されています。それが、「Home」と「End」。「Home」を押せば、ページの先頭へ、「End」を押せば、ページの最後へ、それぞれ一瞬で移動することができます。

Home ＝ ページの先頭へ移動　End ＝ ページの最後へ移動

ページを拡大・縮小する

Webを閲覧していると、グラフや注釈の文字などが小さくて、読みづらい場合があります。また、中には、ページの横幅が広くて画面に表示しきれず、横方向にスクロールしなければならないこともあります。上下方向でマウスホイールが使えるのと違い、左右方向へはスクロールバーを使わなければならないので、非常に面倒です。

こんな場合は、画面表示を拡大・縮小して表示するのがうまいやりかたです。例えば、注釈の文字が小さくて見づらい場合であれば、左手の小指で「Ctrl」を押しながら、マウスホイールを向こう側に回すと、拡大表示できます。

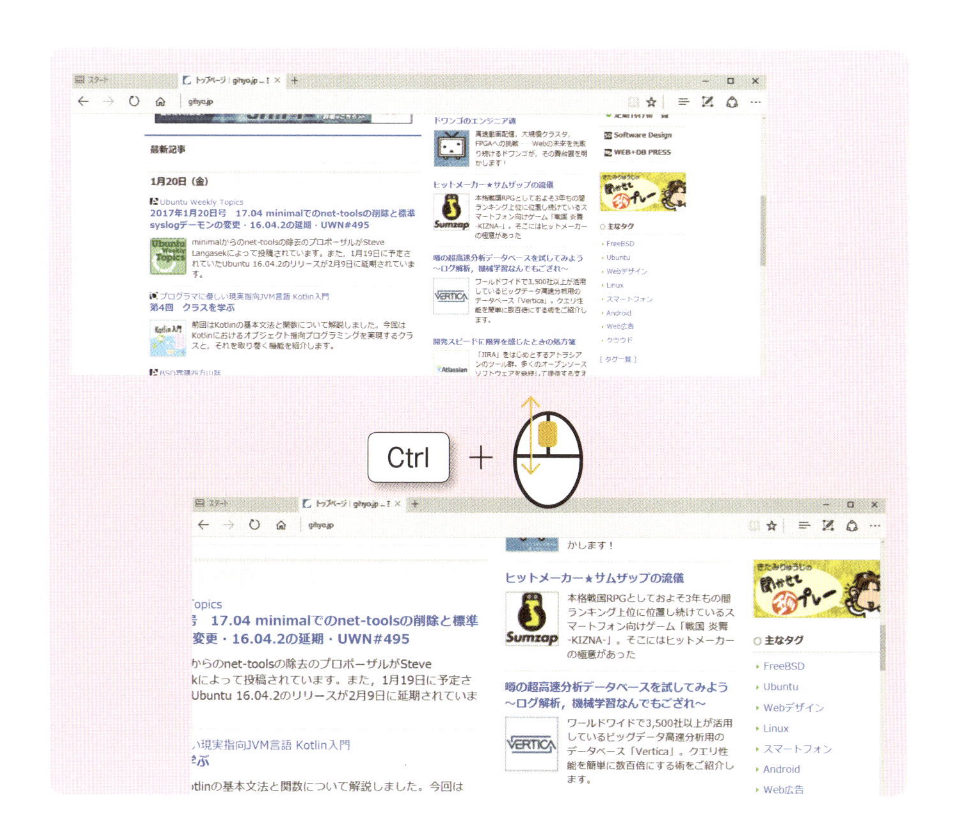

新しいタブを開く

現在見ているページを後で引き続き見たい場合、別のタブを開くと便利です。新しいタブで別のページを表示しても、タブの切り替えで元のページを再び表示できるからです。

新しいタブを開くには、タブの右側の「+」をクリックするのが一般的です。しかし、マウスは細かい操作が苦手なため、「+」の上にマウスのポインターを移動するのに手間取ることが少なくありません。

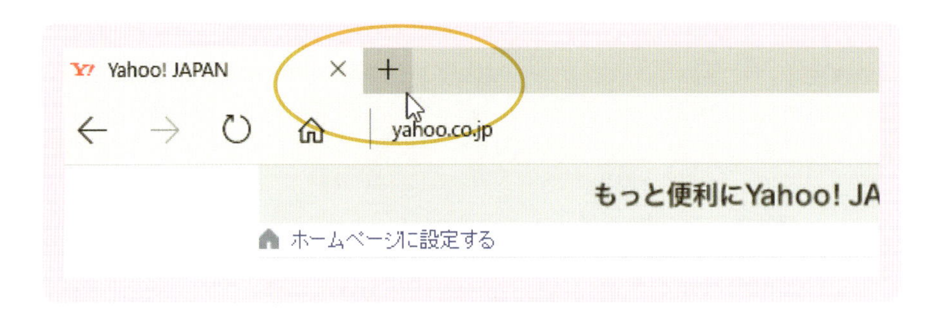

したがって、こんなときは、ショートカットキーで新しいタブを開くのがうまいやり方です。「Ctrl」+「T」で新しいタブが追加されます。「T」は「タブ」の頭文字なのですぐ覚えられるはずです。

リンク先を新しいタブで開く

実際に、仕事で新しいタブを開きたくなるのは、Web 閲覧中に、ページの中に興味深いリンクを見つけたときです。

こんな場合、いちいち新しいタブを開き、検索したり、見ていたページの URL をアドレスバーにコピー&貼り付けしてリンク先をクリックするのはかえって非効率です。そこで、リンク先を新しいタブで開く方法が用意されています。それが、「Ctrl」を押しながらリンクをクリックすること。

リンク先が新しいタブで開きますが、画面表示は元のページのまま。タブをクリックしてページ表示を切り替えます。

なお、これと似たテクニックに、「Shift」キーを押しながらリンクをクリックするというのがあります。これを行うと、リンク先が別ウィンドウで表示されます。ただ、本来タブブラウザは、ウィンドウだらけで画面が見づらくなるのを避けるために考えられたもの。新しいウィンドウに表示された情報を、別のウィンドウの入力欄へ入力するくらいしか、利用場面もないでしょうから、別のタブで開く方法だけ覚えておけばよいでしょう。

表示するタブを切り替える

画面に表示するタブを切り替えるには、マウスでタブをクリックするやり方が一般的です。しかし、何度も書くように、マウスは細かい操作が苦手なので、表示したいタブをクリックするのは意外に面倒です。

そこで、表示するタブをショートカットキーで切り替える方法も用意されています。それが、「Ctrl」＋「Tab」と、「Ctrl」＋「Shift」＋「Tab」です。「Ctrl」＋「Tab」で表示中のタブの右隣のタブ、「Ctrl」＋「Shift」＋「Tab」で左隣のタブに、それぞれ表示を切り替えることができます。

「Ctrl」、「Shift」、「Tab」は、マウスを操作しながら、左手で簡単に押せるキーです。ただ、タブをたくさん開いている場合は、何度も「Tab」キーを押さなくてはなりません。

そこで、もっと効率のよい方法が、「Ctrl」＋数字キー。ただし、テンキーの数字キーは使えません。

例えば、「Ctrl」＋「1」なら、一番左端のタブ、「Ctrl」＋「4」なら、左から数えて4番目のタブ、といった具合に、左から数えて何番目のタブかを指定することで、一発で表示するタブを切り替えることができます。

表示中のタブを閉じる

同時に開いているタブの数が増えると、「Ctrl」＋数字キーでも、何番目のタブか数えるのが大変です。また、タブどうしが重なってページ名がうまく表示できません。

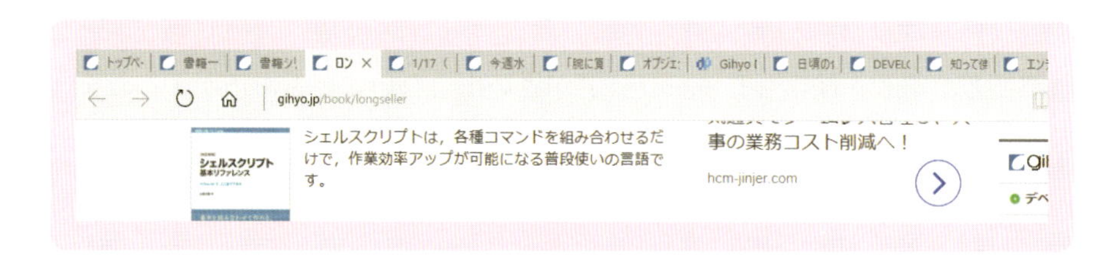

したがって、見終わったタブは閉じて、できるだけスッキリさせておくのが効率を上げる秘訣です。表示中のタブを閉じるには、「Ctrl」＋「W」を押せば、いちいちマウスで細かい操作をする必要がありません。

Ctrl ＋ W ＝ 表示中のタブを閉じる

4-4

「お気に入り」は必ず活用すべき

気になったページはどんどん登録するとよい

ポータルサイト、乗り換え案内、ウィキペディア、業界情報のサイトなど、「よくアクセスするWebページ」などは、「お気に入り」に登録しておけば、簡単にアクセスできるので便利です。

しかし、EdgeやIEでは、「お気に入り」と訳されていますが、FirefoxやGoogle Chromeでは、**「ブックマーク（Bookmark）＝本にはさむしおり」**という言葉が使われています。

注目ニュースや、ビジネス解説記事、提案書に引用できそうな記事など、**「とりあえず、見たいときにすぐ見られるようにしておきたい」というページは、どんどん登録するべき**なのです。

「検索すればすぐ見つかるのだから、それで十分」という人がいるかもしれません。しかし、検索にはそれなりの時間がかかります。また、以前検索したページが、なかなか見つからないこともあります。検索結果はその都度変わるし、検索したキーワードが思い出せないこともあるかもしれません。気になったページは、本にしおりをはさんだり、付箋を貼ったりする感覚で、どんどん登録しておきましょう。

「お気に入り」へ登録する

「お気に入り」に登録するのに、いちいちURLを入力する必要はありません。検索などでそのページ**を開いたら、「Ctrl」＋「D」で「お気に入り」に登録**できるからです。「Ctrl」、「D」は左手の小指と中指で、マウスを持ったままでも片手で押すことができます。

このショートカットキーは、IE、Edge、Firefox、Google Chromeすべてに共通して使えます。

Ctrl ＋ D ＝ 「お気に入り（ブックマーク）」に追加

登録した「お気に入り」を画面に表示する

「お気に入り」に登録すれば、クリック1つでその Web ページにアクセスすることができます。しかし、「お気に入り」そのものを表示するのが面倒だと、なかなか活用しようという気にはなりません。そこで、画面に「お気に入り」（Firefox、Google Chrome では「ブックマーク」）を表示するショートカットキーが用意されています。ただ、ブラウザごとに違うキーが割り当てられています。

① IE、Edgeの場合

「Ctrl」＋「I」でウィンドウの右側に「お気に入り」が表示されます。

IE の場合、「Ctrl」＋「Shift」＋「I」で、ウィンドウの左側に「お気に入り」が表示され、「×」をクリックして閉じない限り、ずっと表示されたままになります。これに対し、「Ctrl」＋「I」で「お気に入り」が表示されるのは一時的です。

Edge では、表示する位置で2通り用意する必要がないという判断からか、「Ctrl」＋「Shift」＋「I」は使えなくなりました。その代わり、**「Ctrl」＋「I」で表示された「お気に入り」をピン留めすると、ずっと表示したままにする**ことができます。

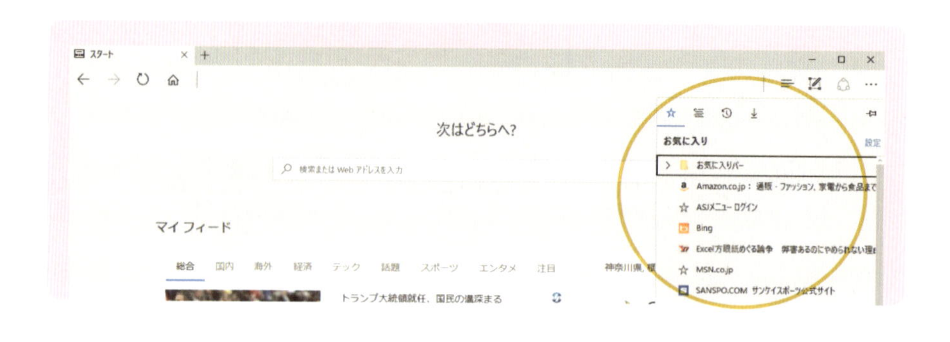

Ctrl ＋ I ＝「お気に入り」を表示

② Firefoxの場合

「ブックマーク」を表示する標準的な方法は、ウィンドウ右上の「ブックマークを表示」ボタンをマウスでクリックするというものです。ボタンの上にマウスのポインターを当てた状態で表示される説明には、「Ctrl」＋「Shift」＋「B」となっていますが、これを押しても、表示されるのは「履歴とブックマークの管理」画面です。

説明には表れませんが、**IE、Edgeと同様、「Ctrl」＋「I」を押せば、ブックマークが表示**されます。ただし、表示されるのはウィンドウの左側で、特に何もしないでも、「×」ボタンをクリックして閉じない限り、ずっと表示した状態が続きます。

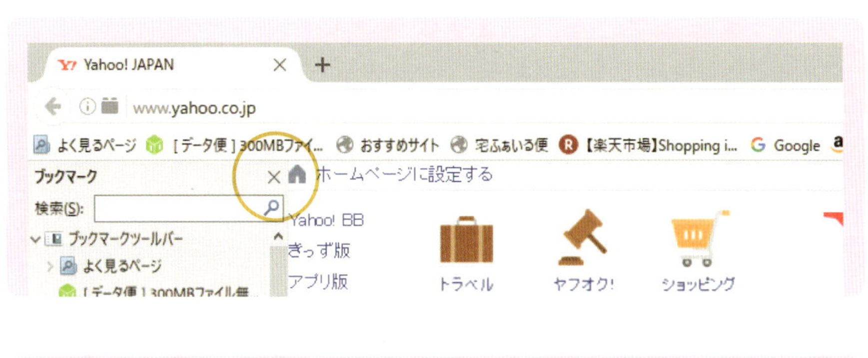

Ctrl ＋ I ＝ ブックマークを表示

③ Google Chromeの場合

Google Chromeでは、ウィンドウ右上の「機能」ボタン→「ブックマーク」をクリックすると、ブックマークで登録したページやフォルダーがプルダウンメニューで表示されます。

IE、Edge、Firefoxとは違い、「Ctrl」＋「I」以外のキーが割り当てられているので、覚えにくければ、多少面倒でもこの方法がよいかもしれません。

しかも、Google Chromeは、他のブラウザのように、サイドバーでブックマークを表示することができません（機能拡張を使って表示できるようにすることは可能）。ブックマークバーを表示できるだけです。

ブックマークバーを表示するには、ウィンドウ右上の「機能」ボタン→「ブックマーク」→「ブックマークバーを表示」を選びます。このショートカットキーとして、「Ctrl」＋「Shift」＋「B」が用意されていますが、Google Chromeでは、一度ブックマークバーを表示する設定にすると、表示する設定がそのまま続きます。Webページの表示領域を増やすため、ブックマークバーを非表示にしたければ、もう一度、「Ctrl」＋「Shift」＋「B」を押す――オン／オフの関係になっているわけです。

仕組み的に、「ブックマークバーを表示」を行うのは、1回だけ、というのが基本でしょうから、あえて覚える必要もないかもしれません。

以上見てきた通り、「お気に入り（ブックマーク）」は、Google Chromeがやや扱いづらい印象です。ただ、スマホやタブレット、モバイルパソコンといった複数の端末を使用している場合、ブックマークの同期ができるというネット企業ならではの優位性もあるので、人によっては、Google Chromeが便利かもしれません。

「お気に入り」を整理する方法

「お気に入り」にたくさんのページを登録すると、かえって、一覧の中からお目当てのページを探すのが大変になってきます。

そこで、どのブラウザでも**「お気に入り」にフォルダーを作成して、フォルダーで整理することができる**ようになっています。

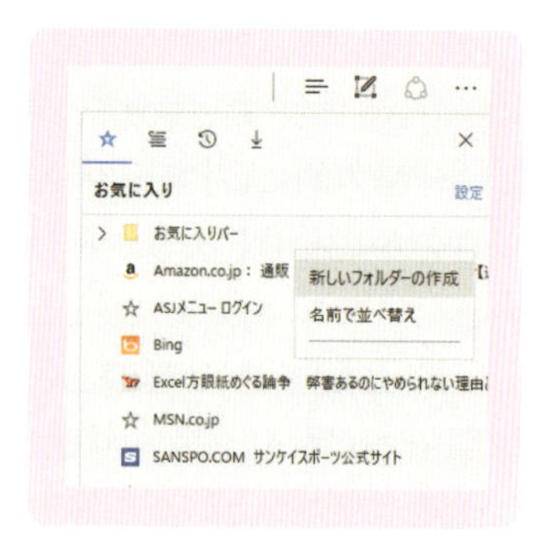

そのやり方は、IE、Edge、Firefoxなら、「Ctrl」+「I」でサイドバーで表示し、右クリックして「新しいフォルダーの作成」を選ぶのが一番手っ取り早い方法です。「X社提案書」などとフォルダー名をつけて、関連するものをまとめれば、スッキリ整理できるでしょう。

Google Chromeは、ブックマークバーを右クリックしても、フォルダーを作成することができません。そこで、右クリックメニューにある「ブックマークマネージャ」を選びます。

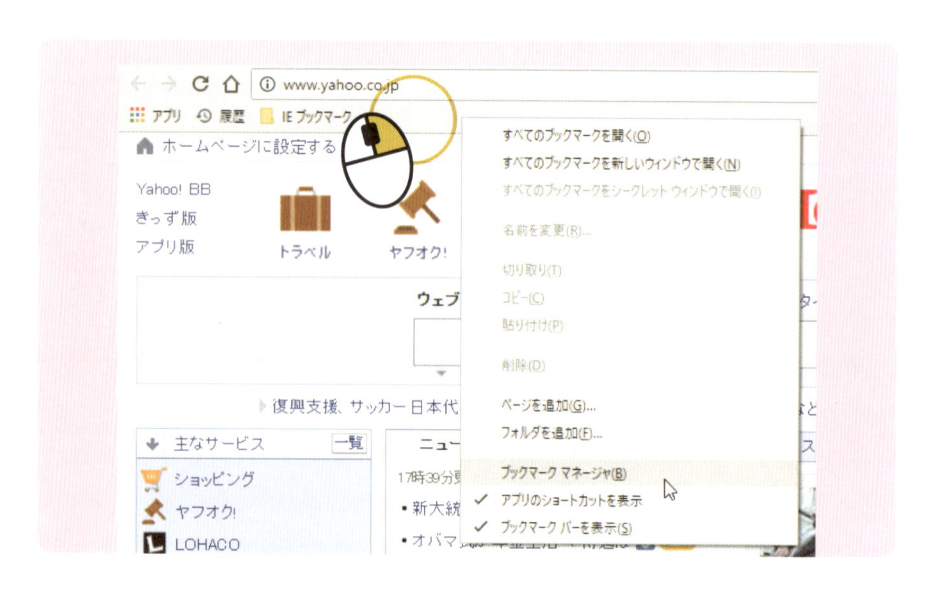

表示されたブックマークマネージャで、右クリックして、右クリックメニューから「フォルダーの追加」を選べば、Google Chromeでもフォルダーを作成することができます。ブックマークマネージャは、「Ctrl」+「Shift」+「O」というショートカットキーでも開けますが、そう頻繁に使うものではないので、特に覚える必要はないでしょう。

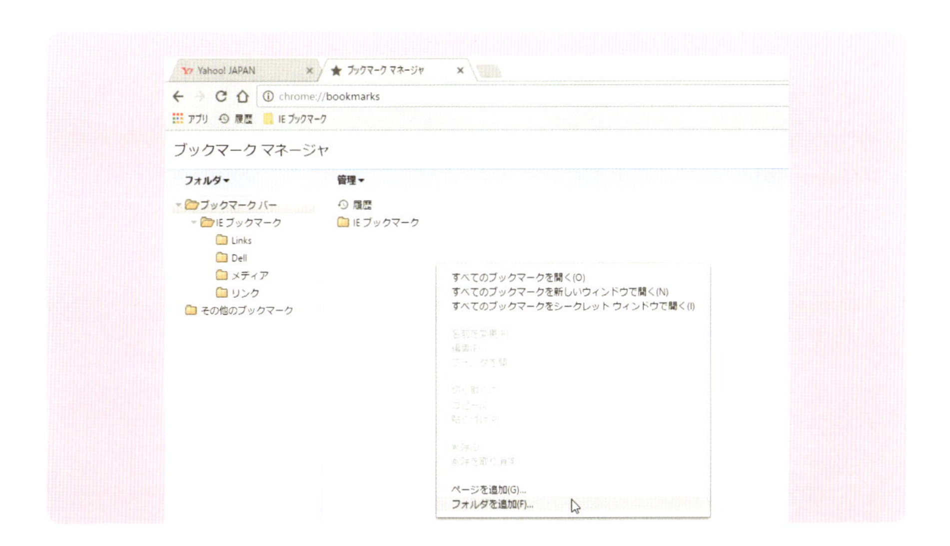

「お気に入り」に登録したページやフォルダーは、**ドラッグして表示する順番を入れ替える**ことができます。また、用ずみになったページは、右クリック→「削除」を行えば、簡単に削除できます。

ブラウザの種類によって、その管理方法は多少異なりますが、自分にとって使いやすい管理が簡単にできるということです。気軽に「お気に入り」を活用すれば、情報収集の効率が大幅にアップします。

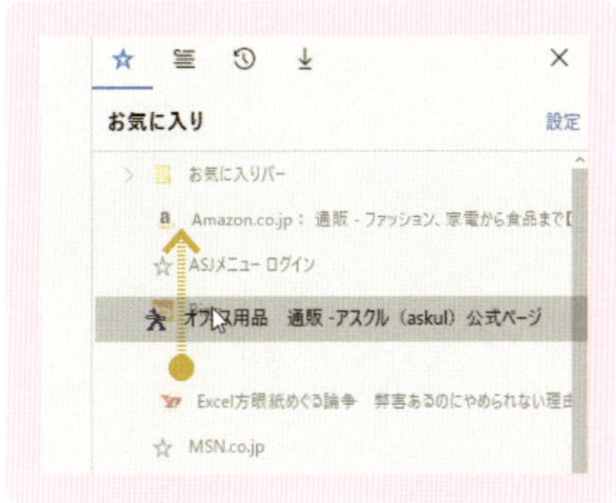

4-5 Webページを印刷するコツ

必要な部分だけ指定して印刷する

仕事では、役立ちそうなWebの情報を印刷し、紙の資料として配布することがよくあります。しかし、Webは、**広告やヘッダー、フッター部分など、関係のない部分**が少なくありません。ちょっとした情報を印刷したかっただけなのに、数ページになってしまった、という経験を多くの人が持っているはずです。

コスト削減は、ビジネスパーソンに必須の意識ですから、印刷のコストを削減する方法を知っておきたいところです。

① IE、Firefoxの場合

印刷したい部分を先にマウスで範囲指定してから、「Ctrl」+「P」で印刷ダイアログを表示します。そして「ページ範囲」の「選択した部分」(Firefoxは「印刷範囲」の「選択した部分」)にチェックを入れて、印刷します。

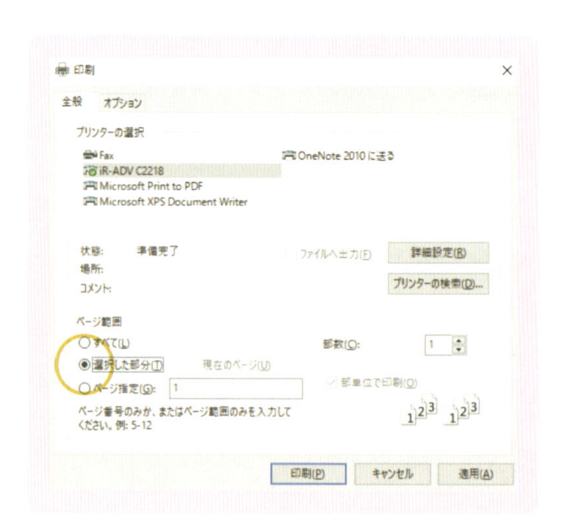

② Edgeの場合

Edgeには、IEやFirefoxと同じ要領で指定範囲だけを印刷しようとしても、「指定範囲」という選択肢がありません。

そこでまず、ウィンドウ右上の「Webノート」ボタンをクリックします。

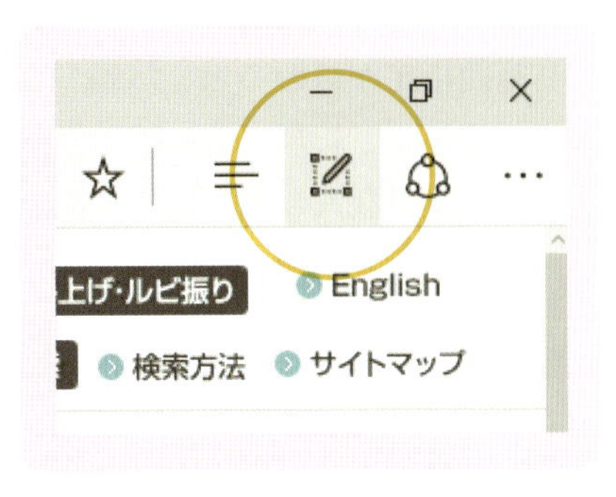

すると、ツールバー部分が紫色に変わり、Webノートの作成が始められます。この状態で、ツールバー左側の「クリップ」ボタンをクリックします。

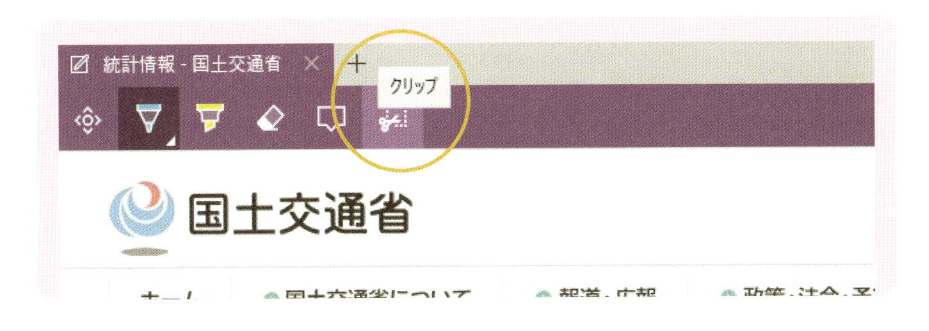

ページの表示領域がグレーになり、「コピーする範囲をドラッグします」と表示されるので、印刷したい範囲をマウスでドラッグして指定します。

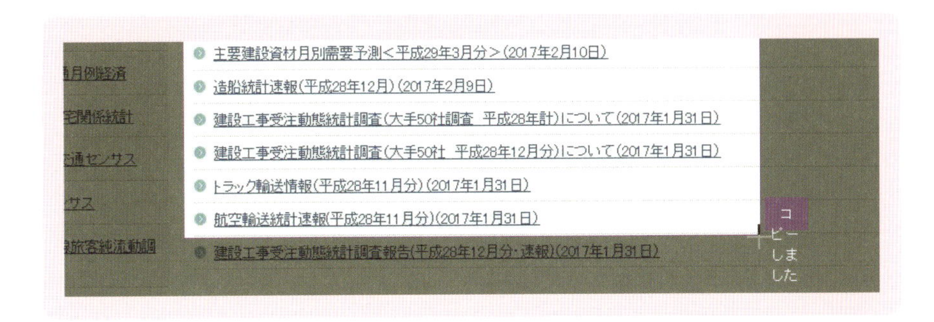

範囲指定が終わると、「コピーしました」と表示されます。Word などを起動して、新規文書に貼り付けを行います。貼り付けたデータは画像なので、適当な大きさに拡大・縮小して調整することもできます。

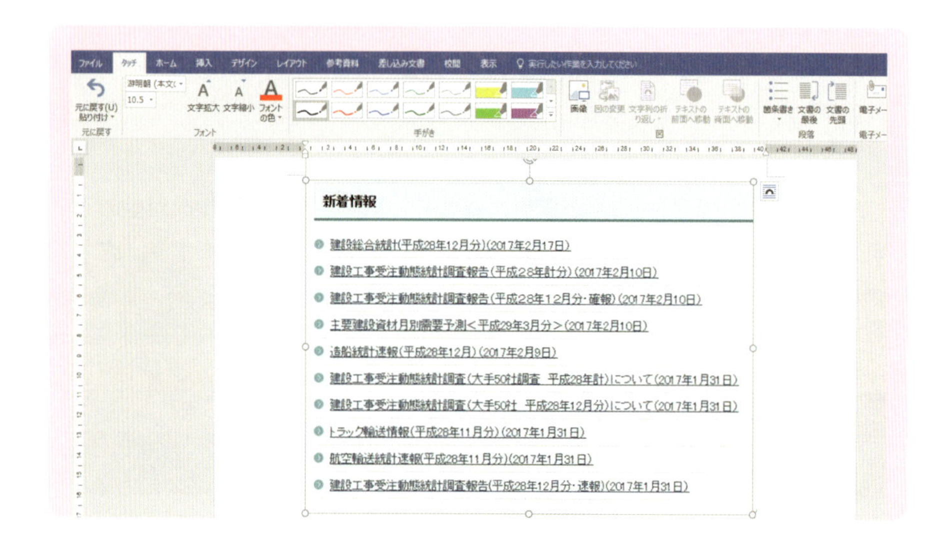

ウィンドウ右上の「保存」ボタンをクリックすると、保存ダイアログが表れます。保存を実行すると、範囲指定した部分だけを指定した場所に保存できます。

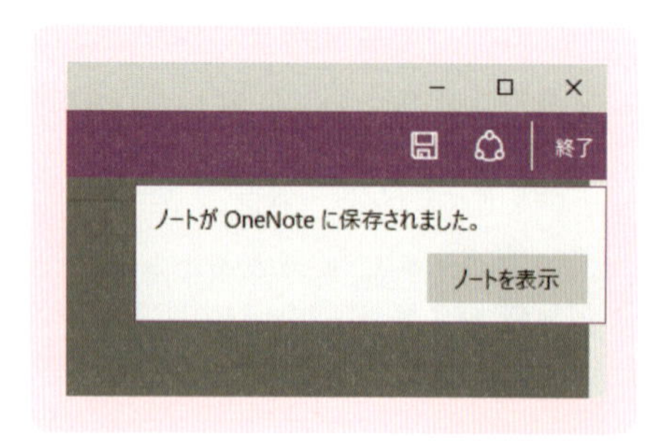

③ Google Chromeの場合

Google Chromeの印刷ダイアログには、印刷範囲を指定するメニューが用意されていません。したがって、標準の状態では、指定した範囲だけを印刷することはできません。

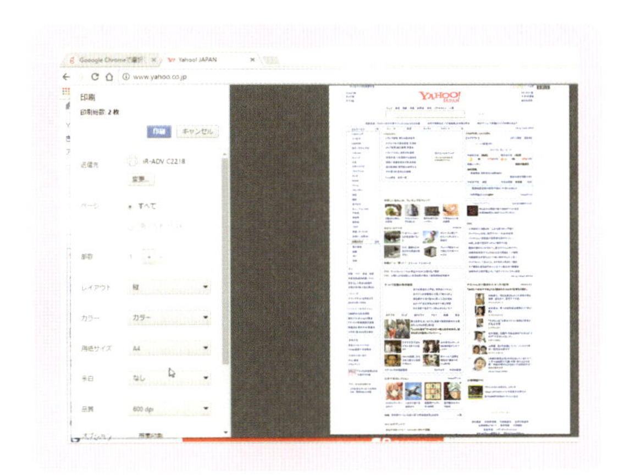

しかし、Google Chromeの機能拡張でアプリが用意されており、インストールすれば、簡単に部分印刷を行うことができます。いくつか種類がありますが、操作が簡単と評価が高いのは、「Print Selection」というアプリです。

通常、Google Chromeの機能拡張は、「Chrome ウェブストア」で検索してページを開き、アプリ検索を行いますが、「Print Selection」は検索結果に表示されません。「Print Selection ダウンロード」で検索して、ダウンロードサイトを開き、インストールを行います。

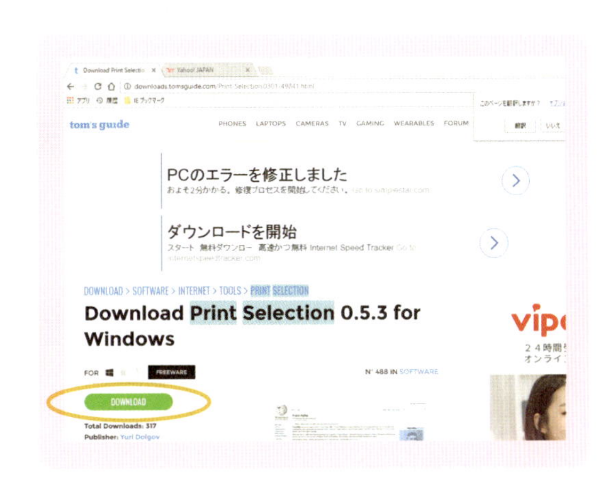

4-6

検索は「絞る」ことで効率を上げられる

効率のよい検索テクニックはたくさんある

Google でキーワード検索を行ったところ、検索結果の数が多すぎて、知りたい情報を探すのに手間取った、という経験は誰でもお持ちだと思います。Google は情報収集の強力な武器ですが、検索キーワードをどう立てるかによって、役に立つ情報を見つけ出すまでの時間に大きな差がついてしまいます。素早く知りたい情報を見つけ出せる検索の基本知識とテクニックを紹介することにしましょう。

AND検索――検索結果の絞り込みの基本

検索キーワードを立てる基本中の基本が「AND 検索」と呼ばれるものです。キーワードを「スペース（空白）」で区切って複数入力すると、**「複数のキーワード、すべてを含むサイト」**を検索したことになり、検索結果の絞り込みを行うことができます。

例えば、「トランプ」というキーワード 1 つで Google 検索すると、検索結果には、約 69,700,000 件がヒットします。

しかし、「トランプ□日本経済」（□はスペース）とキーワードを増やしてAND検索すると、約1,610,000件と40分の1以下になり、さらに「トランプ□日本経済□影響」とすれば、約1,210,000件と絞り込まれます。まだまだ多いですが、関係のないものがかなり省かれたことは間違いありません。SEO対策の影響はありますが、検索結果は、関連性の高いもの、アクセス数が多いものの順に表示されるのが原則なので、上から順にチェックしていけば、情報収集の大幅な時短につながります。

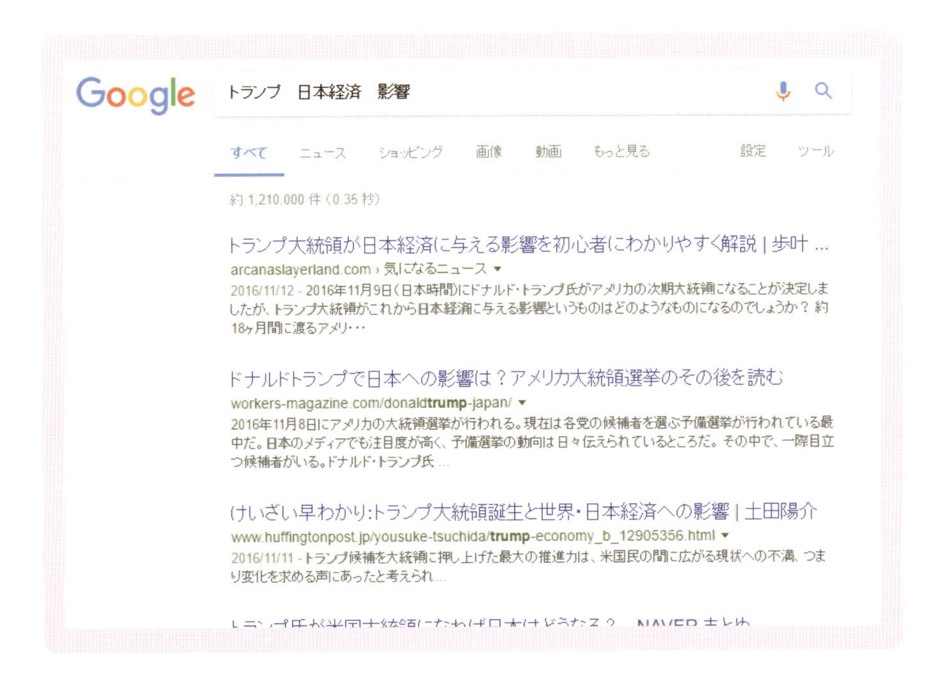

【用語解説】SEO対策

Search Engine Optimizationの略。日本語にすると「検索エンジン最適化」。Googleなどの検索エンジンの検索結果の順位づけを利用し、なるべく上位に表示されるように対策を打つこと。検索結果の上位に表示されることがアクセス数に大きく影響するので、多くの企業が対策を行っています。

マイナス検索——特定のキーワードを含むサイトを除外

先ほどの「トランプ」の検索結果でいえば、トランプ大統領の他に、カードゲームのトランプも相当数含まれていることが予想されます。そこで、「A というキーワードを含むページの中から、B というキーワードを含むページを除外する」という検索結果を絞り込む方法が「マイナス検索」といわれるものです。先ほどの例でいえば、「トランプ□-カード」とキーワードの前に「-」(半角ハイフン) 入力すれば、「トランプの検索結果から、カードというキーワードを含むものを除く」という意味になります。これだけで検索結果は約 20,800,000 件と 3 分の 1 以下になります。AND 検索と、マイナス検索で絞り込みを行うと検索の効率はさらにアップします。

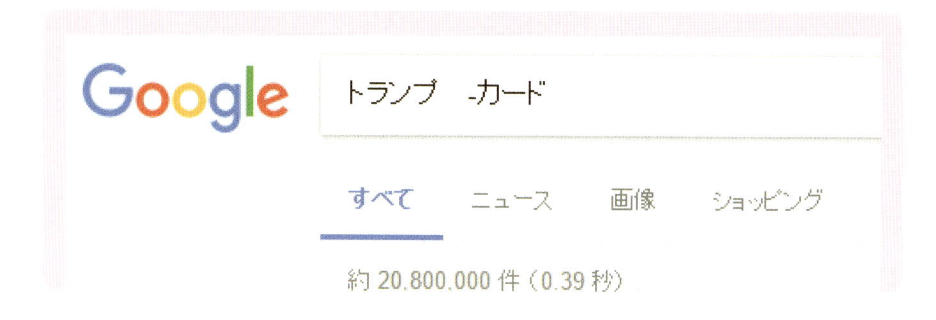

OR検索——検索結果の候補を増やす

「OR 検索」とは、「A というキーワード、または B というキーワードを含むページ」という検索結果を増やす、キーワードの立て方のテクニックです。複数のキーワードの間に、「□ OR」と入力すると、「いずれかのキーワードを含むサイト」を検索でき、検索結果を増やすことができます。

Google で検索して、検索結果が少なすぎたということはめったにありませんが、知りたい情報がうまく見つからないとき、例えば「ビジネス□OR 仕事」で検索すると、ビジネス、仕事のいずれか一方でも含まれていれば、検索結果に表示されます。

その他の検索テクニック

主なものを以下にまとめましたので、「これは役立ちそうだ！」というものは、ぜひ使ってみてください。検索の効率が飛躍的に高まり、仕事がはかどるようになるはずです。

Googleの主な検索テクニック

検索テクニック	説明
A□B	AとB、両方のキーワードを含むサイトを検索。
A□ORB	AまたはB、いずれかのキーワードを含むサイトを検索。
A□-B	Aというキーワードの検索結果から、Bというキーワードが含まれるものを省く。
A□site:gihyo.jp	「gihyo.jp」（技術評論社のサイト）内でAというキーワードを含むページを検索。
A□filetype:xls	Aというキーワードを含む、Excel文書（拡張子xls）を検索。PDF文書の場合は、「filetype:pdf」。「filetype:」の後に探したいファイルの拡張子を入力すると、そのファイルが検索できる。
allintitle:A	見出しやタイトルにAというキーワードを含むサイトを検索。
"文章"	入力した文章そのままを含むサイトを検索（完全一致検索）。
○○とは	用語の意味を知りたいとき、「○○とは～」で始まるのが一般的なため、「とは」を付けると効率よく意味を解説するサイトを見つけられる。

4-7

仕事がはかどるブラウザ操作の「テクニック」

テクニック① 「戻る」「次へ」

Webを閲覧する場合、リンクをクリックして、次のページ、次のページ……と進んでいきます。しかし、先ほど見たページが気になって、戻りたくなることがよくあります。一番よくあるのは、検索結果にあるサイトへのリンクをクリックしてジャンプし、サイトをチェック。そして検索結果に戻って、次のリンクをクリック……というケースです。

こうしたケースのために、ブラウザのツールバーには、「戻る」「次へ」ボタンが用意されています。なお、ブラウザを終了する前に見たページ、別のタブで見たページには、戻ることはできません。戻れるページ、次のページがない場合は、「戻る」「次へ」ボタンはグレーアウトしてクリックしても反応しない状態になっています。

ただ、「戻る」「次へ」ボタンは、ウィンドウの一番上にあるので、クリックするには大きくマウスのポインターを移動させなくてはなりません。マウスは細かい操作が苦手なので、大して大きくないボタンをクリックするのは意外に面倒です。

そこで、「戻る」「次へ」ボタンをクリックする代わりとなる、ショートカットキーが用意されています。それが、「Alt」+「←」、「Alt」+「→」です。いったん右手をマウスからキーボードの方向キーに移動し、左手の小指で「Alt」、右手の押しやすい指で方向キーを押すと効率的です。

このテクニックを使えば、いちいち履歴を表示してクリックする手間が不要です。ただ、このやり方では、1つずつしかページの移動ができないので、「3つ前に見たページ」「3つ次のページ」といった移動をうまくこなすことができません。1つ戻ったり進んだりするたびに、ページの読み込みをするので、かなりの時間がかかってしまうからです。

こんなときは、再びマウスの出番です。
「戻る」「次へ」ボタンを少しの間クリックし続けると、ボタンの下に閲覧したページがプルダウンメニューで表示されます。この中から表示したいページを選んでクリックすればよいのです。マウスでクリックする手間はかかりますが、ページの読み込みを1回に抑えられるので、時間を大幅に節約することができます。

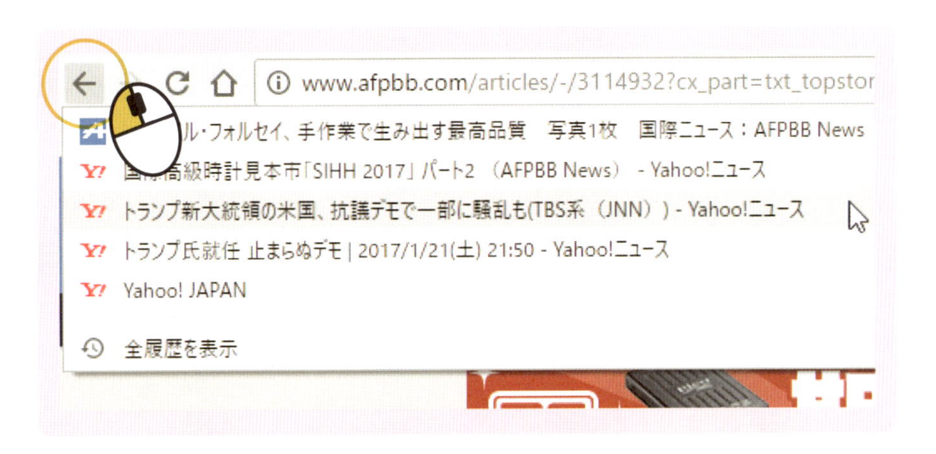

これは意外に重宝するテクニックで、私もずいぶんとお世話になっています。ただ、IE、Firefox、Google Chromeのいずれでも使えますが、なぜかEdgeには採用されていません。
こうしたこともEdgeの評判が悪い一因になっているように思いますが、Edgeで前に見たページに戻るには、履歴を使うしかありません。

【用語解説】グレーアウト

ボタンやメニューの表示が薄いグレーになって、クリックできない状態のこと。操作できる対象から外れていることを示しています。

テクニック②「履歴」を表示する

Edgeが、テクニック①の「戻る」「次へ」ボタンの長クリックを採用しなかった理由は、タブブラウザが普及したために、このやり方で戻ろうとしたものの戻れなかった、というケースが増えてきたからでしょう。確かに、「履歴」を使えば、すべての閲覧したページの履歴が表示され、クリックして戻ることができるわけですから確実です。

ただ、「履歴」をクリックで表示するには、例えばEdgeの場合、「ハブ」→「履歴」ボタンをクリックして、履歴の表示に切り替えなくてはなりません。他のブラウザでも似たような感じです。

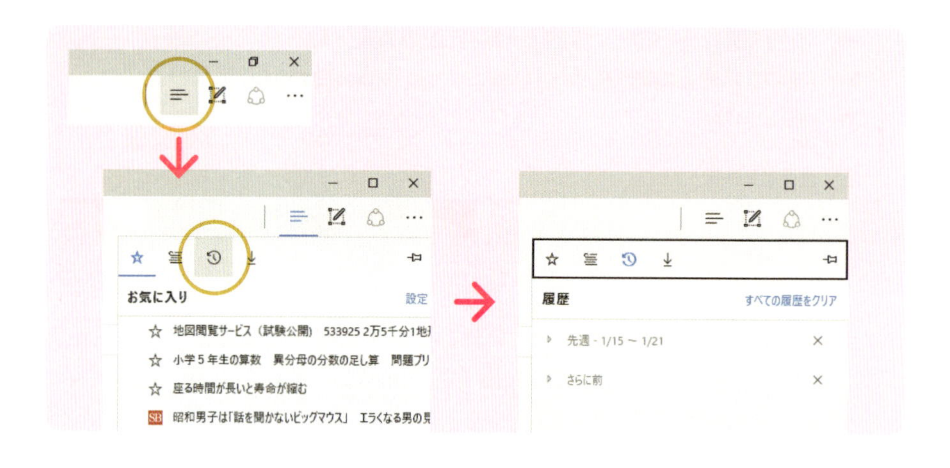

そこで覚えておきたいのが、「履歴」を表示するショートカットキー、「Ctrl」+「H」です。

「H」は、**History（歴史・履歴）の頭文字**。すぐに覚えられ、一発で「履歴」をウィンドウの右側に表示することができます。

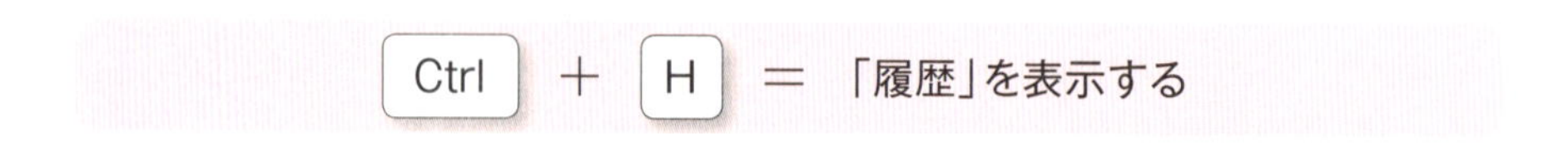

テクニック③ 最新の状態に更新する

Yahoo! などのポータルサイトは、時々刻々とコンテンツが変化していきます。ニュースに限らず、株価情報や天気予報、電車の運行状況など、外出する直前に最新の情報をチェックすることは少なくありません。

ただ、「更新」ボタンをクリックするのはなかなか面倒です。そこで、ブラウザの表示を**最新のページに更新するショートカットキーが2種類**用意されています。

1つ目が、「Ctrl」+「R」です。

「R」は「Relord（再読み込み）」の頭文字。「Repeat」や「Reform」などの言葉もあるので、「Re」が「再」の意味であることは何となくわかるはず。だから覚えやすいと思います。

ただ、「Ctrl」キーを押さえ、左手の人差し指を「R」に伸ばすのは、簡単ではありません。そこで、もう1つ、「F5」というショートカットキーがあります。左手の指1本で簡単に押せるのが長所ですが「Fいくつだっけ」と覚えにくいのが難点です。ただ、繰り返しやっていたら、自然に覚えてしまうものなので、こちらを覚えた方が便利でしょう。

どちらが好みかは人それぞれですが、**最新の情報に更新するショートカットキーは、忙しいビジネスパーソンにとって必携のワザ**といえます。

Ctrl ＋ R ＝
F5 ＝
ページを最新の状態に更新する

テクニック④ カーソルブラウズを有効にする

Webの情報は、閲覧して終わりということの方がむしろまれです。Wordなどの文書に、コピー&貼り付けして引用することがよくあります。

ただ、Word文書などとは違い、ブラウザの文章は当然、編集することができません。このため、画面上にカーソルは表示されません。コピーしたい文章やキーワードを範囲指定するには、マウスでドラッグする必要があります。

しかし、マウスは正確で細かい作業が苦手なので、文章やキーワードを正しく範囲指定するのは意外に面倒です。そこで、カーソルを表示して、「Shift」+方向キーで範囲指定できるようにする——これが、「カーソルブラウズ」(Firefoxでは、「キャレットブラウズ」)という機能です。ただし、Google Chromeにはこの機能はありません。

IE、Edge、Firefoxでは、「F7」を押すと、「カーソルブラウズ」モードに切り替えるかどうか、確認画面が表れます。

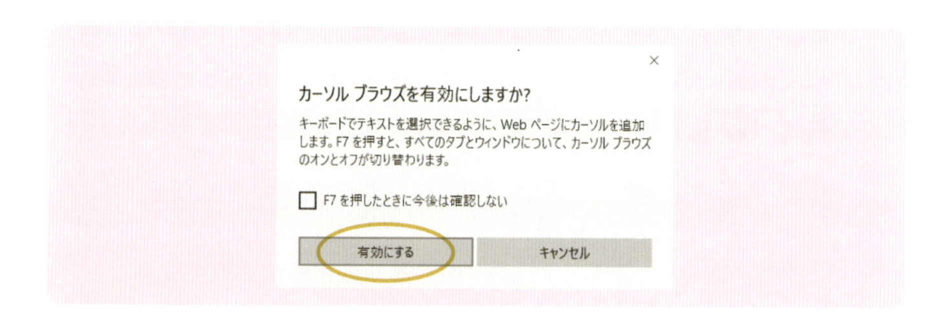

「有効にする」をクリックすると、文章の好きな場所をクリックして、カーソルを表示できます。そして、「Shift」を押しながら方向キーを押すことで、素早く正確に範囲指定を行うことができるというわけです。

F7 ＝ カーソルブラウズを有効にする

Word

5章

Wordの仕事術をマスター

5-1 「ビジネス文書」の鉄則を知る

わかりやすく、簡潔で、正確に

ビジネス文書には、作家のような文章力は必要ありません。これから紹介する「3つの鉄則」を意識すれば、誰でも簡単に作成することができます。むしろ、文章力のある人の方が、陥りやすい失敗があるくらいです。

① わかりやすさ

ビジネス文書には、必ず「伝えたい用件」があります。

そして、「ビジネス（Business）」は、「忙しい（Busy）」の派生語であることからもわかるように、スピードが求められます。**用件は何かがすぐ伝わる「わかりやすさ」第一**なのです。

文書をわかりやすくするには、いくつかポイントがあります。1つ目は、文書の最初に、何の文書なのか、いつの文書なのか、どこの誰が作成した文書なのかが書かれている必要があります。

2つ目は、長い文章をダラダラ読まなくてもわかるようにすること。結論は先に書き、ムダのない簡潔な文章を心がけます。ビジネス文書は味わって読むものではありません。5W2Hを押さえた、必要なことがすぐわかるものにします。

【用語解説】5W2H

What（何を）、Who（誰が）、When（いつ）、Where（どこで）、Why（なぜ）、How（どのように）の5W1Hに、ビジネスで欠かせない金銭面「How much」を加えたもののこと。

② 効率性・定型性

一定の時間で成果をどれだけ上げたかが求められるビジネスパーソンには、やるべき仕事がたくさんあります。文書を短時間で作成して、他の仕事に回す時間を増やすことが望ましいのです。

文書を受け取った相手も、1つ1つの文書に目を通すのにいくらでも時間をかけられるわけではありません。素早く読めて「すぐ」わかる文書の方が評価されます。

効率よく文書を作成するには、「型」を作っておくことです。

交通費精算、日報などで会社ごとに様式が決められているのもこのためで、文書のどこに何が書かれているかがわかると、効率的です。書き手も自分で文書の構成を考える必要がありません。

決まった様式のある文書に限らず、報告書なども、[1] 現状、[2] 課題、[3] 今後に向けて、といった自分なりの型を作っておけば、文書作成の時間を節約できます。ある著名なビジネス評論家が、「フレームワークを身につければ、思考の労力と時間を節約できる」という趣旨のことを言っていましたが、ビジネス文書についても同様です。

③ 正確さ

仕事では、**「文書で提出してください」と言われる**ことが非常によくあります。**文書は証拠として、ずっと残る**からです。後で「言った、言わない」とトラブルにならないように、また、金額や日時などが正確に残るようにするためです。後になって、「それは間違いで……」は許されません。「論理的に書け」と言われるのも趣旨が正確に伝わるように、という目的があります。

【用語解説】フレームワーク

枠組み、骨組みの意味。経営戦略や業務改善、問題解決、情報の整理などに役立つ分析ツールや思考の枠組みとなるもので、ビジネスに必要とされるロジカルシンキングやいくつかの発想法・分析法などがあります。

正確であるとは、誰がみても事実関係が明確であるということです。その有効な手段が数字です。

例えば、「これからは、AIの活用が急速に広がっていく」と書いても、あくまで書いた人の主観にすぎません。本当にそうなのか、裏付けもありません。しかし、「企業のAIに対する研究開発投資が、3年間で○%増加している」とか、「AIサービスの市場規模が、この1年間で○%の伸びを示し、○億円となった」など、数字で示されれば、客観的で明確な事実の裏付けということになります。

同じように、業務報告書において、「頑張ったが、厳しい業績が続いている」と書かれてあっても、本当にそうなのか、具体的にどのような状況なのかはわかりません。しかし、「6月度は、新規顧客28を含む41件の顧客に対し、合計65回の訪問活動を行ったが、売上目標の達成率は93.5%にとどまった」と書けば、正確にいろいろなことがわかります。「営業日数22日で、65件というのは、1日平均約3件ということだから、そもそも営業の活動量が足りないのではないか」といった指摘もできるわけです。

評価・判断を下すのは、文書を受け取る顧客や上司であって、本人の主観や言い訳ではありません。**客観的事実である数字で伝えることを心がけ、5W2Hのポイントを踏まえた文書を作成したい**ものです。

よいビジネス文書を作成するコツ

文書作成のテクニックはいろいろありますが、代表的なものを紹介します。

① 箇条書きにする

3章のメールの場合と同様、並列の関係にあるものは、箇条書きにして、並べるとわかりやすくなります。

② 文章はなるべく短く切る

例えば、「昨年度は、景気後退が当社の業績にも大きく影響し、売上が前年割れとなったが、事業環境の悪化を踏まえた合理化を行ったため、利益率が改善し、営業利益は前年を上回ることができた」という文章は、ずらずらと文が並び、すぐにわかりません。

「昨年度は、景気後退が当社の業績に大きく影響した。その結果、売上は前年割れとなった。しかし、当社は事業環境の悪化を踏まえて合理化を行った。このため、利益率が改善し、営業利益は前年を上回ることができた」といった具合に、**1文を短く区切り、文と文のつながりがわかるよう、接続詞を入れる**と論理的になり、文章がわかりやすくなります。

③ 項目に番号をつける

プレゼンテーションのテクニックに、「ポイントは3つあります。1つ目は～」と、最初に数を示すというものがありますが、文書の場合も同様です。ポイントや理由など、項目に通し番号をつけて示すことで、全体像がつかみやすくなり、わかりやすい文書となります。

④ 章や節を立て、見出しをつける

長い文書の問題は、文章がどこで区切れているのか、内容の固まりがわかりづらいということです。したがって、内容の固まりごとに章や節を立て、見出しを立てます。新聞において、本文を読まなくても見出しだけでおおよその内容がわかるように、章や節といったブロックに分かれ、それぞれの内容が見出しになっていると、流し読みしてもおおよその内容が伝わります。

⑤ 重要な部分の書式を変更して目立たせる

章や節の見出し、ポイントを示した部分などは、フォントを変更して目立たせると、文書全体の骨格がわかりやすくなります。しかも、どこに何が書いてあるかが簡単にわかるようになります。

5-2

「Word操作」の基本を知る

Wordを効率よく操作する必要性

ビジネス文書の作成に用いる、**ワープロアプリのデファクトスタンダードが、Word**です。インターネットが普及し、ビジネス文書をデータでやりとりすることが多くなったため、「周りが使っているから」という理由でユーザーを増やしてきました。かつてNo.1日本語ワープロアプリだったJustsystemの一太郎よりも使いにくいと言う人は少なくありませんが、デファクトスタンダードである以上、その各種機能を理解しておかなければ、仕事になりません。

一方で、今や学校の授業でもパソコンを習う時代。若い世代でパソコン、そしてWordが全く使えないという人はいません。しかし、そのパソコンスキル、Wordスキルは、ここ数年で著しく低下しています。

原因は、スマホと互換ソフトの普及。

若い人にとって、**最も身近な情報ツールはパソコンではなくスマホで、パソコンのキーボード、マウスに触る時間は激減**しています。キー入力のスピードを中心に、無意識にパソコンを操作できる、というレベルではありません。

そして、互換アプリの普及が、Wordなどのアプリの効率のよい操作方法を身に付けるのを邪魔しています。学生など個人としては、Officeは高価なので、ネットで入手した安い互換ソフトで代用している人が増え

【用語解説】デファクトスタンダード

事実上の標準。「標準」として決められているわけではないが、現実問題として大部分の人が使っているもの。OSのWindowsもその一例。

ています。Word、Excelなどのデファクトスタンダードのアプリで作成した文書を、「とりあえず」開いたり、編集したりできる互換アプリでは、高度な機能、効率のよい操作方法は身につきません。

学校の授業では、互換アプリで十分だったかもしれませんが、仕事では、生産性・効率性が求められます。**単に文書作成ができるかどうかではなく、「いかに効率よく短時間で作成できるか」が重要**なのです。ですから、本書は、一般的な操作方法ではなく、効率のよい、仕事ができる人にとって、デファクトスタンダードとなっている操作方法を紹介していきます。

Wordを起動する

アプリの起動は、「Windows」ボタンをクリックし、「すべてのプログラム」をクリックして、アプリを選ぶのが基本です。Wordもこのやり方で起動できますが、非常によく使うアプリなので、タスクバーにピン留めしておきましょう(2-4 p.75参照)。

Wordを起動すると、最初に表示されるのは、新規作成用のウィンドウです。後は文字を入力すれば、文書を作成できます。しかし、**ビジネス文書には、「一定の型」がある**ため、あらかじめ「一定の型」を入力しておいたWord文書を用意しておき、そのWord文書をベースに、編集した方が、効率的です。

海山商事株式会社
人事部御中

営業研修実施報告書

実施日：1月25日（金）～1月26日（土）

2017.6.10（水）
城山産業
法人営業部営業1課
中山真敬

前ページは、報告書の冒頭部分ですが、タイトルや日付などの文字の大きさ、フォント、書式、配置などを変更するだけでも手間がかかります。

仕事ができる人なら、「一定の型」を入力したベースのWord文書を選択して、「Enter」を押して開きます。ただ、このとき注意しておきたいよくあるミスは、そのWord文書に上書き保存して、元の文書がなくなってしまうこと。**ファイルを開いた最初の時点で、別名で保存して、元のファイルと別のファイルに**しましょう。別名で保存するショートカットキーが「F12」で、「名前を付けて保存」ダイアログが表示されます。

F12 ＝ 名前を付けて保存（別名で保存）

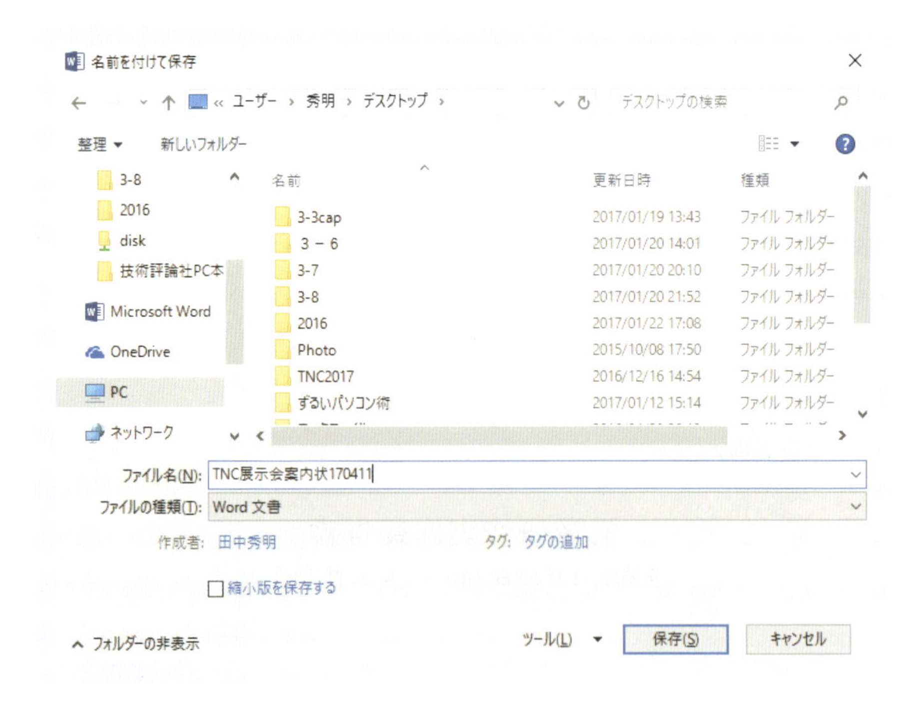

定期的に保存する習慣を身につける

Word で文書を作成しているとき、フリーズしたり、「予期しない原因で強制終了しました」というメッセージが表示されることがしばしばあります。こうなると、作成していて、保存をかけていなかった部分が消えてしまい、同じ文章をもう一度、打ち直さなくてはなりません。

Word には、一定時間ごとに自動保存を行う機能がありますが、たかだか 5 分、10 分という時間に入力した文章でも、やり直さなくてはならないのは、精神的にかなりこたえます。**まめに保存をかけることが重要**です。

そこで役立つのが、「Ctrl」+「S」という保存を行うショートカットキーです。左手の小指で「Ctrl」を押しながら、左手の中指で「S」を押せば、片手で押せます。

文書作成といっても、ひたすら文字入力などの操作を続けているわけではありません。考える間、手が止まる時間がかなりあるものです。こうして手が止まる際、左手で「Ctrl」+「S」を押すことを習慣化しておくとよいのです。私などは、作業の合間、無意識に「Ctrl」+「S」を押しているくらい、身体にしみついています。

Ctrl ＋ S ＝ 保存する（上書き保存）

ウィンドウを閉じる、Wordを終了する

開いたWord文書を閉じるには、ウィンドウ右上の「×」ボタンをクリックするのが一般的です。しかし、いちいちマウスを大きく動かして「×」ボタンをクリックするのは面倒です。そこで、「Ctrl」＋「W」というショートカットキーですませると便利です。なお、**「W」は、「Window」の頭文字**です。

複数のWord文書を開いているときは、これでウィンドウを閉じることができます。しかし、開いている文書が1つだけだと、文書は閉じるものの、何も文書が表示されていないWordのウィンドウが残ったままになります。これは、ファイルは閉じたものの、Wordは起動したままという状態です。Wordを終了するには、「Alt」＋「F4」という別のショートカットキーが割り当てられています。少々覚えづらいですが、Wordだけでなくすべてのアプリで使えるので、繰り返し使っていれば自然と身につくはずです。

Ctrl ＋ W ＝ ウィンドウを閉じる
Alt ＋ F4 ＝ Word（アプリ）を終了する

Word画面の基本構成

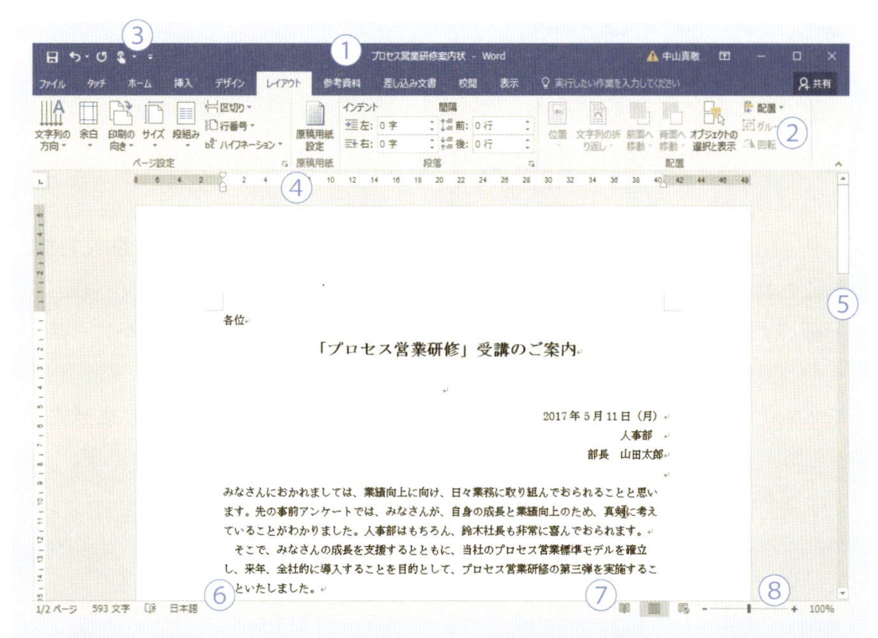

① **タイトル バー**
ファイル名と使用中のソフト名が表示される。

② **リボン**
メニューバーとツールバーをタブで分類し、ボタンのクリックで操作できるようにしたもの。

③ **クイックアクセス・ツールバー**
ボタンを表示するのに、タブを切り替えるのは面倒なもの。よく使うボタンを登録すれば、常に表示することができる。

④ **ルーラー**
1文ごとに、行の始まりの位置、2行目の始まりの位置などを設定できる。マウスでつまみをドラッグして使う。

⑤ **スクロールバー**
スクロールバーのボタンをクリックすると、文書表示をスクロールできる。表示位置を示すつまみをドラッグすることで、大きくスクロールすることも可能。

⑥ **ステータスバー**
「現在のページ／全体のページ数」「文書全体の文字数」「入力モード」を知らせてくれる。

⑦ **画面表示の切り替え**
印刷レイアウト、Webレイアウト、閲覧モードの各種画面表示を選んで、切り替えることができる。

⑧ **表示倍率**
画面表示の倍率を、つまみを動かすか、「−」「+」のボタンをクリックすることで、変更することができる。

5-3 文字を目立たせる多彩な方法

文字を入力する位置を変更する

Wordでは、文書を作成するとき、**任意の場所に自由に文字を入力することはできません**。標準の設定で、入力した文字は文書の左上から順に配置されていきます。行の右の方に文字を入力したければ、「スペース」を何度も押して空白を入力しなければなりません。また、数行下に文字を入力したければ、「Enter」を何回か押して改行しなければなりません。そこが、一太郎などの他の日本語ワープロアプリとの大きな違いです。

Wordが使いづらいといわれる一因ですが、**行の中央や右側に文字を配置したいときは、「文字の配置」をそれぞれ、「中央揃え」「右揃え」に変更**します。標準の状態では、左揃えの設定になっています。

文字の配置を変更するには、リボンにある「左揃え」「中央揃え」「右揃え」「両端揃え」「均等割り付け」ボタンをクリックして指定するのが、一般的です。しかし、文字を入力しているときに、いちいちマウスに手を移動して、小さなボタンをクリックするのは面倒で、非効率。ショートカットキーですませるのがうまいやりかたです。それぞれのショートカットキーは、次の通りです。

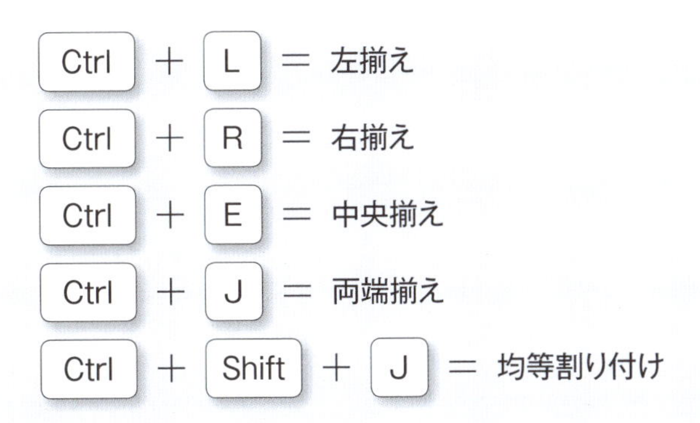

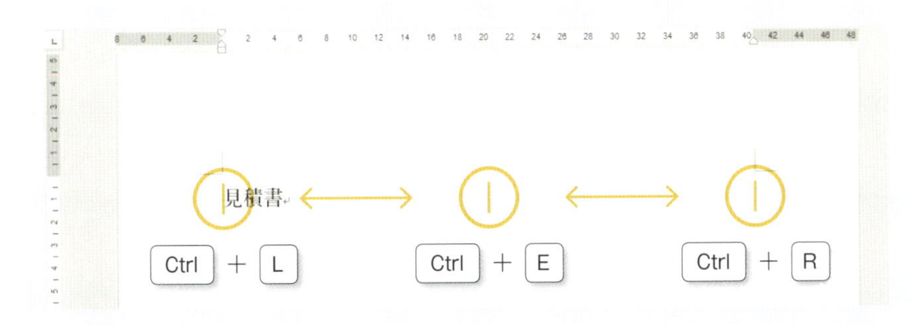

基本となるのは、左揃え、右揃え、中央揃えの3つです。左揃えの「L」は「Left」、右揃えの「R」は「Right」の頭文字なので、すぐ覚えられるでしょう。

中央揃えの「E」は、本来なら「Center」の「C」とすべきなのでしょうが、「Ctrl」＋「C」には、もっとよく行う操作の「コピーする」が割り当てられています。「E」となった理由については諸説ありますが、頭文字が使えないので、2文字目の「E」が割り当てられた、と覚えましょう。

「両端揃え」と「均等割り付け」はもう少し説明が必要でしょう。

Wordは、**行末に英単語や「　」などがあると、勝手に次の行にその文字を移動してしまう**ことがよくあります。このため、「左揃え」にすると、行の右端がきれいに揃いません。

「両端揃え」にすると、1行に収まる短い文章だと「左揃え」と同じですが、1行以上の場合は、文字の間隔を調整して、端から端まできれいに文字を配置してくれます。

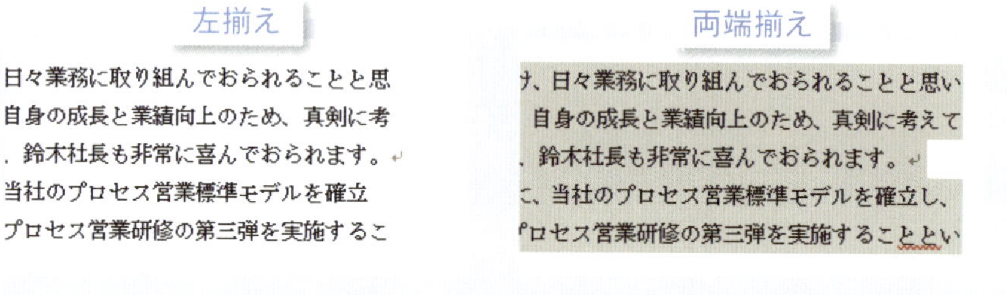

左揃え

日々業務に取り組んでおられることと思
自身の成長と業績向上のため、真剣に考
．鈴木社長も非常に喜んでおられます。
当社のプロセス営業標準モデルを確立
プロセス営業研修の第三弾を実施するこ

両端揃え

す、日々業務に取り組んでおられることと思い
自身の成長と業績向上のため、真剣に考えて
、鈴木社長も非常に喜んでおられます。
こ、当社のプロセス営業標準モデルを確立し、
プロセス営業研修の第三弾を実施することとい

これに対し、「均等割り付け」は、文字が1行分に満たない場合でも、文字の間隔を調整して、端から端まで配置する設定です。

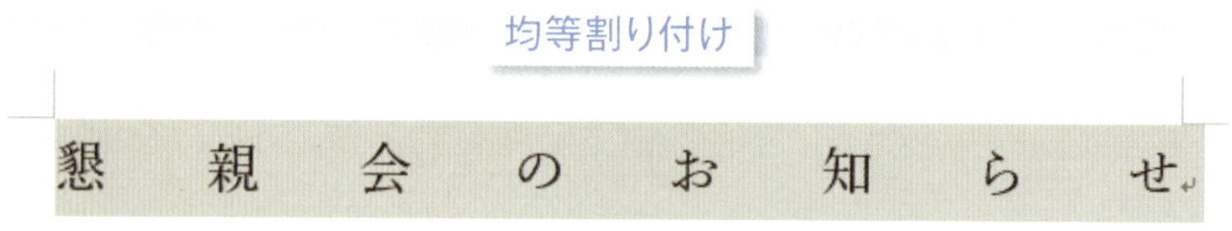

均等割り付け

懇　親　会　の　お　知　ら　せ

入力する位置を大きく右に移動する

行の文字全体を、中央や右に配置したい場合は、以上の配置変更によってすませることができます。しかし、次のような場合はどうでしょうか。

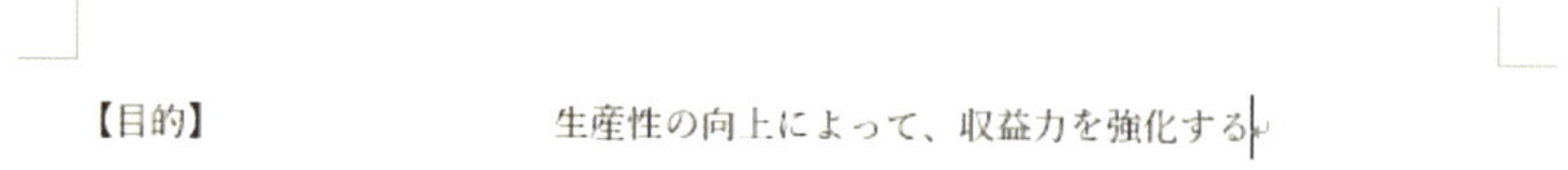

【目的】　　　　　　生産性の向上によって、収益力を強化する

【目的】の次に、空白を入力しないと、離れた場所に「生産性の～」を入力できないのは、すでに説明した通りです。このような場合は、「スペース」ではなく、「Tab」を押すと、一気に大きくカーソルを移動することができます。「Tab」には、行の途中で文字の始まりの位置を同じにできるというメリットもあります。

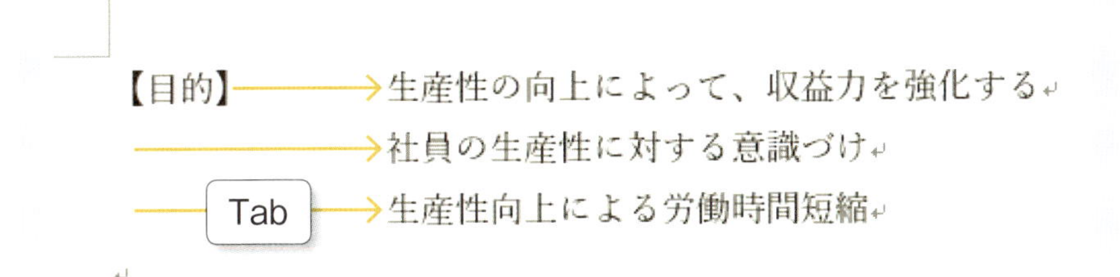

入力する行を大きく下に移動する

文書の表紙を作成する場合に、必要となることがよくあります。

ページの一番上に、「○○株式会社御中」と相手の名前を入れ、ページの中央に、「○○のご提案」といった文書のタイトルを入れ、ページの一番下に日付と自分の会社・氏名を入れる――入力する位置を移動するのに、何度も改行しなければなりません。

これに対して、「こうすればよい」という正解はありません。強いて言うなら、空白行の文字の大きさ（フォントサイズ）を上げて、改行の回数を減らす、というところでしょうか。

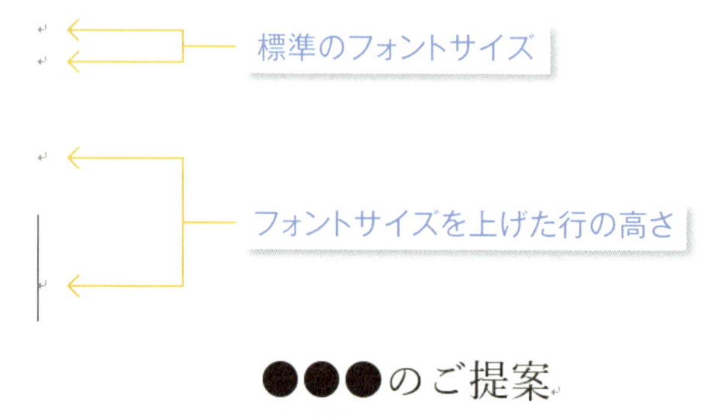

また、章や節など、内容が大きく変わる場合、次のページの先頭から入力を始めたい、ということがよくありますが、こんなときは、何度も改行する必要はありません。ページの途中からでも、**次のページの先頭にカーソルを移動する**方法が用意されているからです。これを**「改ページ」**といいます。「改ページ」のショートカットキーは、「Ctrl」＋「Enter」です。

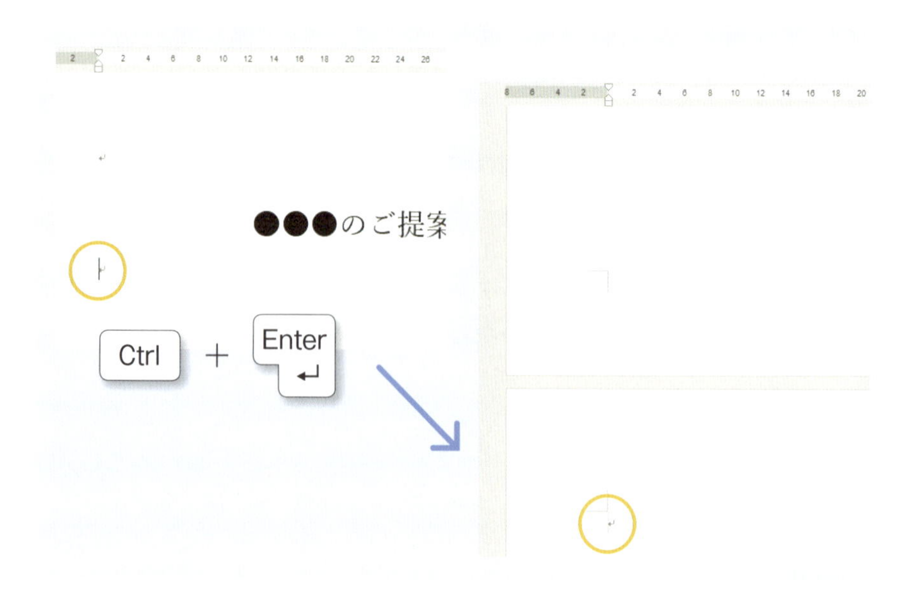

文字の大きさを変更する

Wordは、文字の大きさ（フォントサイズ）を自由に変更できます。

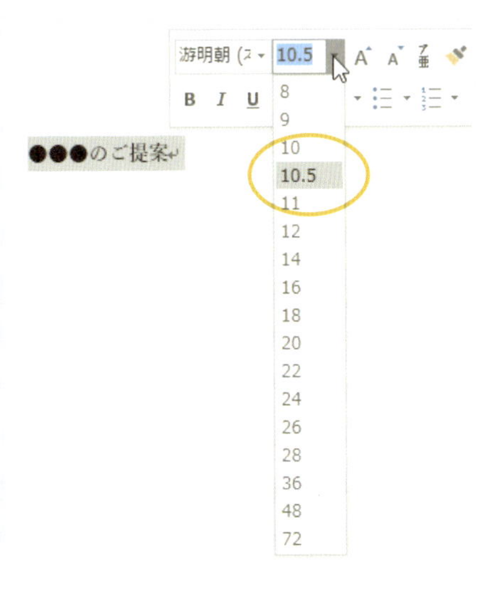

文字の大きさを変更するには、フォントのツールボタンの「フォントサイズ」のプルダウンメニューをクリックしてフォントサイズを指定します。マウスで範囲指定を行った場合は、範囲指定した文字のすぐ右上に、書式設定のツールボタンが表示されます。マウスのポインターを大きく移動させて、リボンのツールボタンを使う必要はありません。また、プルダウンメニューからフォントサイズを選ばずに、フォントサイズのボックスに数値を入力すれば、フォントサイズを自由に設定できます。

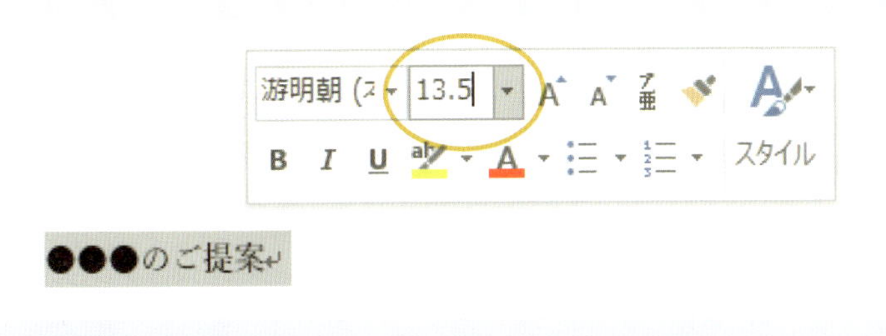

しかし、文字の大きさを調整して何とか1行に収めたい、といった特別な場合を除けば、フォントサイズを数値で指定することなど、まずありません。そうした例外的なケースに備えて、上記のやり方を知っておくこ

とは必要ですが、必ずしも効率のよい方法とはいえません。私の持論ですが、やはり**文字の入力中は、できる限りマウスを使わずにすませた方が効率的**なのです。

文字の大きさを、ショートカットキーですませる方法は、もちろんあります。それが、

Ctrl ＋ Shift ＋ > ＝ フォントサイズをひと回り大きくする

Ctrl ＋ Shift ＋ < ＝ フォントサイズをひと回り小さくする

３つのキーを押さなければならないので、一見難しそうです。しかし、**「Shift」と「Ctrl」を押しながら、「＞（大なり）」「＜（小なり）」を押す**という感覚で捉えれば、すぐ覚えられるはずです。フォントサイズのプルダウンメニューに挙げられたフォントサイズで、「＞」を押すごとに１ランク上のサイズ、「＜」を押すごとに１ランク下のサイズに、それぞれ変更されます。

フォントを変更する

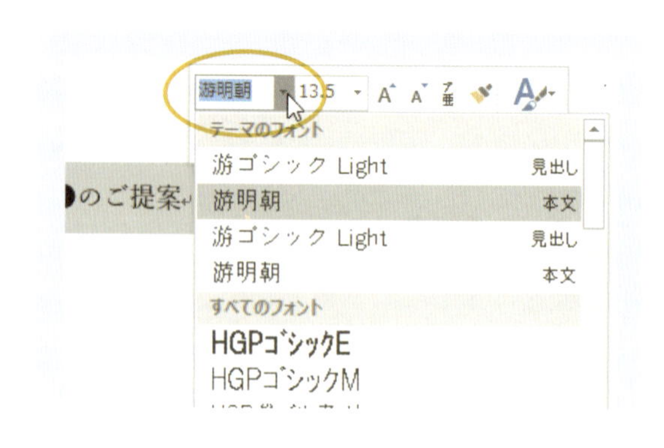

リボン、そしてマウスで範囲指定を行ったときのすぐ右上に表れる書式設定のツールボタンには、フォント（書体）を指定するツールボタンがあります。その「▼」ボタンをクリックすると、使用できるフォントがプルダウンメニューで一覧表示されるので、クリックして選べばOKです。

フォントの変更は、フォント名を指定しなければならないため、さすがにショートカットキーがありません。しかし、Windowsにはフォントがあまりにも多くあるため、使いたいフォントをスクロールして表示するのもひと苦労です。そこで、使いたいフォントを効率よく見つける方法をご紹介します。ポイントは、大部分のフォントは、名前の先頭に半角英数文字が入っていることです。フォルダーの中のファイルを素早く見つけるときと同じテクニックが､ここでも使えます（1-4 p.49参照）。

「フォント」の「▼」ボタンをクリックすると、フォントの一覧がプルダウンメニューで表示されます。ここで、「M」とキーを押すと、Mで始まる「Malgun Gothic」というフォントが選択されます。

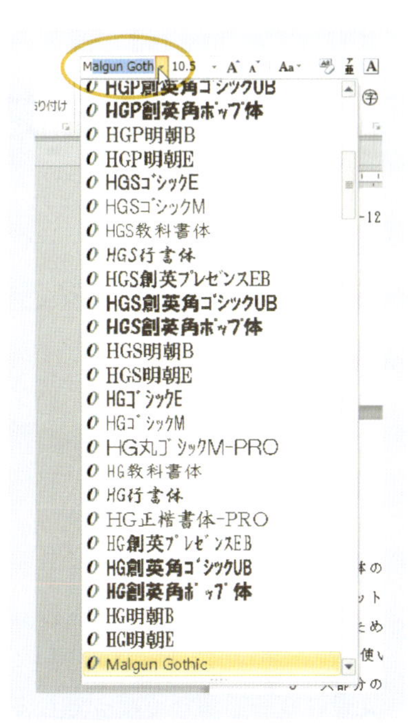

例えば、「MS明朝」を選択したい場合、「M」1文字ではなく、「MS」と入力してください。すると、「MS」で始まるフォントの一番下、「MS UI Gothic」が選択されます。「MS明朝」はそのすぐ近くにあるので、スクロールの手間が大幅に軽減されます。

5-4

読みやすい文書に整えるコツ

文書に統一感を出すことが重要

　Wordは、文字の大きさを変える、文字色を変える、フォントを変えるなど、文字を目立たせる多彩な方法が用意されています。しかし、フォントを変える場合などは、マウスを使わなくてはならないので、やはり非効率です。ですから、私は、最初に文書全体を「MS Pゴシック」に統一して、ごくまれにしかフォントの変更を行いません。ほとんどマウスを使うことなく、文字の入力を行っているのです。

　というのも、**フォントをいくつも使って文書内の文字を目立たせると、文書に統一感がなくなってしまいます**。また、プレゼンなどで紙に印刷して配布するような場合を除けば、文字の色を変えることもありません。それはビジネス文書が、コスト削減のために白黒で印刷されることが多いからです。たった数文字を目立たせるために、カラー印刷でコストが上がるのはばからしいし、色のついた文字を白黒で印刷するとかえって目立たなくなってしまいます。

　文字を目立たせてメリハリのある文書を作成するには、文字の大きさを変える他に、**①太字にする、②下線付きにする、③斜字体にする、の3種類あれば十分**です。いや、本当のことを言えば、①、②の2種類あればよい。むしろ、それくらいの方が、統一感のある、スッキリいい感じにまとまります。

　文字を目立たせる方法がいくつもある中で、これらの方法を使っているのは、ショートカットキーで簡単にすませることができるからです。

　急いで文書を作成しなければならないときでも、いちいちマウスに手を移す必要がないから、圧倒的に効率よく文書を作成することができる、というわけです。

①太字にする方法は、「Ctrl」＋「B」――「B」は「Bold（太い）」の頭文字です。そして、②下線付きにする方法は、「Ctrl」＋「U」――「U」は「Underline（下線）」の頭文字。③斜字体にする方法は、「Ctrl」＋「I」――「I」は「Italic（斜字体）」の頭文字です。ただ、斜字体は文中であまり目立ちません。①、②の2種類あればよいと言ったのはこのためです。

文字を目立たせてメリハリをつける

Wordは、文字の大きさを変える、文字色を変える、書体を変えるなど、多彩な文字を目立たせる方法が用意されています。しかし、書体を変える場合などは、マウスを使わなくてはならないので、*やはり非効率*です。

Ctrl ＋ B ＝ 太字にする
Ctrl ＋ U ＝ 下線付きにする
Ctrl ＋ I ＝ 斜字体にする

これらは、「太字で、下線付きにする」とか、「下線付きで斜字体にする」「太字、下線付き、斜字体、すべて使う」など、組み合わせて使うこともできます。文字を目立たせるのに、3種類の方法しか使わないといっても、その組み合わせで、**標準の文字の状態を含めて8種類の区別が可能**です。

文字を目立たせてメリハリをつける

Wordは、文字の大きさを変える、文字色を変える、書体を変えるなど、多彩な文字を目立たせる方法が用意されています。しかし、書体を変える場合などは、マウスを使わなくてはならないので、*やはり非効率*です。

このショートカットーキーは、「オン／オフ」の関係です。例えば、太字になった文字を範囲指定して、「Ctrl」＋「B」を押すと、太字を解除して標準の文字に戻ります。

文書作成は、編集作業に時間がかかります。しかし、この方法なら、ただの文字入力＋ほんの少しの時間で、効率よくできてしまうのです。

書式を「標準」に戻す

Word は、起動して入力を行うと、常に入力されるフォント、大きさが同じです。初期設定のままなら、「游明朝」（Word2013 以前は、「MS 明朝」）の「10.5 ポイント」です。

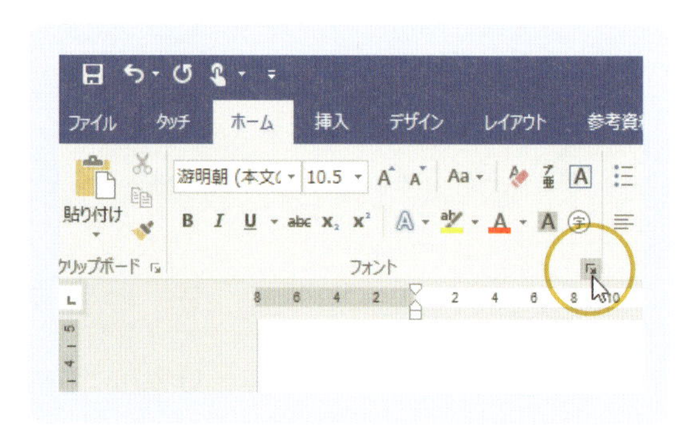

これは、「標準」のフォントとして設定されているからですが、ベースになる標準のフォントをゴシックにしたい場合などは、「標準」を変更することができます。

まず、リボンの「フォント」の右下のアイコンをクリックします。

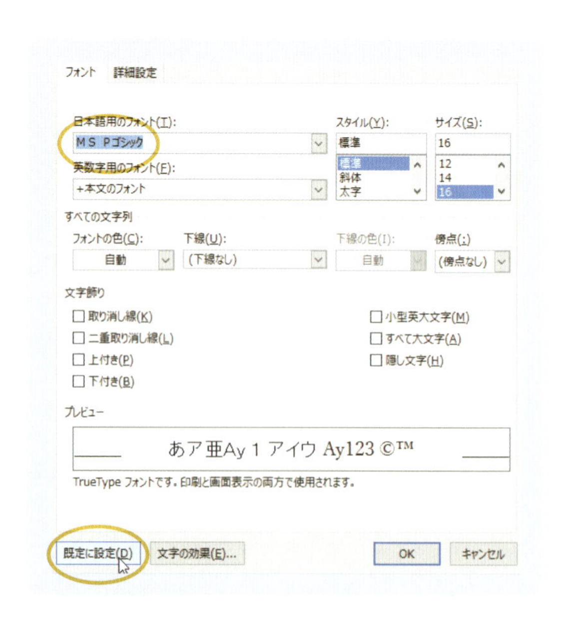

すると、「フォント」の設定ダイアログが開きます。

フォントなどを変更し、「OK」をクリックすれば、その文書についてのみ、「標準」が変更されます。「自分は、明朝ではなく、ゴシックで文書を作成することの方が多い」という人なら、「既定に設定」ボタンをクリックすると、ずっとその設定変更が維持されます。

統一感のある美しい文書を作成する鉄則は、**「同じ位置づけの文字は、同じ書式にする」**ということ。本文が、場所によって明朝だったり、ゴシックだったりするとか、章の見出しが、12ポイントだったり14ポイントだったりとバラバラだと、見づらい文書になります。

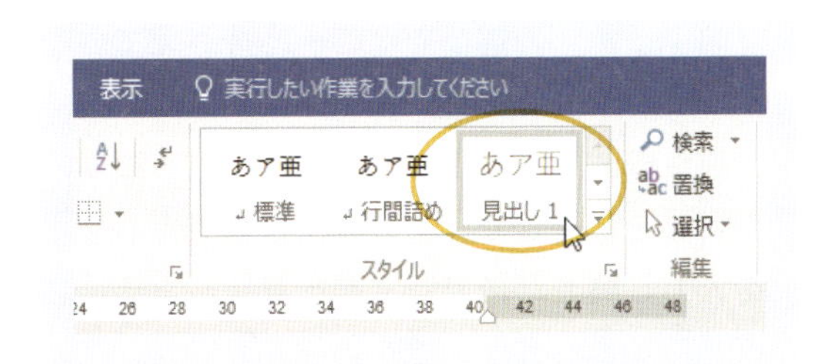

このため、「標準」の他、「見出し1」「見出し2」「表題」「副題」など、**多数の書式があらかじめ登録**されています。それが、「スタイル」です。

「スタイル」は、右下のツールボタンをクリックして「スタイル」ウィンドウを表示し、各スタイルの右側にポインターを当てると「▼」が表示されます。これをクリックして表示されるメニューから、「変更」を選べば、フォントや大きさなどを

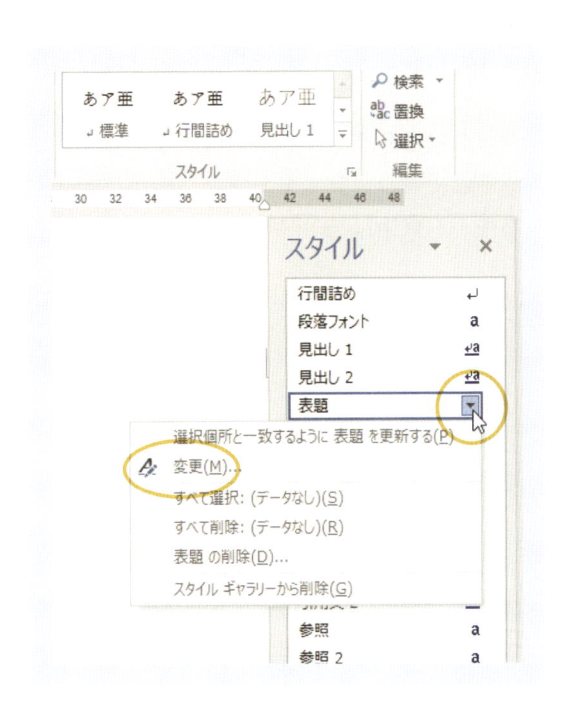

自分好みに変えることができます。

ただ、文書作成中に、いちいちマウスで「スタイル」を選ぶというのは、効率のよいやり方とはいえません。

標準より1回り大きい11ポイント、2回り大きい12ポイント、3回り大きい14ポイントで、太字や下線付きにするくらいなら、「章タイトルの書式はどうだっけ？」とわからなくなることもありません。ショートカットキーを使えば、1、2秒あればすんでしまいます。

「スタイル」の選び方は、一応押さえておく程度で十分でしょう。

違う書式で文字を入力するには、2通りの方法があります。入力する前に書式を変更して、①これから入力する文字の書式を変える方法と、文章を入力し終えた後で、文書を整えるために、②範囲指定して、その部分の書式を変える方法、です。

どちらの方法が効率よいかは、ケースバイケースですが、ショートカットキーなら変えたいときに、即、変えられるので、①がお勧めです。

ただ、一度、書式を変更すると、「標準」の書式に戻すという作業をしなければなりません。これはいかにも面倒です。

そこでぜひ、覚えておきたいのが、書式を「標準」に戻すショートカットキー、「Ctrl」＋「スペース」です。

Ctrl ＋ スペース ＝ 「標準」の書式に戻す

このショートカットキーは、もちろん、すでに入力した違う書式の文字を範囲指定して元に戻すことも可能です。

このショートカットキーには、以前、Webのコンテンツを紙のテキストに編集するという仕事をしたとき、大いに助けられました。そのWebコンテンツは、下線付きの箇所や、小さな文字で書かれた注釈などがいくつもありました。要は、いろいろな書式が混在した文章だったわけです。

語尾を整えたり、補足説明を入れたりすると、本文とは違う書式で入力されるのでやっかいでした。

成果物を定義する際には変化に備える

変更管理はプロジェクト開始前に計画されるべきである

新規プロジェクトは、新製品の開発と同様に考えることができます。新製品によってユーザーにどのような影響が出るかに視点を置きます。

- 製品を検討する際は市場を調査し、ターゲット層（ユーザー）の期待を考慮します。
- 製品（成果物）を定義します。
- 販売計画（プロジェクト計画）を立てます。

変更管理において鍵となる役割

- **プロダクトオーナー**はプロジェクトの基本となるニーズの特定をし、期待される成果

しかし、このような場合でも、「Ctrl」＋「A」で「すべて選択」をして、「Ctrl」＋「スペース」を押せば、一気に「標準」の書式に変えられます。

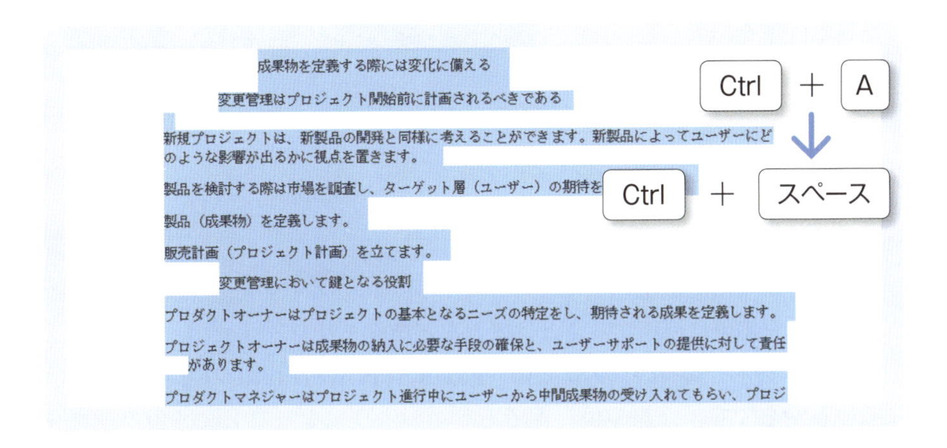

こうした複数の書式が混在している文書でも、1つずつ「標準」に戻す手間がいらず、一気に処理できてしまうので、文書編集の効率が大幅にアップします。

5-5

ビジュアルを入れて文書の説得力を上げる

ビジュアルがあると大きく印象が変わる

文字だらけの文書は、誰も読みたくありません。

写真やイラスト、図やグラフ……といった**ビジュアルを文書に入れると**、ガラリと印象が変わって、見ばえがよくなり、**文書の説得力アップにもつながります**。

Word にビジュアルを盛り込む方法は、大きく 2 つあります。

1 つ目は、リボンの「挿入」タブをクリックし、「図」のカテゴリーのボタンをクリックする方法です。

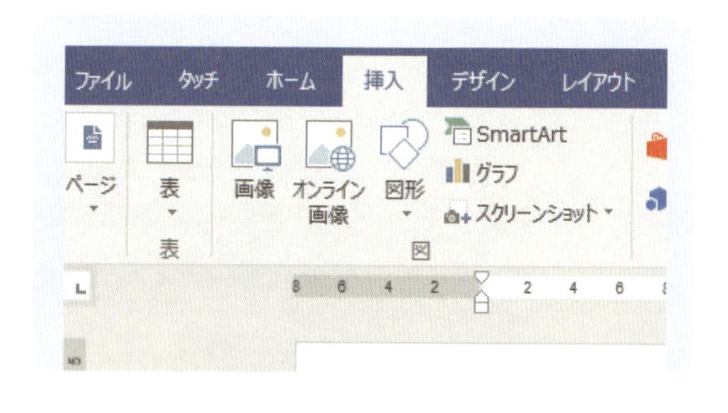

四角や丸、矢印といった基本図形を挿入したい場合は「図形」ボタン。描きたい図形をクリックして選び、マウスでドラッグして描きます。

しかし、Word の「図」のカテゴリーにあるツールボタンを実際に使用することはほとんどありません。

というのも、**これらの機能は、Excel や PowerPoint の方が充実しているからです**。セルの境界線で方眼紙のようになった Excel のワークシート、真っ白なキャンバスのような PowerPoint のスライド上で図形を描いた方が簡単です。Excel、PowerPoint で図表を作成して、Word 文書にコピー&貼り付けした方が、はるかにうまく、効率よくできます。

Word 上で図形を描くのに向いているのは、円を 1 つ描くだけ、といっ

た簡単な作業のときでしょう。また、グラフを挿入する場合も同様で、「グラフ」ボタンをクリックするより、Excelで作成したグラフをコピー&貼り付けした方が、はるかに効率的です。

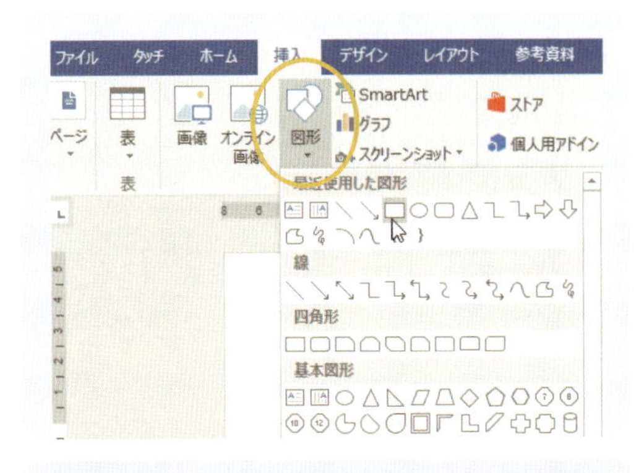

「画像」ボタンは、画像ファイルを指定して、挿入するものです。このボタンを押すと、「図の挿入」ダイアログが開きます。また、「オンライン画像」ボタンは、インターネット上の画像を検索して挿入するものです。このボタンを押すと、「画像の挿入」ダイアログが開き、画像の検索ができます。

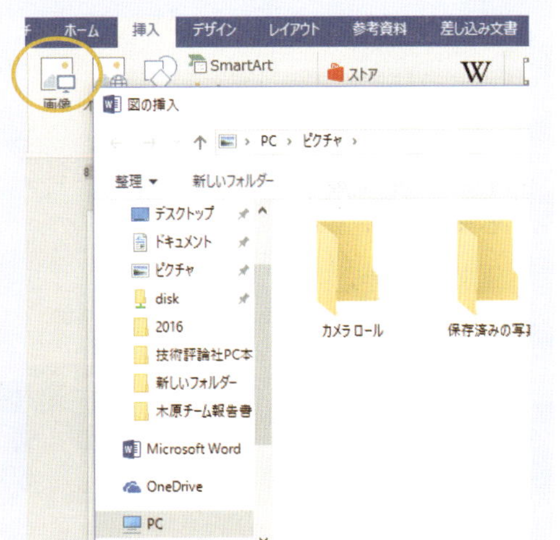

しかし、画像ファイルを、フォルダーを指定して開いたり、検索で見つけるのは面倒です。こうした手間を省くため、ファイルごと、文書にドラッグ&ドロップする――これが、Wordにビジュアルを盛り込む2つ目の方法です。

画像ファイルをWord文書に貼り付けるには、いちいちダイアログを開く手間はいらない、ということです。

ただ、ファイル名だけでは画像の内容がわからない場合もあります。そんなときは、「ペイント」や「フォト」などでファイルを開いて内容を確認して、「Ctrl」+「C」でコピーしてからWord文書上で、「Ctrl」+「V」で貼り付ける、という方法でもかまいません。

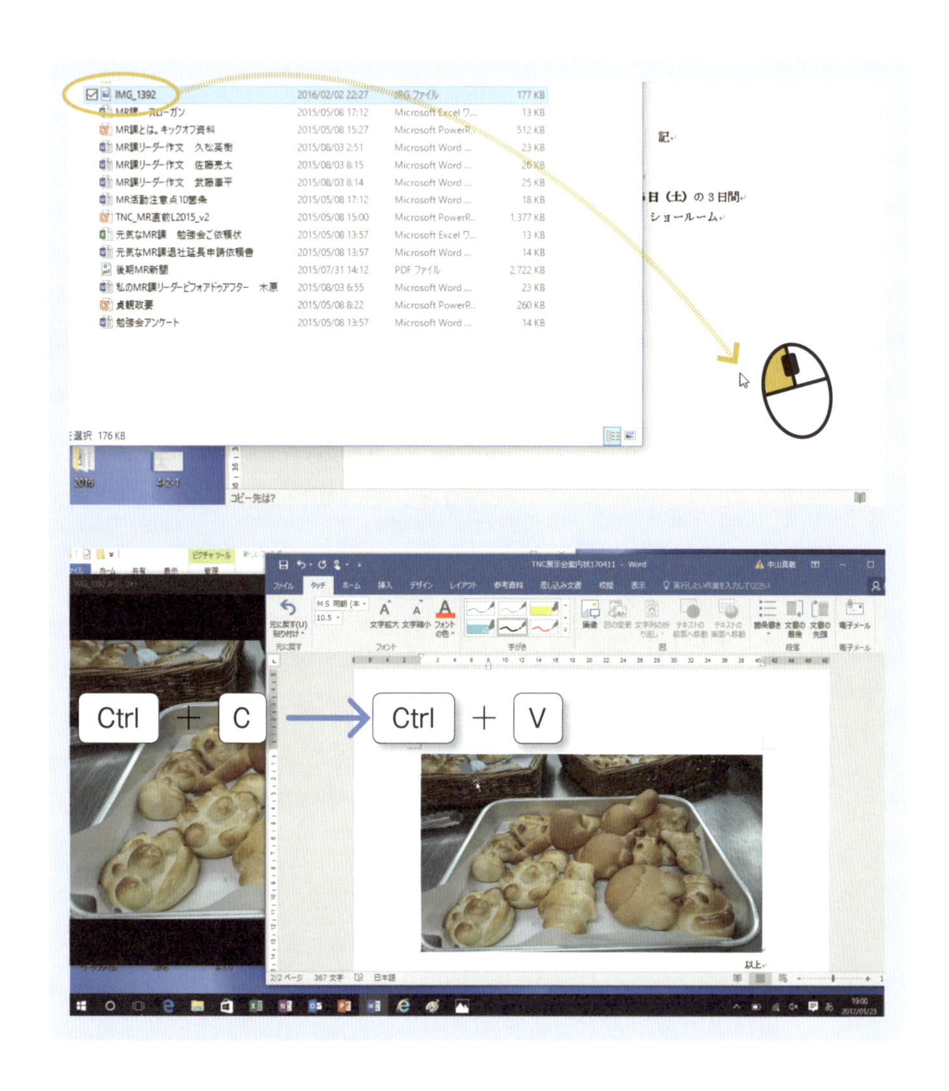

貼り付けた画像の移動と拡大・縮小

画像は、カーソルがあった場所に貼り付けられます。しかし、期待した通りに配置されることは少ないでしょう。そんなときは、画像をマウスでクリックします。すると、画像の周囲に実線、四隅・辺の中央に○のハンドルが表示されます。なお、ドラッグ&ドロップで画像を貼り付けたときは、画像の周囲に破線、四隅・辺の中央に■のハンドルが表示されます。

この状態でドラッグすれば、画像を動かすことができます。また、画像データは貼り付けるとWord文書より大きいことが多いので、四隅のハンドルをドラッグして、縮小を行います。

行内の配置は、文字と同様、「左揃え」「中央揃え」「左揃え」で調整することができます。

【用語解説】ハンドル

図形の四隅や周囲に表示される○や■のマークのことで、これをマウスで動かすことで、画像の変形や拡大縮小を行うことができます。

貼り付けた画像を調整する

画像をクリックして選択すると、リボンに「図ツール」－「書式」というタブが表示されます。これを選ぶと、さまざまな画像の調整を行うことができます。

ちなみにWindows 10では、画像の貼り付け方法によって、この「書式」タブに表示される項目に違いが生じるようになりました。ドラッグ&ドロップで画像ファイルを貼り付けた場合は、「挿入」タブの「画像」ボタンからファイルを貼り付けた場合と、「ペイント」や「フォト」などでファイルを開いてからコピー&貼り付けした場合より、画像の調整方法が少なくなるので注意しましょう。ただ、ドラッグ&ドロップで画像ファイルを貼り付けた場合でも、最低限の画像の調整方法は用意されています。

ここでは、すべての場合で実行できる画像の調整方法を紹介します。

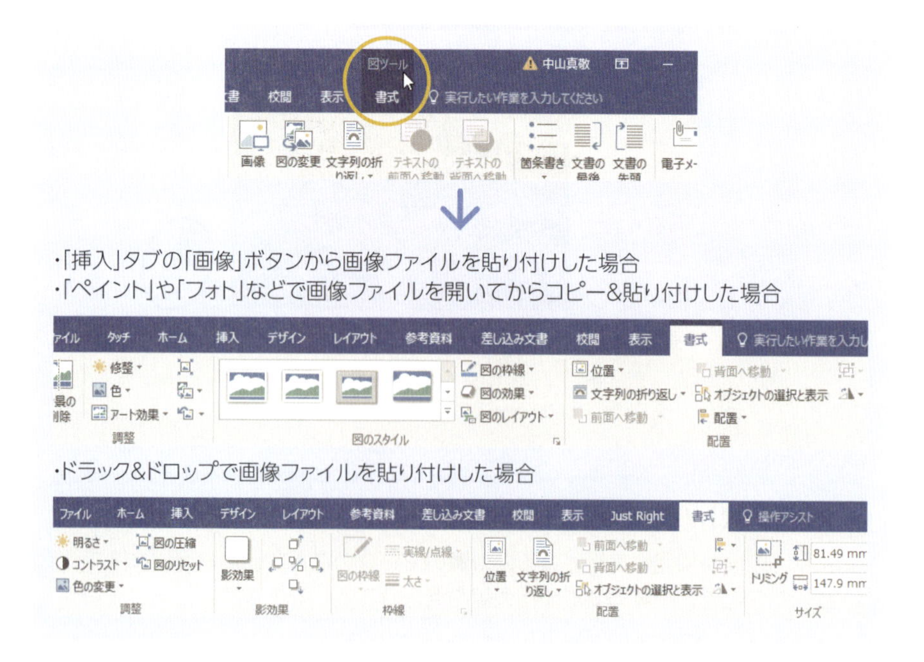

初心者でもよく使うのは、次のボタンです。

①「修整」（または「明るさ」「コントラスト」）

「修整」ボタンを押すと、明るさとコントラストを調整できます。**コントラストとは、明るい部分と暗い部分の差を際立たせ、画像にメリハリをつけること**。修整を行った場合の画像がサムネール一覧で示されるので、目で確認して選ぶことができます。

古いバージョンのWordや、Windows 10でドラッグ&ドロップで画像ファイルを貼り付けた場合では、「明るさ」と「コントラスト」が別のボタンになっているので、それぞれを調整しましょう。

【用語解説】サムネール

サム（Thumb）は「親指」、ネールと（nail）は「爪」。イメージがわかる状態で、実物大よりも小さくした画像のこと。

② 図の圧縮

例えばデジカメ写真は、数MBのファイルサイズが一般的です。貼り付けた後に**画像を縮小して、文書中では小さい扱いにしたのに、ファイル容量が大きくなりすぎ、メールに添付したら送信できない、ということがしばしば起こります**。そこで、貼り付けた画像ファイルを、圧縮します。「図の圧縮」ボタンを押すと、「画像の圧縮」というダイアログが開きます。このダイアログ内の「圧縮オプション」にある「この画像だけに適用する」から、チェックボタンのチェックを外すと、文書内に貼り付けたすべての画像を圧縮できるのでお勧めです。

ちなみに、ドラッグ＆ドロップで画像を貼り付けた場合は、「図の圧縮」ボタンを押すと、「図の圧縮」というダイアログが開きます。このダイアログ内の「適用の対象」にある「ドキュメント内のすべての図」にチェックを入れると、同じ操作ができます。

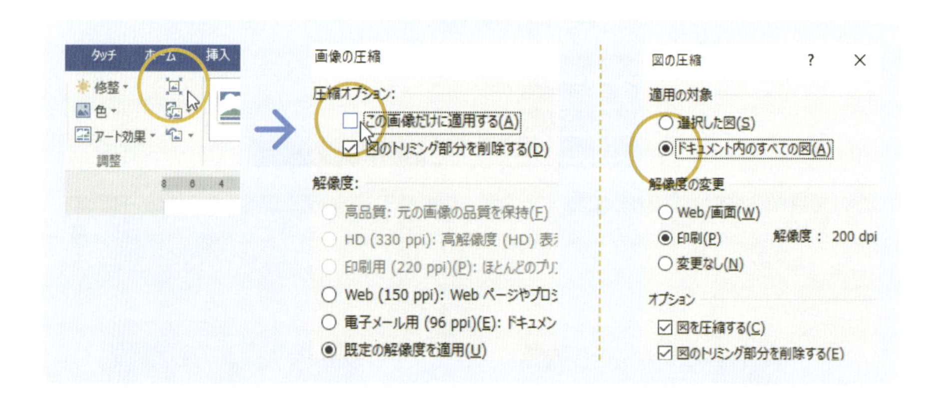

③ 位置・文字列の折り返し

ただ単に画像を挿入しても、画像の左右が真っ白でバランスが悪く感じるものです。**左側に文章、右側に画像を配置するといった、画像と文書の配置のバランスを取りたいときは「位置」「文字列の折り返し」を使いましょう**。ボタンをクリックし、イメージに合ったものを選ぶだけなので、簡単に使えます。

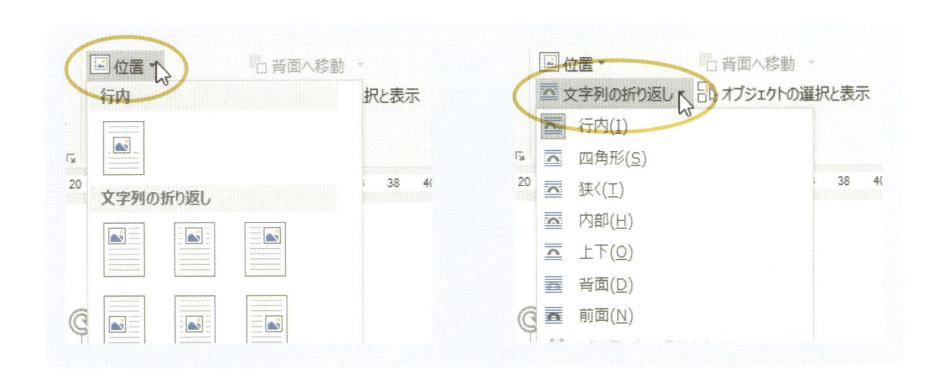

この２つのボタンでできることは似ていますが、**「文字列の折り返し」ボタンには、「背面」「前面」**という項目があります。この項目を選択すると、**画像を文書に入力した文字の背面もしくは前面に、配置させる**ことができます。

さらに、この状態にした画像は、文書中のどこでも自由に、マウスでドラッグして配置させられるようにもなります。文字を入力できない余白のスペースにも、画像を配置できるので、レイアウトの自由度が高まります。ただ、余白のスペースに画像を配置させると、印刷するときに画像の一部がはみ出して印刷されないこともありますので、その点は注意した上で配置させましょう。

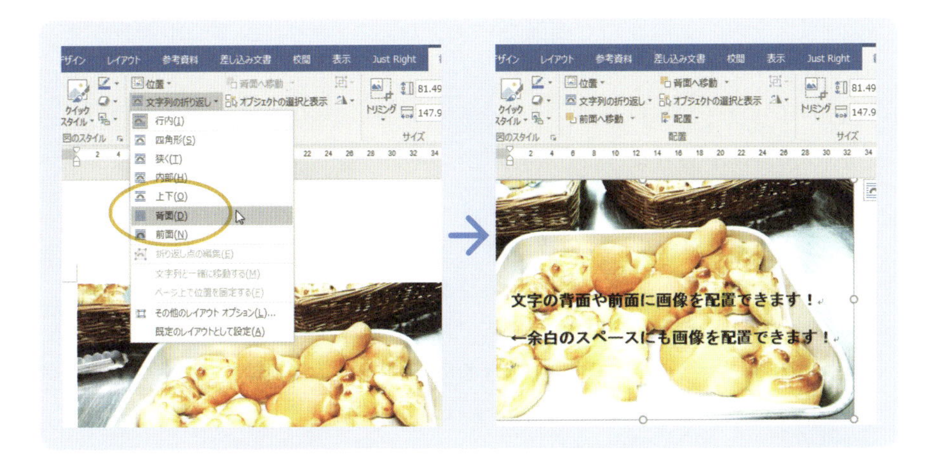

④ トリミング

写真に写っている人物だけをクローズアップし、背景部分はカットしたい、という場合があります。**このときは「トリミング」**を行いましょう。「書式」タブにある「トリミング」ボタンをクリックすると、画像のハンドル部分に太い線が表示されます。その太線をドラッグするだけで、簡単にトリミングできます。

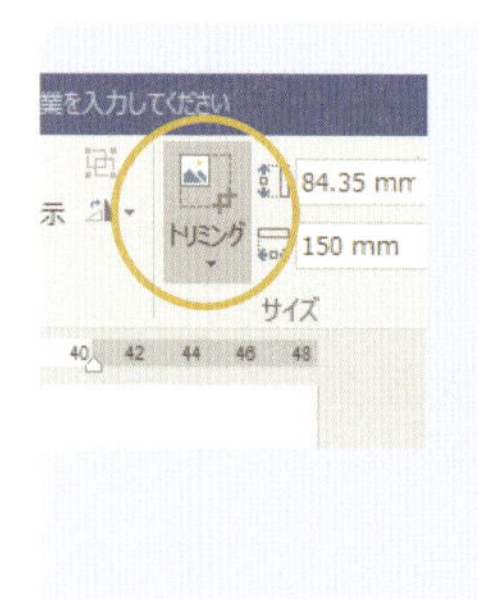

この太線の上にマウスのポインターを合わせると、ポインターの形状が変わります。この状態でドラッグすると、影になった部分が表れます。これが、画像から省かれる部分を示しています。明るい部分が、トリミング後の写真なので、確認して問題ないようなら、「トリミング」ボタンをもう一度クリックして、実行します。

この「トリミング」ボタンのすぐ下に「▼」ボタンがあります。「▼」ボタンは「トリミング」ボタンとは別のボタンです。ここをクリックするとプルダウンメニューが表示され、さまざまなトリミング方法を選べますが、上記の方法でも十分きれいに画像をトリミングできるので、わざわざ覚える必要はないでしょう。

しかし、**Windows 10ではドラッグ&ドロップで画像ファイルを貼り付けた場合では、上記とはトリミング方法が違う**ので、注意が必要です。

ドラッグ&ドロップで画像ファイルを貼り付けた後に画像を選択。そして「書式」タブにある「トリミング」ボタンをクリックしてから、画像の上にマウスのポインターを合わせると、ポインターの形状が変わります。

ポインターがこの状態になれば、四隅・辺の中央のハンドルをドラッグして、画像をトリミングできます。

こちらでもトリミングは簡単にできますが、最初に紹介した方法とは違い、トリミング中に影になる部分が表示されないので、画像から省かれる部分と省かれない部分を確認してからのトリミングはできません。また、ドラッグできるハンドル部分も太線より小さいため、マウスでの操作がやりづらく、使い勝手は悪いかもしれません。また、ドラッグ&ドロップで画像ファイルを貼り付けた場合は、「トリミング」ボタンの下部に「▼」ボタンがなく、他のトリミング方法も選べません。操作方法に違いがあることは覚えておいた方がよいでしょう。

5-6

仕事がはかどるWord操作の「テクニック」

テクニック① Word文書の表示領域を広くする

今日主流のモニターは、横方向に広いワイド画面です。これに対して、ビジネス文書の主流はA4縦方向なので、Word文書のウィンドウを最大化しても、左右に余白ができ、上下方向は文書の一部しか表示することができません。しかも、リボンがかなりの領域を占めているので、なおさら表示領域が狭くなってしまっています。

そこで、**極めて簡単なのに、作業効率が大幅にアップするテクニック**をご紹介します。**それは、リボンを最小化**するというものです。

リボンをよく見ると、右端に「∧」ボタンがあることに気づきます。これをクリックすると、リボンの表示が「タブ」の部分だけになります。

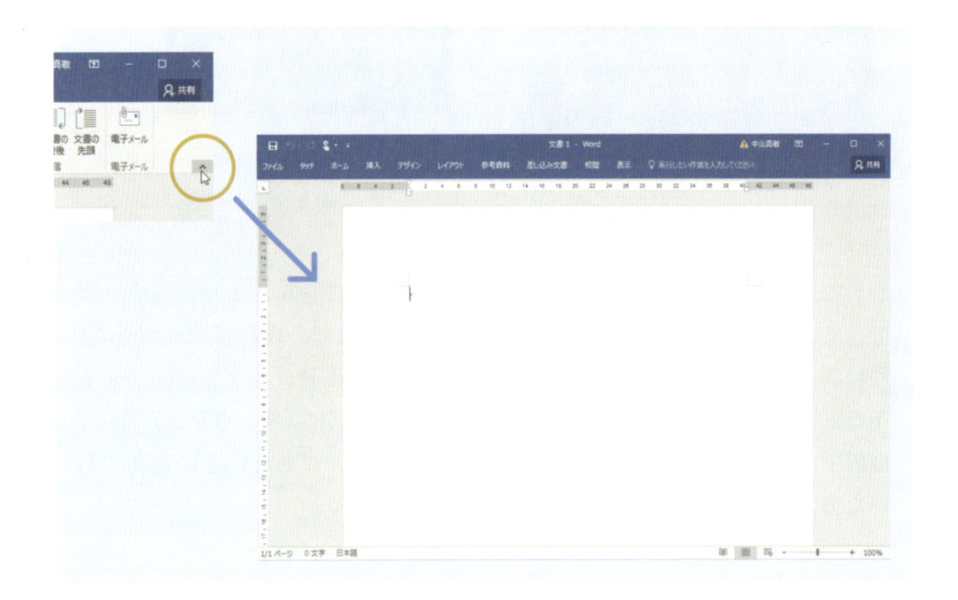

ツールボタンを使いたいときは、使いたいツールボタンのあるタブをクリックします。すると、そのときだけリボンが通常の状態で表示され、ツールボタンを使い終わると、元の状態に戻ります。また、ずっとリボンを表示し続けるには、リボンが表示されているときに、右端にあるピンのマークをクリックすると、元に戻ります。

テクニック② ページレイアウトを変更する

例えば、**案内状のような1ページものの文書を作成しているとき、1、2行あふれて1ページに収まらない、ということがよくあります**。そんなときは、文章を推敲して文字数を調整するより、1ページの行数を増やした方がはるかに効率的です。

この他、タイトルが1行に収まらないので行内文字数を増やしたいとか、印刷してみると余白が大きすぎてバランスが悪いとか——そんなときに役立つのが、「ページレイアウトの設定」というテクニックです。

ページレイアウトの設定を行うには、リボンの「レイアウト」タブをクリックします。

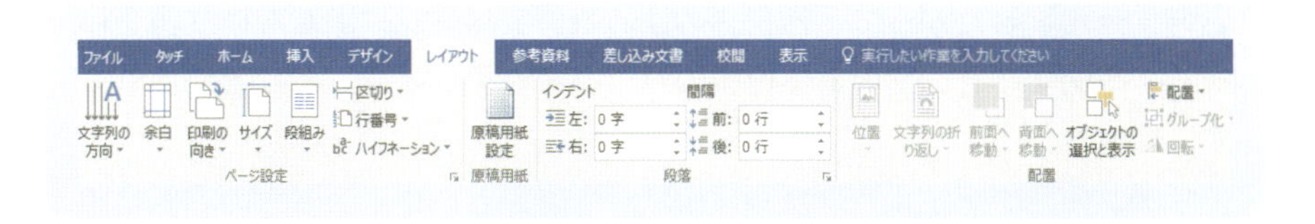

「文字列の方向」、「余白」、「印刷の向き」、「サイズ」など、様々なツールボタンがあります。縦書きにしたいとか、余白をもう少し狭くしたいとか、ピンポイントで変更したい設定が見つかれば、それが手っ取り早いでしょうが、多くの場合は、複数の設定変更を行います。また、ツールボタンの中には、行数や行内文字数の設定を行うものはありません。

そこで、「ページ設定」のカテゴリーの右下にある小さなマークをクリックします。すると、「ページ設定」のダイアログが表示されます。

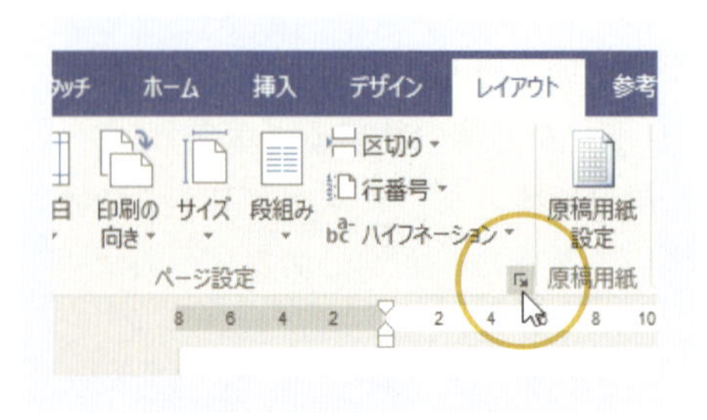

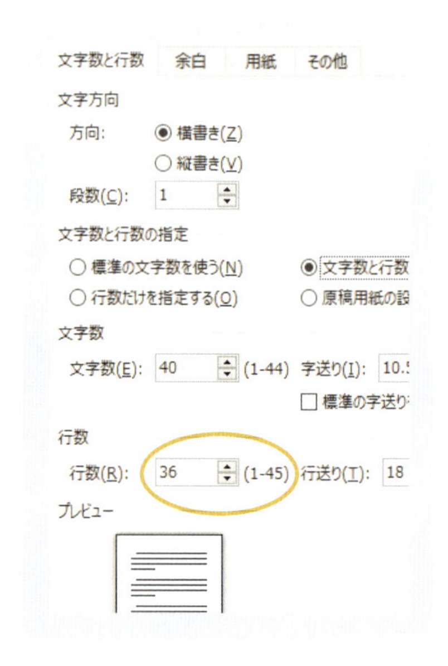

このダイアログで、「文字数と行数の指定」で適当なものを選び、文字数(行内文字数)、行数を指定します。

すると、字送り、行送りが自動的に調整され、行数であれば、標準で36行しかなかったものが、最大で45行まで増やすことができます。

テクニック③ ページ全体のバランスを見る

文書を作成しているとき、通常、ウィンドウにはページの一部しか表示されません。したがって、送付書のような、1ページに満たない文書を作成して印刷すると、文のある位置のバランスが悪いと感じることがあります。

リボンの「ファイル」タブ→「印刷」を選ぶと、ウィンドウの右側に印刷イメージがプレビュー表示されます。しかし、画面の小さなノートパソコンだと、ページ全体が表示されないこともあります。いちいち右下の表示倍率のつまみを変更して、プレビューを確認するのも面倒です。

そこで、役立つのが、**「Ctrl」＋マウスホイールというテクニック**です。

Wordに限った話ではありませんが、**これによって、文書の画面表示の倍率を変更する**ことができます。この方法ならば、表示倍率を自在に、素早く変更して、元に戻すことができるので、文書のバランスを即、把握・確認できます。

テクニック④ 行番号を表示する

行番号とは、ページの余白部分に、それぞれ何行目であるかを表示する機能です。

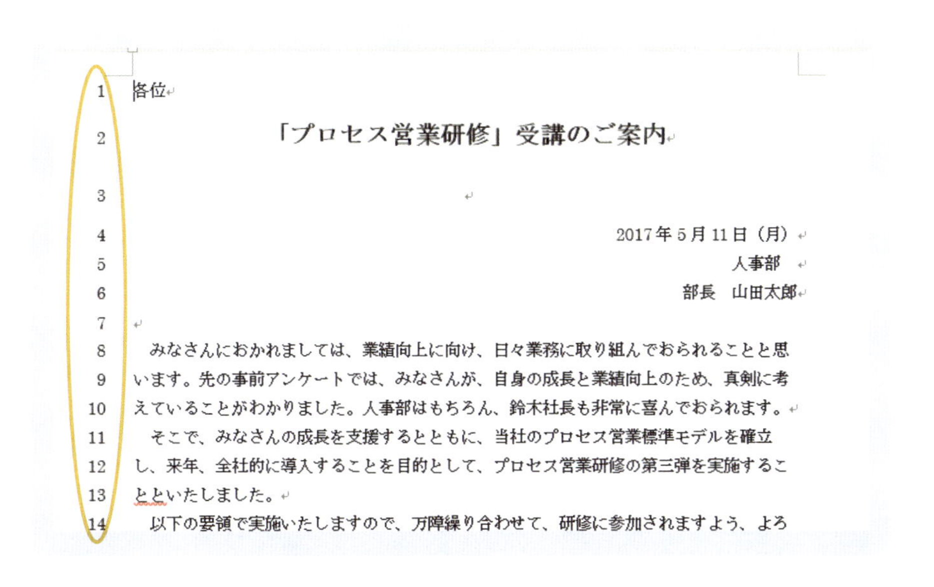

1 各位

2 「プロセス営業研修」受講のご案内

3

4 2017年5月11日（月）

5 人事部

6 部長　山田太郎

7

8 　みなさんにおかれましては、業績向上に向け、日々業務に取り組んでおられることと思

9 います。先の事前アンケートでは、みなさんが、自身の成長と業績向上のため、真剣に考

10 えていることがわかりました。人事部はもちろん、鈴木社長も非常に喜んでおられます。

11 　そこで、みなさんの成長を支援するとともに、当社のプロセス営業標準モデルを確立

12 し、来年、全社的に導入することを目的として、プロセス営業研修の第三弾を実施するこ

13 とといたしました。

14 　以下の要領で実施いたしますので、万障繰り合わせて、研修に参加されますよう、よろ

行番号を表示するには、リボンの「レイアウト」タブの「行番号」ボタンをクリックします。行番号を表示する目的にもよりますが、たいていは、「ページごとに振り直し」を選ぶのが便利です。

行番号の設定は、「ページ設定」ダイアログを表示して、「その他」タブをクリックして、「行番号」ボタンをクリックすることもできます。私の場合、書籍や雑誌、新聞などで決まっている文字数と行数を設定して、そ

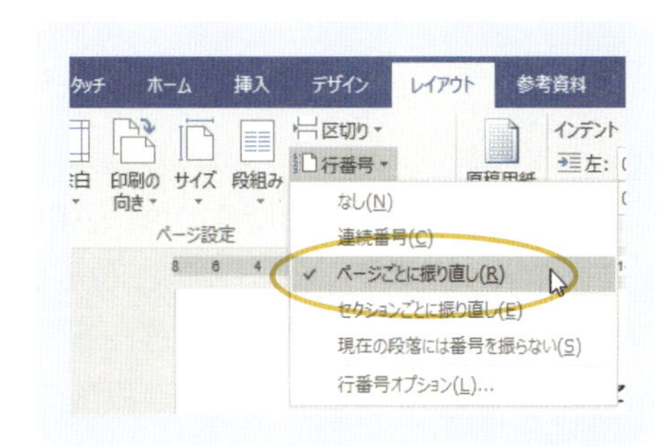

のついでに行番号も設定しているので、たいていはこのやり方です。

私には、指定された分量の原稿を書くという仕事がら、欠かせない機能ですが、すべてのビジネスパーソンにも役立ちます。ビジネス文書を作成するとき、(行数が標準の36行として)行番号が18であれば、ちょうどページの真ん中、12であれば、3分の1、といった具合に、**現在の文章量がページのどのあたりまでなのかが、常に意識できる**からです。

テクニック④で、いちいちページのバランスを確認しなくても、バランスのよい文書が作成できるようになります。

テクニック⑤ ルーラーを活用する

「ルーラー」とは、文書の上に表示されるモノサシのような部分のことで、行の文字の開始位置、終了位置を指定して、文書の体裁を整えるのに用います。非表示になっていたら、リボンの「表示」タブの「ルーラー」のチェックボックスにチェックを入れます。

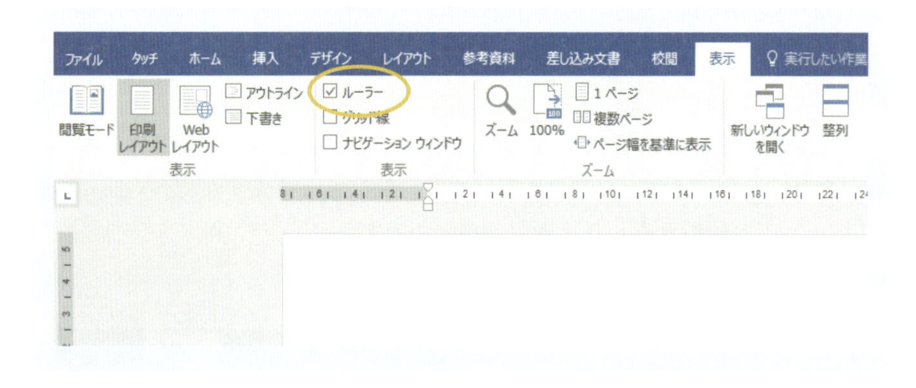

ルーラーで一番よく使うのは、左端の部分です。3つのつまみがあって、それぞれマウスでドラッグして、位置を変更することができます。ルーラーの設定は、カーソルのある段落に適用されます。しかし、ルーラーの設定を行った段落から「Enter」で改段落を行うと、次の段落にも適用されます。

① 1行目のインデント

段落の最初の行の開始位置を指定します。例えば、1文字分、右にずらしておくと、改段落するたび、「スペース」を押して空白を入れる必要がなくなります。

② ぶら下げインデント

段落の2行目以下の開始位置を指定します。

③ 左インデント

①②をそれぞれ動かすのが面倒なとき、ここをドラッグすると、①②も同じ分量だけ移動します。

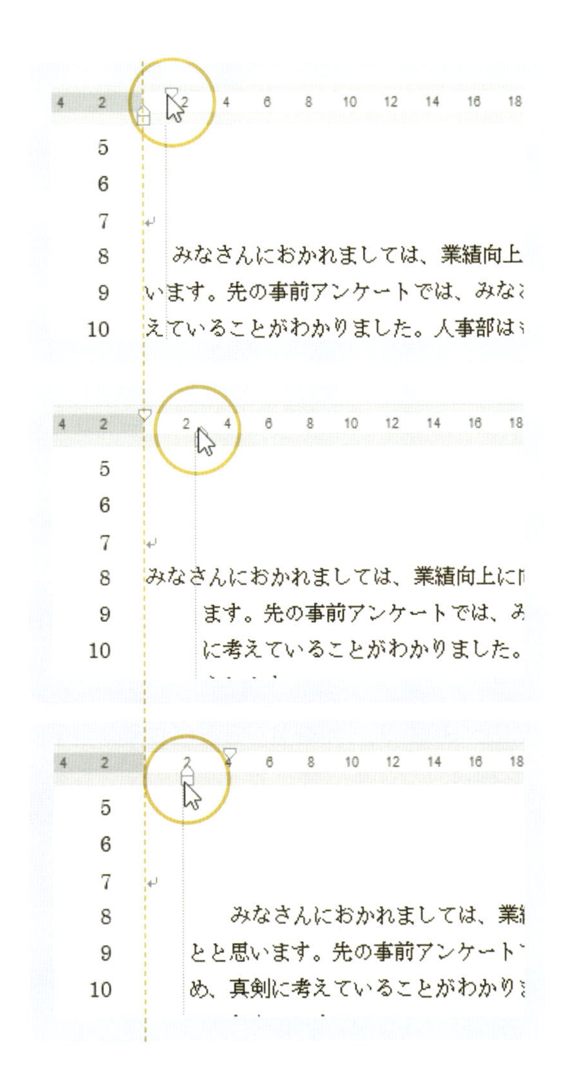

【用語解説】改行・改段落

一般に、「Enter」＝改行と思われていますが、正確には改段落。行の変わり目で、言葉が中途半端に切れるのを避けるために使うのが、「Shift」＋「Enter」の改行。「Shift」＋「Enter」で改行した行の開始位置は、ぶら下げインデントの位置となります。

この他、ルーラーと文書の間のスペースでの任意の位置をクリックすると、ルーラーにマークが表示されます。これは「左揃えタブ」のつまみで、「Tab」で移動した位置を指定するものです。

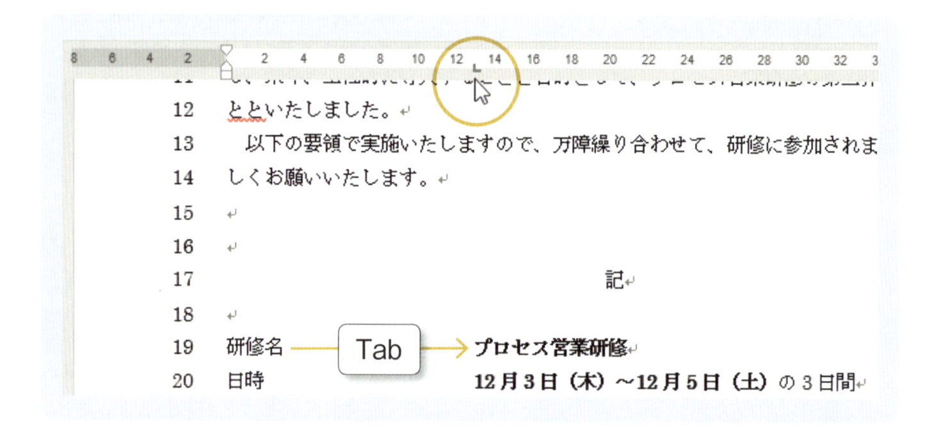

上の例では、「研修名」と「プロセス営業」の間は、「Tab」1回分です。このように、ルーラーで「左揃えタブ」を設定することで、「行のどの位置で設定するか」を自由に決めることができます。「左揃えタブ」は、マウスでドラッグすればその位置を変更することができます。「左揃えタブ」の設定を解除したいときは、このつまみをルーラーの外にドラッグします。

さらに、「左揃えタブ」をダブルクリックすれば、「タブとリーダー」ダイアログが開き、タブで移動する場所を、「中央揃え」などにすることもできます。

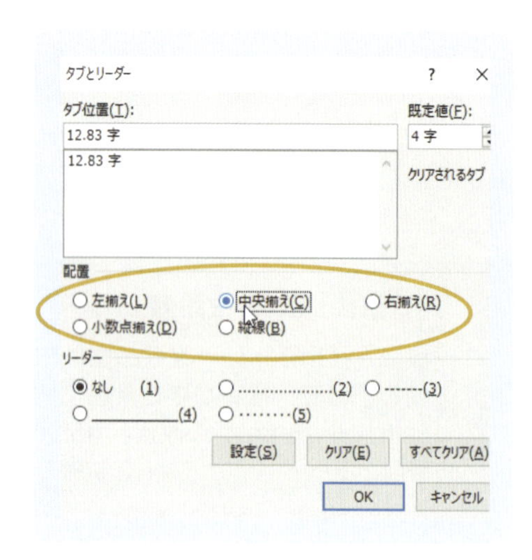

テクニック⑥ ページ番号を挿入する

数ページに及ぶ文書を作成する場合は、ページ番号を挿入するのが鉄則です。報告書などを配布し、打ち合わせや説明を行うとき、ページ番号があれば、「○ページのグラフについてですが～」などと、どの場所について話しているかを指し示しやすくなるからです。

ページ番号を挿入するには、リボンの「挿入」タブにある「ページ番号」ボタンをクリックします。

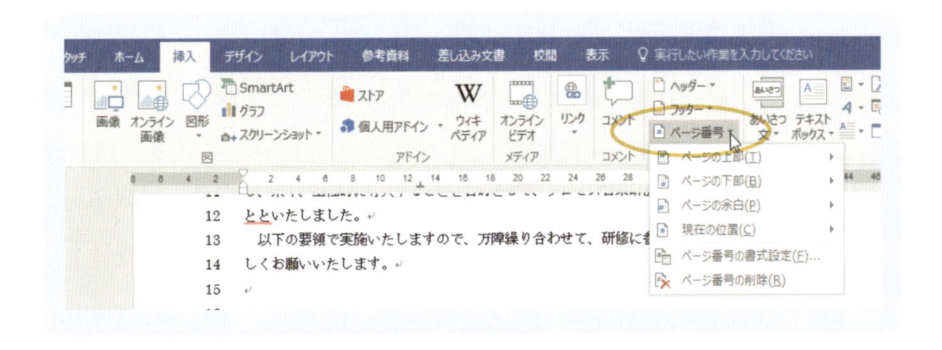

ここまでのことは、たいていの人が知っているし、知らなくても試行錯誤でなんとかなります。困る人が多いのは、報告書などを作成したときに、①表紙をめくった次のページを「1」にする、②表紙にはページ番号を入れない、という設定の仕方です。

① 表紙をめくった次のページを「1」にする

リボンの「ページ番号」ボタンをクリックしたときに表示される「ページ番号の書式設定」を選びます。「ページ番号の書式」ダイアロ

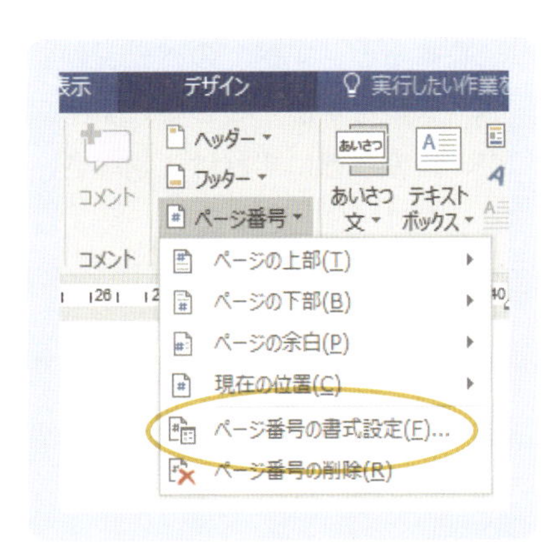

グで「開始番号」のチェックボックスにチェックを入れ、その数値を「0」にすると、1ページ目の表紙が「0」、次のページを「1」とすることができます。

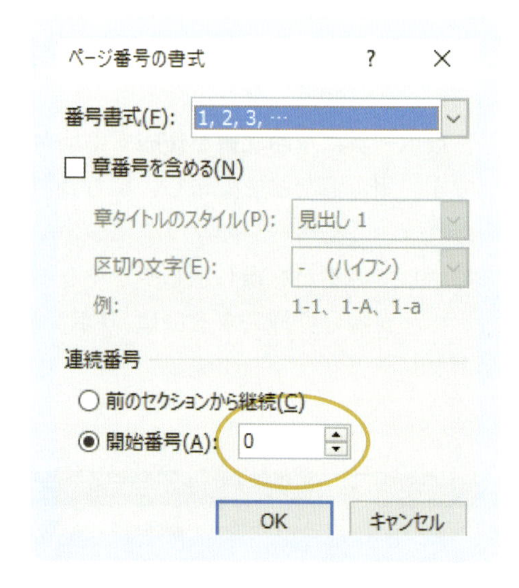

② 表紙にはページ番号を入れない方法

①をやると、表紙を別扱いにして、その次のページが「1」になりますが、表紙には、「0」というページ番号が表示されてしまいます。これを非表示にする方法がわからず、リボンの「挿入」タブの「図形」で、白色、罫線なしの四角形を上に描いて隠す、という方法で対応する人もいますが、次の手順で表紙のページ番号を非表示にすることができます。

手順 1. フッターの部分をダブルクリックして、リボンの「ヘッダー／フッター ツール」－「デザイン」タブを開く

手順 2. 「先頭ページのみ別指定」のチェックボックスにチェックする

この設定を行わずに「0」を削除すると、すべてのページのページ番号が消えてしまいますが、この状態にすれば、削除されるのは「0」だけです。

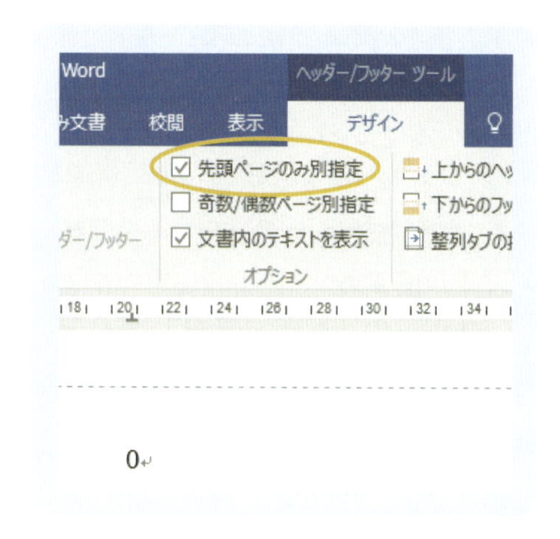

テクニック⑦ 入力した文字の置換を行う

文書の作成において、細かいことではあるものの、案外気になるのが、用字用語の統一です。例えば、最初のうちは、「Windows」と表記していたのに、途中で、「ウィンドウズ」とした方がよいと思い直した、という場合。あるいは、**A社用に作成した提案書をベースにして、B社用の提案書を作成した場合。うっかり、A社という文字が文書内に残っていたら、信用問題**にかかわってきます。

こんなとき、文書の最初から最後までを自分で確認し、1つずつ文字を直していくのは大変な労力です。しかも、見落としがある可能性も高く、リスクが伴います。

こんなときのために、Wordには、「置換」という機能が用意されています。Wordが、文書から指定された言葉を見つけ出し、自動的に指定した言葉に置き換えてくれるというものです。

「置換」は、リボンの「ホーム」タブの右の方にあります。

しかし、マウスを使うのはやはり面倒なので、ここはショートカットキーですませたいところ。それが、「Ctrl」+「H」です。

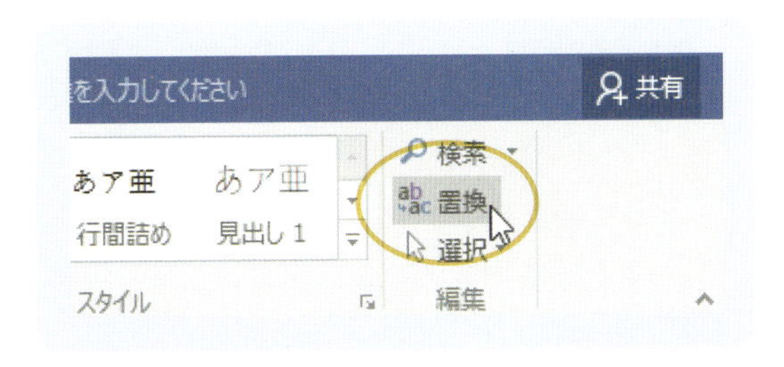

置換に、なぜ「H」の文字が割り当てられているのか——それは、「F」「G」「H」が一列に並んでいるからだといわれています。「Ctrl」+「F」が、「文書内を検索する」で「Find（見つける）」の頭文字が使われており、指定した位置に移動する「ジャンプ」が、「Ctrl」+「G」です。

実際、「置換」ダイアログを表示すると、1つのダイアログで「検索」「置換」「ジャンプ」がタブで切り替えられるようになっています。切り取り、コピー、貼り付けと同じ関係（「キーボード左下に横一列に並んでいる「X」「C」「V」）と考えると合わせて覚えられるでしょう。

先ほどの例なら、「検索する文字列」の入力欄に「Windows」と入力し、「置換後の文字列」の入力欄に「ウィンドウズ」と入力します。入力欄の移動には、「Tab」を使えば、いちいちマウスに手を移す必要がなく便利です。

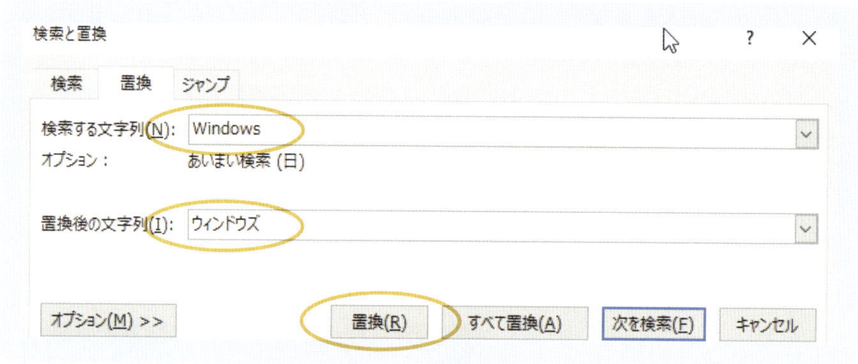

検索と置換
検索 置換 ジャンプ
検索する文字列(N): Windows
オプション： あいまい検索 (日)
置換後の文字列(I): ウィンドウズ
オプション(M) >> 置換(R) すべて置換(A) 次を検索(F) キャンセル

入力を終えたら、いよいよマウスを使って置換の開始です。
「すべて置換」ボタンを押すと、一気に置換を行ってくれますが、例えば、「Windowschroll」のような言葉があると（実際にはないでしょうが）、「ウィンドウズchroll」と置換されてしまいます。日本語を置換する場合は、こうした置換ミスが起こる可能性があるので、「置換」ボタンで1つずつ確認しながら行っていくのが賢明です。
「置換」ボタンを押すと、1番目の「Windows」が網掛けになります。もう一度「置換」ボタンを押すと、「ウィンドウズ」に置換され、2番目の「Windows」が網掛けになり……という流れになります。

Excel

6章

Excelの仕事術をマスター

6-1

なぜ仕事では Excelが使われるのか?

3つのことを効率よく行えるのがExcel

Excel が、仕事でよく使われる理由は、大きく分けて３つのことを効率よく行うことができるからです。その３つとは、**「残す」「見せる」「集計・分析する」**です。

Excel は、アプリのジャンルでいえば、「表計算」。「残す」「見せる」「集計・分析する」を効率的にこなせるのは、「表計算」の特長で、Excel だけの話ではありません。

しかし、仕事では、ファイルをやりとりすることが非常によくあります。このため、「みんなが使っている」Excel が、表計算アプリのデファクトスタンダード（事実上の標準）となっています。

役割①「残す」

Excel でデータを「残す」と、後でいろいろと使い回しができます。プレゼン用にグラフを作成したり、他の人のデータと合わせて集計し、シェアや増減率を計算したり、並べ替えて傾向を調べたり、ということができます。また、リストを作成するのにも便利です。表計算アプリは、ワークシートが一種の表なので、罫線を引くだけで簡単に表ができるし、50 音順に並べ替えることもできます。

こうして Excel でデータに残しておけば、分析を行ったり、DM（ダイレクトメール）発送などの顧客管理を行う基盤（データベース）になるのです。**データを Excel で残せば、それは財産**です。使い道いろいろ。他のソフトとの連携も自由自在――Excel は、１の仕事を２にも３にも、10 にもできる基盤となります。

役割②「見せる」

Excelは、きれいな表を短時間でサッと作成することができます。しかし、間違えてはならないのは、表の清書ソフトではないということです。表、グラフなど「見映えがよく、わかりやすい資料」を効率よく作成する機能が充実していますが、そればかりではありません。例えば、合計を求めるSUM関数を使えば大幅な時短につながりますし、割合や成長率だって簡単に求められます。基礎データを入力したら、きれいな表やグラフを作る下地を効率よく作れるExcelに、最後の仕立てだけを求めるのは、何とももったいない話なのです。しかし、実際には、そういう使い方ですませている人が案外少なくありません。

「見せる」ための仕立てを行うのにも､工夫が必要です。**「見せる」目的は、いかに「伝えたいこと」「重要なポイント」を相手に感じ取ってもらうか**です。

例えば、売上の推移をグラフ化しても、グラフの見た目上は、ほとんど違いがわからない、ということがよくあります。こんなときは、数値軸を自分で設定して、違いを際立たせるなど工夫をしましょう。

グラフや表の作り方ひとつで、説得力・納得感はまるで違ってきます。それこそが、仕事の実力と言ってよいかもしれません。目的意識がなければ、どんなにExcel操作の知識を覚えても、役に立たないのです。

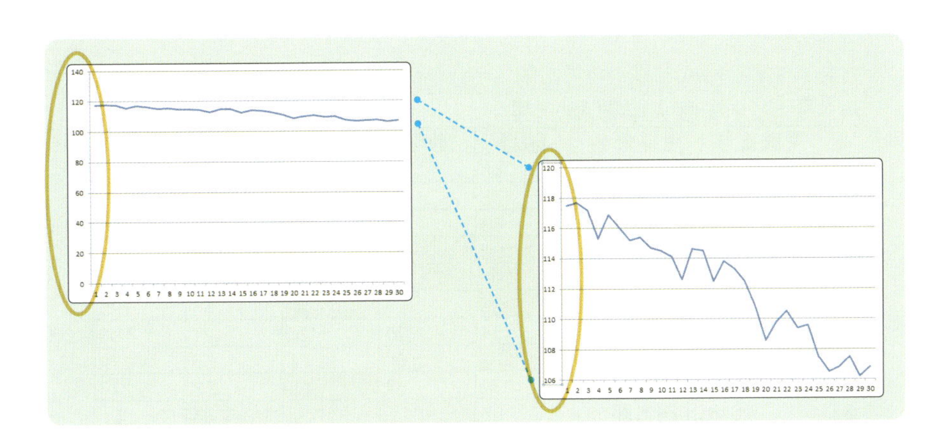

役割③「集計する・分析する」

Excel と聞くと、「データを集計して分析する」、そんな作業をイメージする人が多いのではないでしょうか。ただ、そこまで行うのは上級者や専門的職業の人で、自分には関係がないと考えているかもしれません。あるいは、関数を覚えるなど、知識を身に付けないとできないと、考えているかもしれません。

しかし、**ビジネスパーソンであれば誰でも、ちょっとした集計作業や、データから何がわかるのかという読み取りは日常的に行っています**。それを短時間で効率的に行えれば、大幅な時短が可能です。

例えば、Excel には、「条件付き書式」という機能があります（詳しくは6-11 p.279 参照)。どことなく難しそうな名前（「条件」という言葉に、苦手意識のある人は多いはずです）なので、使ってみようとしたこともない、という人が多いようです。しかし、リボンの「ホーム」タブ＝一番よく使うツールボタンを集めたタブにある通り、非常に便利な機能です。

データ範囲指定して、このボタンをクリックし、「上位 10 項目」とか「指定した数値より上」といったメニューを選びます。そして、例えば背景色をオレンジに変更するなど他のセルとは違う書式を指定します。すると、条件に合ったデータだけが、自動的に書式が変わり、目立たせることができます。

	A	B	C	D	E	F	G
1	平成29年度入学試験結果						
2	受験番号	生徒氏名	国語	数学	英語	理科	合計
23	0039	樋口一行	65	66	58	94	283
24	0040	福田宗雄	38	42	45	100	225
25	0041	藤田淳	69	71	50	26	216
26	0042	本田祐介	92	89	96	85	362
27	0043	間宮大作	100	80	94	76	350
28	0044	宮本修二	85	57	100	53	295
29	0045	村田秀雄	34	25	26	21	106
30	0046	目黒太一	91	60	71	56	278
31	0047	本宮一郎	70	64	85	58	277
32	0048	山田太郎	65	100	92	94	351

このように、「条件つき書式」を使えば、指定した条件を満たしたデータだけ、特別な書式で表示させることが可能です。わざわざ自分の目で、数字データを1つずつチェックしなくてよいのです。

Excelは、高性能な電卓のようなものなので、セルに計算式を入れると、簡単にその計算結果がわかります。

ただ数値データが並んでいる数表は、見せられる側にとって、わかりにくいものです。その数表に増減率や割合、小計や合計などの計算結果を追加すれば、成長率が鈍化してきた、業界トップといってもシェアは数%に過ぎない、といった「新しい事実」が見えてきます。電卓をたたいて行ったのでは何時間もかかる数表の分析がたちどころにできる――そのひと手間をかけるだけで、説得力は何倍も高まります。

10	各社の売上高推移					(単位：千円)
11		A社	B社	C社	X社	その他
12	2012	42,698	25,843	19,102	6,742	17,978
13	2013	46,068	24,720	20,225	5,618	15,731
14	2014	44,945	20,225	19,102	5,618	22,472
15	2015	47,192	19,102	22,472	6,742	16,854

各社の売上高推移 (単位：千円)

	A社		B社		C社		X社		
	売上高	増減率	売上高	増減率	売上高	増減率	売上高	増減率	その他
2012	42,698		25,843		19,102		6,742		17,978
2013	46,068	8%	24,720	-4%	20,225	6%	5,618	-17%	15,731
2014	44,945	-2%	20,225	-18%	19,102	-6%	5,618	0%	22,472
2015	47,192	5%	19,102	-6%	22,472	18%	6,742	20%	16,854

仕事のパソコンにおいては、「何のためにその資料を作成するのか」という目的意識が非常に重要になってきます。Wordで送付書や案内状を作成する場合は、ワープロアプリで「清書する」という単純な目的かもしれませんが、Excelの場合は、もっと重要な目的があるのが普通です。

単に、「グラフにしろと言われたからグラフにした」という指示待ち族と「何のためにつくるのか」を考える人とでは大きな差がついてしまいます。仕事では、「目的意識が重要」とよくいわれますが、それが端的に表れるのがExcelです。

使い方を覚える以上に、こうした目的意識が必要になってくるのだということを最初に理解しておきましょう。

6-2

Excelならではの画面表示

Excel画面の基本構成

Excel、Word、PowerPoint という Office アプリは、大部分の操作方法が共通となっています。起動、ファイルの保存、終了といった操作は、Word と共通。タイトルバー、リボン、クイックアクセス・ツールバー……といった名称も共通です。ここでは、Excel ならではの画面構成について見ていきます。

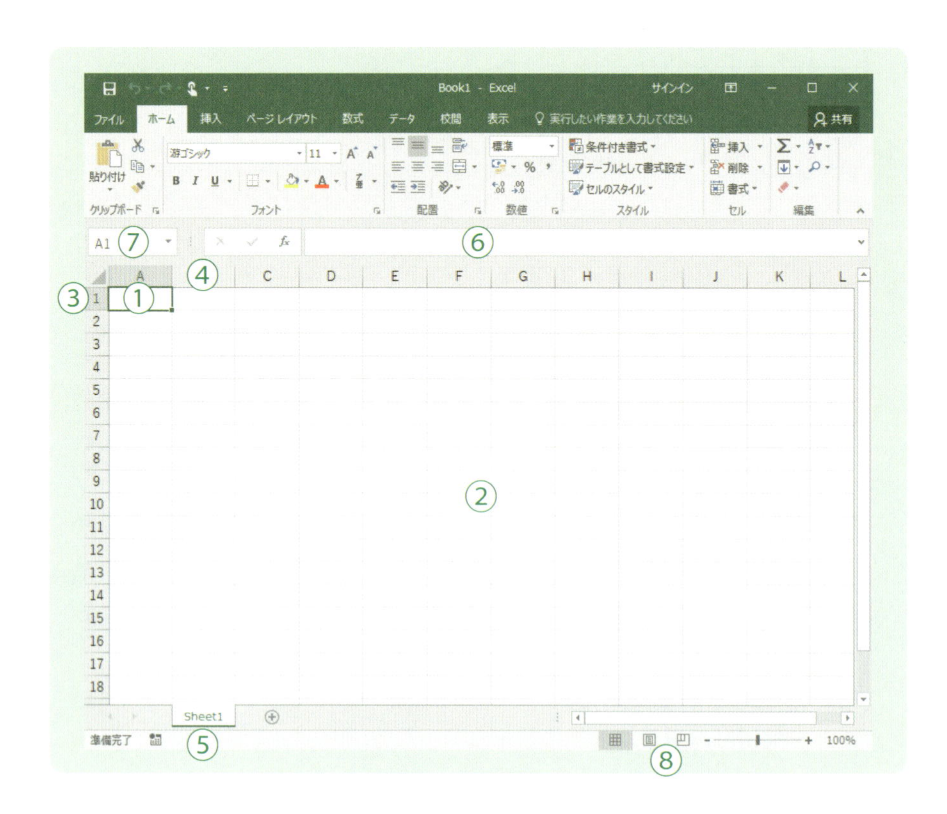

① **セル**
格子状に並んでいる1マスのことをセルという。ここに数値や文字列などのデータが1つずつ入る。

② **ワークシート**
セルが縦横に並んだ1枚の文書をワークシートという。1つのファイルに複数のワークシートを保存することができる。ワークシートと明確に区別するため、Excelのファイルは「ブック」ともいう。

③ **行番号**
セルは、「列×行」で示した番地で表す。行は上から順に、1、2、3……という行番号が振られている。

④ **列番号**
列は、左から順に、A、B、C……という列番号が振られている。例えば「2列目×3行目」という番地のセルは、「B3」と表す。

⑤ **ワークシートタブ**
ワークシートは、ここの右端の「+」ボタンで追加できる。ワークシートの数だけタブが表示され、クリックすることで表示するワークシートを切り替えられる。

⑥ **数式バー**
数式ボックスともいう。選択中のセル(アクティブ・セル)に入力された内容が表示される。表示されるのは、文字列なども含まれ、数式に限らない。

⑦ **名前ボックス**
選択中のセル(アクティブ・セル)のセル番地が表示される。

⑧ **表示ボタン**
Excelは、標準の「ワークシート」、印刷したときのイメージの「ページレイアウト」、各ページの印刷したときのイメージで改ページする位置を調整できる「改ページプレビュー」の中から表示を切り替えられる。

【用語解説】アクティブ・セル

選択中のセルのこと。名前ボックスに番地が示される他、太線で囲まれるので、ひと目でわかるようになっています。

6-3

アクティブ・セルを自由自在に移動させるコツ

ワークシートのスクロール

ワークシートに入力したデータが多くなると、スクロールの手間が大変になります。スクロールの基本は、スクロールバー上下のボタンをクリックするか、スクロールバーのバー状の部分のドラッグですが、最近は、マウスホイールを使う人の方が圧倒的多数でしょう。しかし、マウスホイールをずっと回し続けるのはやはり面倒です。

そこで、ワークシートを効率よくスクロールする方法が、別に用意されています。それが、「PageUp」「PageDown」です。これを押すことで、上下に大きく、しかも一瞬でスクロールすることができます。ワークシート全体を順に確認していくときなど、一通りすべての部分を画面に表示できるので、この方法がよいでしょう。

ワークシートの先頭、最後まで一瞬でスクロール

一度保存したExcelファイルは、開いたときの画面表示が、他のアプリと大きな違いがあります。それは、**最後に保存したときに選択中だったワークシートのセルの位置で表示される**ことです。Wordだと、いったんファイルを閉じ、次に開くときは1ページ目の先頭でカーソルが点滅しています。Excelは、継続して作業を行うときのために、前回入力を終えたところまでスクロールする手間が省かれています。

しかし一方で、ワークシートの先頭、最後を画面表示したい場合ももちろんあります。こんなときは、いちいちスクロールする必要はありません。「Ctrl」＋「Home」を押せばワークシートの先頭、「Ctrl」＋「End」を押せば、ワークシートの最後（データが入力された最も右下のセル）へ、

それぞれ一瞬でスクロールできるからです。また、「Ctrl」+方向キーでアクティブ・セルを空白セルを飛ばして、データが入力されたセルまで、一気に移動できます。

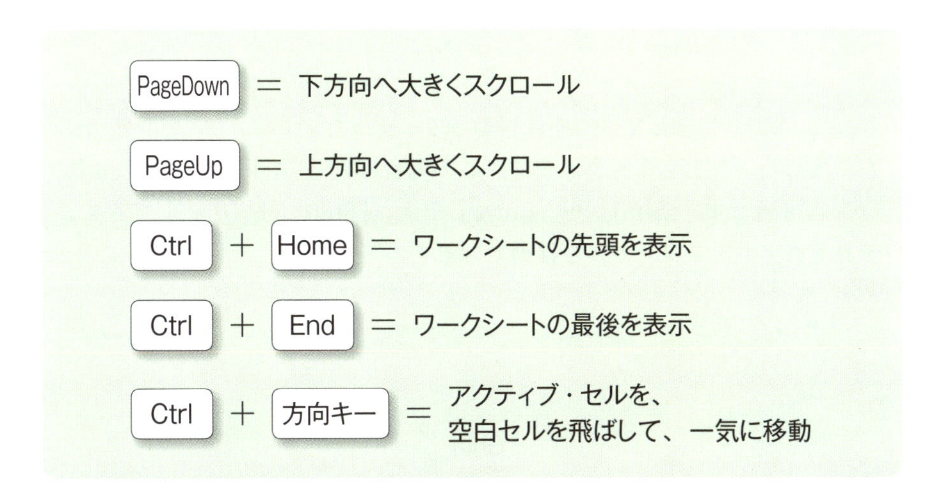

セルを上下左右、好きな方向に移動する

セルを選択し、文字や数値を入力した後「Enter」を押すと、アクティブ・セルは1つ下に移動します。このため、下へ下へと入力を連続して行うとき、いちいち方向キーでセルを選択する必要がありません。

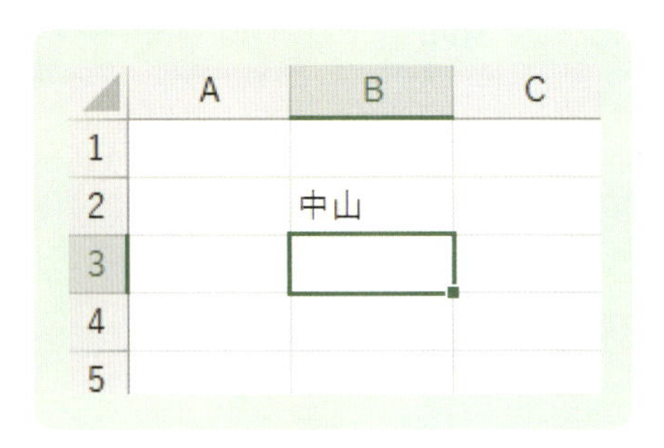

アクティブ・セルを右隣に移動するのに、「Enter」を押してから、「→」「↑」と方向キーを押している人をよく見かけます。マウスを使ってセルを選択するよりはまだマシですが、押すキーも多くなると、面倒で効率が落ちてしまいます。

そこで覚えておきたいのが、アクティブ・セルを一発で右隣に移動させる方法。それが、「Tab」キーです。

Tab ＝ アクティブ・セルを右方向に移動

また、入力ミスをして、下、右に移動してしまったアクティブ・セルを、上、左に戻したいこともよくあります。この場合は、「Shift」を組み合わせれば対応可能です。「Shift」＋「Enter」で上、「Shift」＋「Tab」で左に、それぞれアクティブ・セルを移動できます。

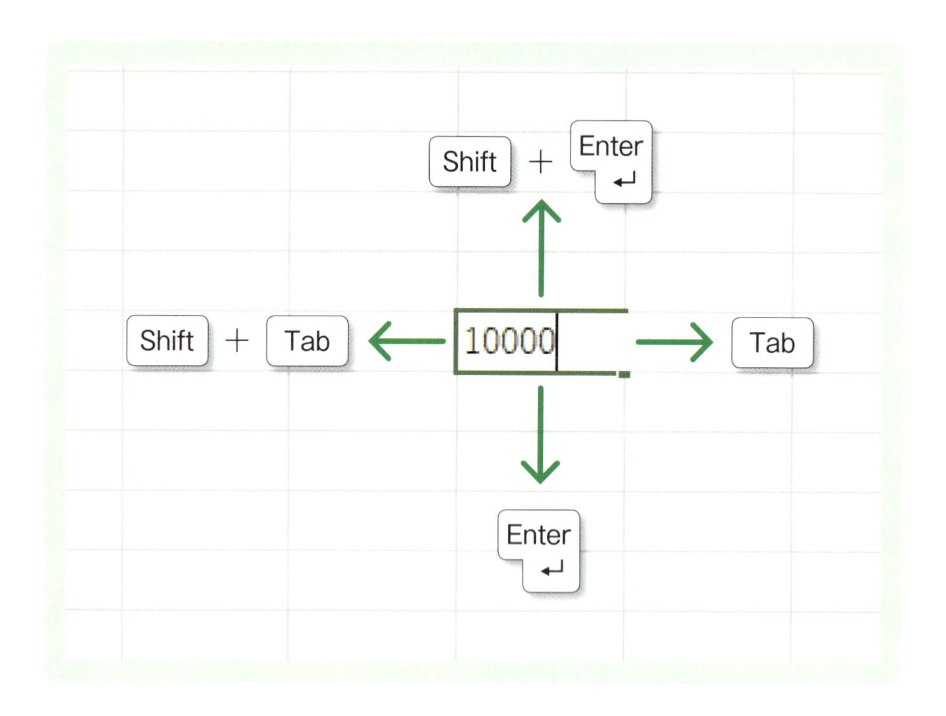

範囲指定を応用した効率のよいアクティブ・セルの移動

仕事のできる人の条件に、「数字に強い」ことがよく挙げられますが、数字の入力は仕事で非常に多い作業です。例えば、**紙の資料を目で追いながら、数値データを入力する、そんな場面があります**。こんなときは、左手で紙の資料を持ちながら、右手でテンキーを使用して数値データを入力すれば、大量なデータもスピーディーに入力ができます。

しかし、テンキーには「Enter」はありますが、「Shift」「Tab」がありません。「Enter」を押して、アクティブ・セルを下へ下へと移動しながらの数字入力はできますが、それ以外の方向へ移動しながらの数字入力はできないのです。テンキーは、狭いスペースに数字のキーがコンパクトにまとまっているため、スピーディーな数字の入力には向いていますが、アクティブ・セルを自由に移動させるのには、あまり向いていません。

ただ、範囲指定を応用すれば、このテンキーの短所を解消できます。範囲指定すると、アクティブ・セルは範囲指定された中でしか移動しません。この特徴を生かすのです。

例えば、縦×横の表を範囲指定して、連続入力するケースを考えてみます。この場合、「Enter」を押すと、アクティブ・セルは1つ下に移動しますが、1列分入力を終えて、また「Enter」を押すと、アクティブ・セルは右隣の列の先頭へ移動します。

A	B	C	D
問件数表			
	4月1日	4月2日	4月
青木	17		
伊藤	15		
上田	22		
佐藤	25		
高橋	21		
前田	20		

Enter ↵ →

A	B	C	D
問件数表			
	4月1日	4月2日	4月
青木	17		
伊藤	15		
上田	22		
佐藤	25		
高橋	21		
前田	20		

行を範囲指定して横方向に入力を行うときも同様です。この場合、「Enter」を押すと、アクティブ・セルは右へ右へと移動していきます。

	A	B	C	D	E	F	G
1	訪問件数表						
2		4月1日	4月2日	4月3日	4月4日	4月5日	
3	青木	18					
4	伊藤						
5	上田						

Enter

	A	B	C	D	E	F	G
1	訪問件数表						
2		4月1日	4月2日	4月3日	4月4日	4月5日	
3	青木	18					
4	伊藤						
5	上田						

まず、ワークシートの数字を入力したい部分を範囲指定してから、テンキーで数字を入力する——このやり方なら、紙の資料をデータとして入力する作業にかかる時間を相当、短縮できます。

Excel作業中によくあるトラブルへの対処

Excelで作業していると、突然、Excelがふだんとは違う挙動を示すことがあります。思った通りに操作できないと戸惑ってしまいますが、原因は意外に簡単なところにあります。そんなときに困らないよう、その理由をしっかり理解しておきましょう。

一番多いのは、**「入力していたら、急にテンキーが使えなくなった」**というものです。原因は、テンキーの左上の**「NumLock」**というキー。「ナンバーロック」というキーで、「NL」と省略されていることもあります。「7」や「/」を押そうとして、間違えて押してしまったことが原因です。これがオンになっていると、テンキーは使えません。改めて押してオフにすれば、テンキーは使えるようになります。

次に多いのは、**「セルの文字を修正しようとしたら、入力したところから文字が消えていってしまう」**——原因は、**「Insert」**というキー。キーボードによって配置は違います。

これは、「挿入モード／上書きモード」を切り替えるキーで、通常、挿入モードになっているのを、たまたま「Delete」キー、「BackSpace」キーなどと押し間違えて、上書きモードにしてしまったために起こります。

この現象はWordでもしばしば起こりますが、Wordの場合、ステータスバーに「挿入モード」という表示があるのに対し、Excelでは、挿入／上書きいずれのモードなのかを示す表示はありません。

これについても「NumLock」同様、もう一度キーを押すと、通常の「挿入モード」に戻すことができます。

その次に多いのが、**「突然、方向キーでセルの移動ができなくなった」**——原因は、**「Scroll Lock」**というキー。

現在表示中の画面を撮影できる「PrntScrn」(「プリントスクリーン」の略。キーボードによっては他の表記もあり) の近くにあるキーですが、これを押すと、方向キーで画面がスクロールされてしまいます。この現象が起きたら、やはり、他のケースと同様、「Scroll Lock」キーを押せば元に戻ります。

これら3つはふだんほとんど使わないキー。大半の人には「存在すら知らないキー」です。何かのはずみで押してしまうと、どうしてよいかまるでわからず、作業がストップしたり、気持ち悪いと感じながら効率の悪い別の方法（例えばテンキーではない数字キーで数字入力をするなど）で作業しなければなりません。知っておくだけで、予想外の事態で仕事が滞ってしまう、ということを避けられます。

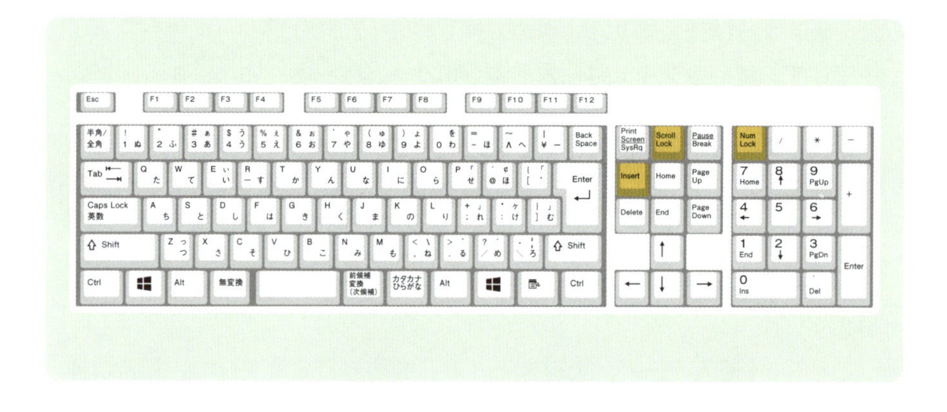

最後に、本書で紹介する操作方法を利用した場合によく起こる現象に、「日本語入力ができない」というものがあります。

Excelには、「Shift」と「Ctrl」を同時に押しながら行うワザも多いのですが、この「Shift」+「Ctrl」には、日本語入力ソフト（IME）の切り替え、というショートカットキーが割り当てられています。このため、「Shift」+「Ctrl」だけが認識されると、「IME」が無効になったり、他の「Microsoft Natural Input」などが入っていると、「かな」キーを押しても、日本語入力に切り替わらない場合が出てきてしまいます。

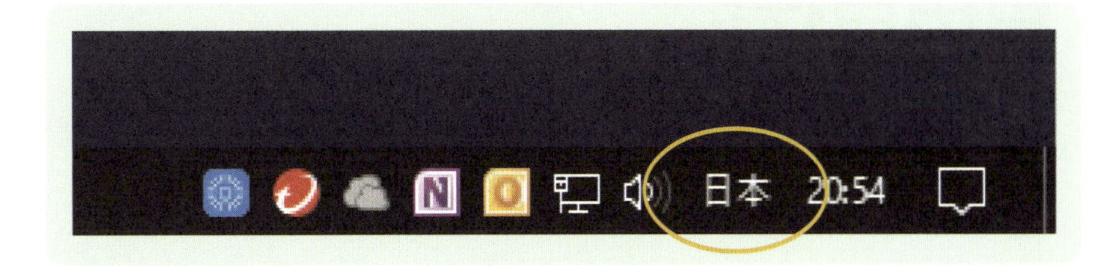

この状態になると、入力モードの状態を示す「あ」「A」のアイコンが表示されません。Microsoft IMEの代わりに「日本」という文字が表示されています。

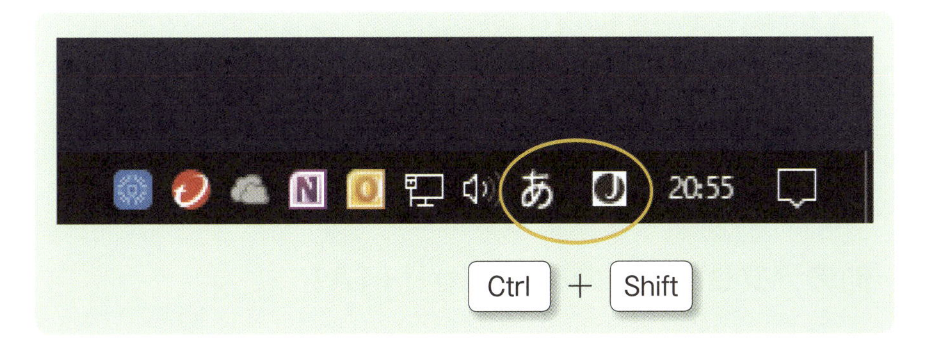

こうなったら、改めて「Ctrl」+「Shift」を押して、「あ」または「A」のアイコンが表示される状態に戻してください。「A」のアイコンが表示されているときは、「かな」キーを押せば、日本語入力ができます。

【用語解説】IME

「Input Method Editor」の略。「入力方法編集プログラム」の意味。マイクロソフトの日本語入力ソフトが「IME○○」という名称を使用しているため、「IM」（Input Method）、「FEP」（Front End Processor）といった言葉が使われることがあります。要は日本語入力ソフトのこと。

6-4

自由自在に範囲指定するコツ

「Shift」を使って範囲指定する

Excel で作成した表を Word 文書にコピー＆貼り付けしたり、表の書式を変更したりと、範囲指定を行うことがよくあります。

パソコン操作は、キーボードで入力しているときは、そのままキーボード入力を続けるのが効率のよい方法。特に、マウスはメニューを選んでクリックするといった、細かい操作があまり得意ではありません。効率を考えれば、ショートカット一ですませるのが得策です。

範囲指定を行う上で重要なキーが「Shift」キー。これについては、他のアプリと変わるところはないので、1-3（p.43）を参照してください。

他のアプリと違いのある「Ctrl」+「A」

Excel では「Ctrl」＋「A」の挙動が、他のアプリと異なります。「A」は、「All」の頭文字で、「すべて選択」を行うショートカットキーですが、Excel だけは異なります。

Excelで「Ctrl」＋「A」を押すと、ワークシート全体ではなく、アクティブ・セルを含む表全体を範囲指定します。Excelのワークシートのサイズは、「1,048,576行×16,384列」と膨大です。これすべてが範囲指定されるより、1つの表に範囲が留められた方が使い勝手がよいため、このような挙動になっていると思われます。

知っておきたいのは、**Excel がどうやって、1 つの表の範囲を判断しているか**ということ――それは**空白行、空白列**です。

空白行、空白列あるとそこが表の終点だと判断します。つまり、カテゴリーが変わるなどの理由で、見やすくするために空白行、空白列をはさむ

Ctrl ＋ A

各社市場シェアの推移

	A社	B社	C社	X社	その他
2012	38%	23%	17%	6%	16%
2013	41%	22%	18%	5%	14%
2014	40%	18%	17%	5%	20%
2015	42%	17%	20%	6%	15%
2016	43%	16%	21%	5%	15%
2017	44%	16%	21%	5%	14%

（参考）各社の売上高推移 （単位：千円）

	A社	B社	C社	X社	その他
2012	42,698	25,843	19,102	6,742	17,978
2013	46,068	24,720	20,225	5,618	15,731
2014	44,945	20,225	19,102	5,618	22,472

と、その下、右にある表を「Ctrl」＋「A」で選択できません。ミスが起きやすい１つのポイントなので、注意が必要です。

ワークシート全体を「すべて選択」するには、大きく２通りの方法があります。１つは、「Ctrl」キー＋「A」をもう一度押すこと。すると、今度はワークシート全体を「すべて選択」してくれます。

もう１つの方法は、ワークシートの左上の部分をクリックすること。これを行えば、ワークシート全体を一発で「すべて選択」してくれます。

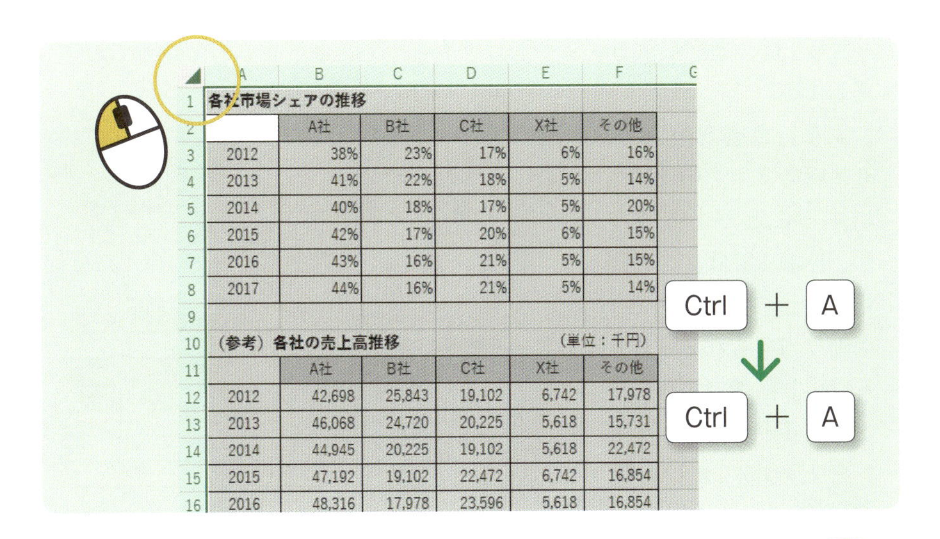

各社市場シェアの推移

	A社	B社	C社	X社	その他
2012	38%	23%	17%	6%	16%
2013	41%	22%	18%	5%	14%
2014	40%	18%	17%	5%	20%
2015	42%	17%	20%	6%	15%
2016	43%	16%	21%	5%	15%
2017	44%	16%	21%	5%	14%

（参考）各社の売上高推移 （単位：千円）

	A社	B社	C社	X社	その他
2012	42,698	25,843	19,102	6,742	17,978
2013	46,068	24,720	20,225	5,618	15,731
2014	44,945	20,225	19,102	5,618	22,472
2015	47,192	19,102	22,472	6,742	16,854
2016	48,316	17,978	23,596	5,618	16,854

行、列を範囲指定する

Excelでは、行、列を範囲指定したい場合がよくあります。

例えば、表の1行目や項目名の入った行・列を、同じ背景色にしたい場合がそうです。いちいちマウスでクリックして範囲指定するのは面倒です。そこで、行、列を一瞬で範囲指定できるショートカットキーがあります。

Ctrl ＋ スペース ＝ アクティブ・セルを含む列を範囲指定

Shift ＋ スペース ＝ アクティブ・セルを含む行を範囲指定

ただし、日本語入力モードでは、「Shift」＋「スペース」は、半角の空白を文字として入力してしまいます。行を範囲指定するには、半角英数モードに切り替える必要があります。

また行、列単位で範囲指定すると、書式の変更が大いに効率的に行えます。例えば、表の先頭行にあるセル内の文字を目立つように整えたければ、行をまるごと範囲指定して書式変更行いましょう。後から表の項目を増やした場合でも、同じ行ならば、書式変更はそのまま適用できます。「Ctrl」＋「B」は、太字にするショートカットキーで、多用するので覚えておきましょう。

よく行う書式設定で、セル内の文字を中央揃えにすることがありますが、Excelでは、この操作にショートカットキーは割り当てられていません。少し面倒ですが、リボンの「中央揃え」ボタンをクリックしましょう。

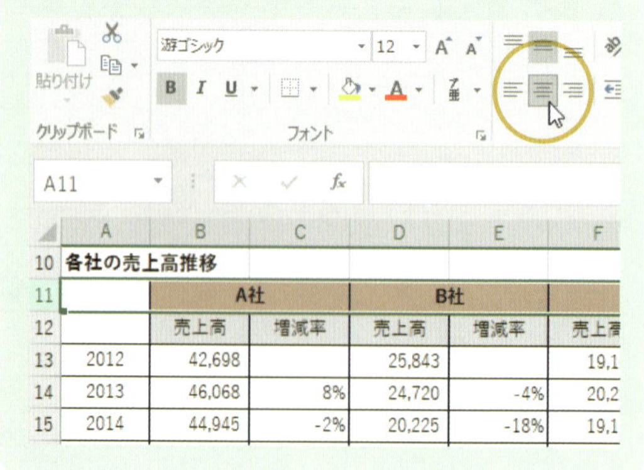

	A	B	C	D	E	F
10	各社の売上高推移					
11		A社		B社		
12		売上高	増減率	売上高	増減率	売上高
13	2012	42,698		25,843		19,1
14	2013	46,068	8%	24,720	-4%	20,2
15	2014	44,945	-2%	20,225	-18%	19,1

また、行、列の範囲指定は、1行、1列だけではありません。

行、列を範囲指定したら、「Shift」を押しながら方向キーを押すことで、複数の行、列を同時選択することができます。

Shift ＋ →

	A	B	C	D	E	F
1	各社市場シェアの推移					
2		A社		B社		C社
3	2012	38%		23%		17%
4	2013	41%		22%		18%

複数の行、列の同時選択は、意外に重宝します。

1つの表で、セルの幅がきちんと揃っていないのは、あまり格好のよいものではありません。列の幅、行の高さは、境界線をドラッグして変更することができます。ドラッグを行うと、マウスのポインターのそばに列の幅、行の高さの数字が表示され、その数字を目安に調整ができます。

B1

幅: 10.75 (91 ピクセル)

	A	B	C	D
1	各社市場シェアの推移			
2		A社		B社
3	2012	38%		23%
4	2013	41%		22%
5	2014	40%		18%

しかし、「おおよそ50ポイントくらい」というならともかく、複数列を1列ごとにそれぞれマウスできっちり同じ幅にするのは、ほとんど不可能です。

こんな場合は、列を同時選択した状態で、選択されている列のどれでもよいので、境界線をドラッグして幅を調整します。

すると、同時選択された列が、すべてその同じ幅に調整されます。行の高さの調整も同様に行うことができます。

	A	B	C	D	E	F	G	H	I	J
1	各社市場シェアの推移									
2		A社		B社		C社		X社		その他
3	2012	[illegible]		23%		17%		6%		16%
4	2013	[illegible]		22%		18%		5%		14%
5	2014	40[illegible]		18%		17%		5%		20%
6	2015	42%		17%		20%		6%		15%
7	2016	43%		16%		21%		5%		15%

	A	B	C	D	E	F	G	H	I	J
1	各社市場シェアの推移									
2		A社		B社		C社		X社		その他
3	2012	38%		23%		17%		6%		16%
4	2013	41%		22%		18%		5%		14%
5	2014	40%		18%		17%		5%		20%
6	2015	42%		17%		20%		6%		15%

離れた行、列、セルを同時選択する

Excelは、行、列、セルがそれぞれデータとして独立しています。このため、離れた行、列、セルを同時選択したいことが多くあります。例えば、下の写真のように、「増減率」の列だけ書式を変更したい、といったケースです。

このような場合、1列ずつ作業を行っている人が少なくありませんが、離れた行、列、セルであっても同時選択することは可能です。「Ctrl」を押しながら、マウスでクリックすればよいのです。しかも行、列、セルで、違う種類のものを組み合わせて同時選択もできます。

Ctrl ＋

	A	B	C	D	E	F	G	H	I	J
9										
10	各社の売上高推移									（単位：千円）
11		A社		B社		C社		X社		
12		売上高	増減率	売上高	増減率	売上高	増減率	売上高	増減率	その他
13	2012	42,698		25,843		19,102		6,742		17,978
14	2013	46,068	8%	24,720	-4%	20,225	6%	5,618	-17%	15,731
15	2014	44,945	-2%	20,225	-18%	19,102	-6%	5,618	0%	22,472
16	2015	47,192	5%	19,102	-6%	22,472	18%	6,742	20%	16,854
17	2016	48,316	2%	17,978	-6%	23,596	5%	5,618	-17%	16,854

ただし、選択し間違えた場合、「Ctrl」は「Shift」と違って、間違えたものをもう一度クリックしても、解除することはできません。選択のやり直しとなってしまうので、注意が必要です。

行、列、セルを同時選択して、書式の設定を行うとすべて同時に変更できることはもちろんですが、さらに入力にも役立つテクニックがあります。

6-3（p.227）で**範囲指定を応用したアクティブ・セルの移動**について紹介しましたが、**これは、「Ctrl」で離れた場所にあるセルを選択したときにも使えます**。入力したいセルを「Ctrl」＋クリックで同時選択した状態で、「Enter」を押すと、アクティブ・セルは同時選択したセル内でしか移動しません。移動する順番はクリックしたセルの順番と同じです。ちなみに、最後に「Ctrl」を押しながらクリックしたセルがアクティブ・セルとなるので、最初にデータを入力したいセルは最後に選択するか、すべてのセルの選択後、入力したいセルまで「Enter」を押して、移動する必要があります。

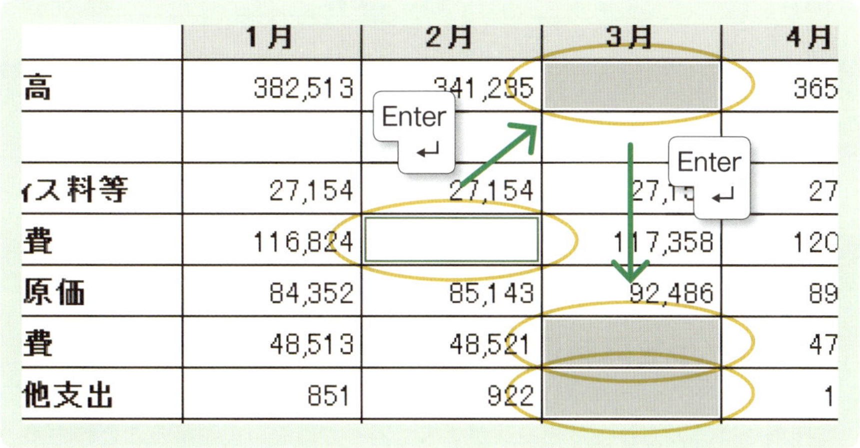

	1月	2月	3月	4月
高	382,513	341,235		365
ィス料等	27,154	27,154	27,1[illegible]	27
費	116,824		117,358	120
原価	84,352	85,143	92,486	89
費	48,513	48,521		47
他支出	851	922		1

さらに、同時選択したセルに同じ言葉を一気に同時入力できる方法もあります。例えば、Excel で作成した ToDo リストで、やり終えた項目の状況欄に「○」という文字を入力する場合です。

この場合、ToDoの項目を見ながら、やり終えた項目の状況欄を、「Ctrl」を押しながらクリックして、同時選択を行います。

同時選択が終わったら、そのままの状態で、「○」という文字を入力してください。

通常、入力した文字を確定するには「Enter」を押しますが、ここでは「Ctrl」を押しながら「Enter」を押すのです。すると、同時選択されたセルすべてに同じ文字が入力されます。

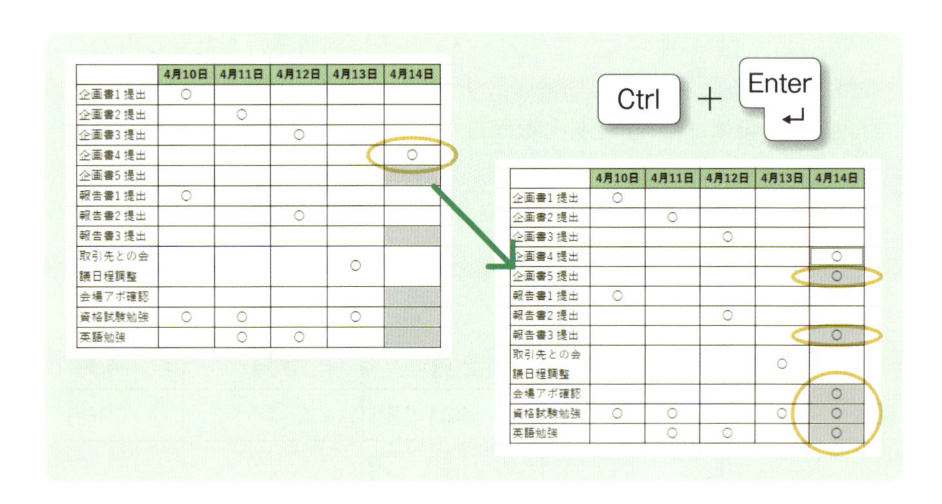

Ctrl ＋ Enter ＝ 同時選択したセルすべてに同じ文字を入力

空白のセルを同時選択する

仕事では、入力されたデータがすべて揃っていない表を扱うことの方が多いものです。**表の中に空欄が混じっていて、データが届いた時点で追加入力を行う、ということがよくあります**。こんなとき、**表の中から空欄を探すのは意外に大変**です。そこで、空白のセルを簡単に同時選択できるテクニックを紹介します。

それが、「Ctrl」＋「G」。

このキーを押すと、「ジャンプ」ダイアログが開きます。「参照先」の入力欄に、セル番地を指定して「OK」を押せば、そのセルまで一気に移動する機能です。しかし、Excelでは探したい目的のセルが、何行目の何列目にあるかを把握していることはまずないため、使う機会がほとんどありません。しかし、この機能は、空白セルを同時選択したいときには大いに役立ちます。空欄がある表を範囲指定してから、「Ctrl」＋「G」。そして「ジャンプ」ダイアログの「セル選択」ボタンをクリックします。

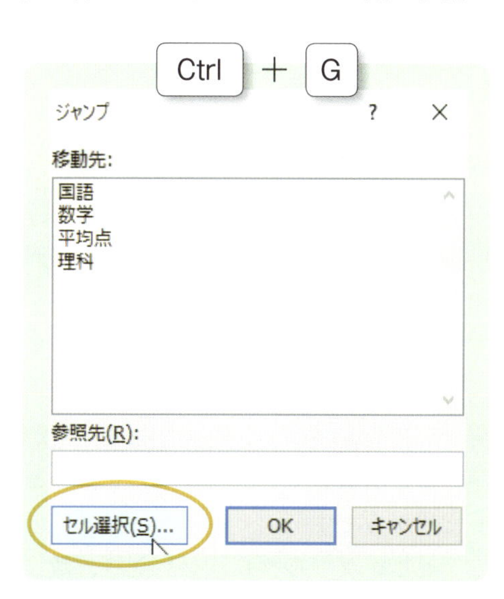

すると、「選択オプション」が表示され、その中に、「空白セル」という項目があります。ここにチェックを入れて「OK」ボタンを押せば、空白のセルが同時選択される、というわけです。

「選択オプション」のメニューには、「空白セル」の他、「コメント」「数式」「条件付き書式」など、さまざまなものが用意されています。この機能を知っておけば、特定のセルを探して、入力やデータの確認を行う作業が、大いに効率化します。

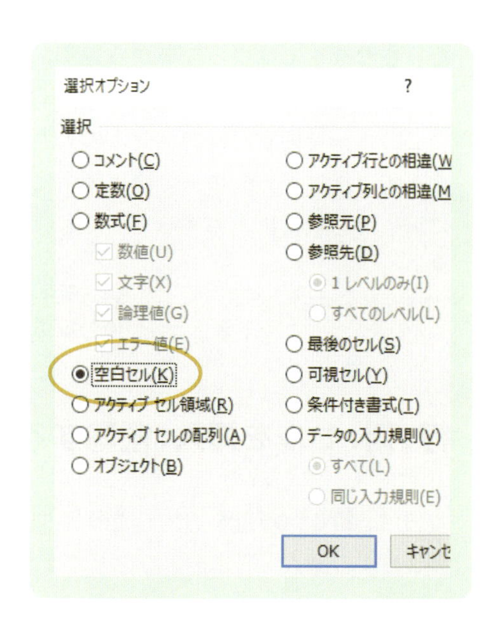

6-5

表を修正するときの手間を劇的に減らすコツ

入力したセルを編集する

Excelのデータは、一度入力して終わり、というのはまれです。入力ミスの修正はもちろんですが、住所録で引っ越した人のデータをアップデートする、業績表で最新の成績を反映するなど、**繰り返し修正を行います**。また、以前、ある顧客に作成したファイルを手直しして別の会社に再利用する、ということも多いでしょう。

しかし、Excel のセルの入力内容を修正するのは、少々、やっかいです。セルを選択してそのまま入力を行うと、元のデータが上書されて消えてしまうからです。

セルをダブルクリックしたり、数式バーをクリックしてセルの入力内容を編集するのはやはり面倒。キーボードとマウスの間で、手を行ったり来たりさせなくてはならないからです。

ここで使えるのが「F2」。セルを「編集」モードに切り替えられます。

このキーを押すだけで、セルの入力内容の一番後ろにカーソルを表示できます。後は、方向キーで修正箇所に移動して修正を行うだけ。空白セルにデータを最初に入力するときにも、使うことができます。

F2 ＝ セルの編集モードに切り替える

行、列、セルを挿入、削除する

表に、新しい項目を追加したり、古い項目を削除したりするために、行、列、セルの挿入、削除をすることがよくありますが、そのやり方によって、生産性に大きな差がついてしまいます。

一般的なのは、右クリックして、表示されるメニューから「挿入」「削除」を選ぶ方法ですが、マウスは細かい操作が苦手なため、やはり面倒です。

こんなときは、「Ctrl」＋「＋」で挿入、「Ctrl」＋「－」で削除が、一発でできます。ちなみに、行、列を挿入・削除したいときは、行、列を範囲指定した状態で、これらのショートカットキーを押してください。

このショートカットキーを押す場合の「＋」「－」は、テンキーを利用するのがうまい方法です。なぜならテンキーだと、「＋」「－」はキーボード右端にあるのでタッチタイピングがしやすいです。また、ノートの場合だと、「＋」は「Shift」＋「;」を押さないと入力できないキーなので、面倒。テンキーがない場合は外付けのテンキーを用意することをお勧めします。

Ctrl ＋ ＋ ＝ 挿入を行う

Ctrl ＋ － ＝ 削除を行う

入力した行、列、セルの位置を変更する

入力作業を行っていて、**隣の列に文字を入力してしまったとか、違う行に数字を入力してしまった、というミスをすることがあります**。間違えて入力したセルを消去して、改めて正しいセルに入力し直すのは、効率が悪いと言わざるを得ません。

間違えて入力したセルをコピーして、正しいセルに貼り付ける方法は、入力をやり直さずにすみますが、①コピーをして、②正しいセルを選択して、③貼り付けを行う、という３つの作業が必要になります。

こんな場合は、セルをドラッグ＆ドロップすることで、簡単に入力したセルの位置を変更できます。セルの上にマウスのポインターを移動すると、ポインターの形状が次の写真のように替わります。この状態でドラッグ＆ドロップすれば、好きな場所に入力したデータを移動できるのです。

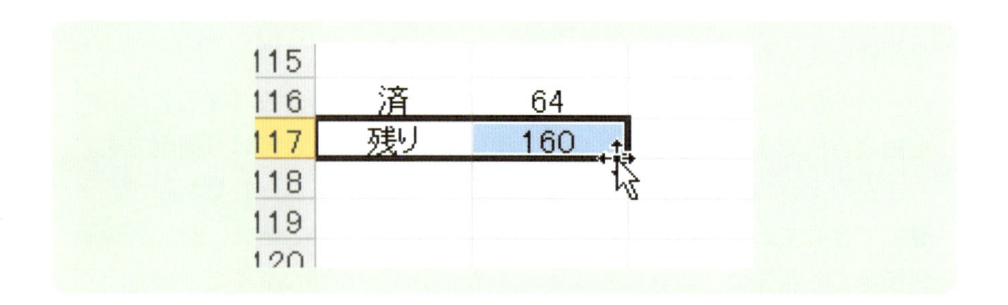

ただし、この方法だと、移動した先のセルにすでにデータが入力されていた場合、上書されて元のデータが消えてしまいます。元のデータを位置をずらして残したい場合は、同じ操作を「Shift」を押しながらやると、「空白のセルを挿入して、そこにセルを移動する」という操作になり、元にあったデータを上書きすることがありません。

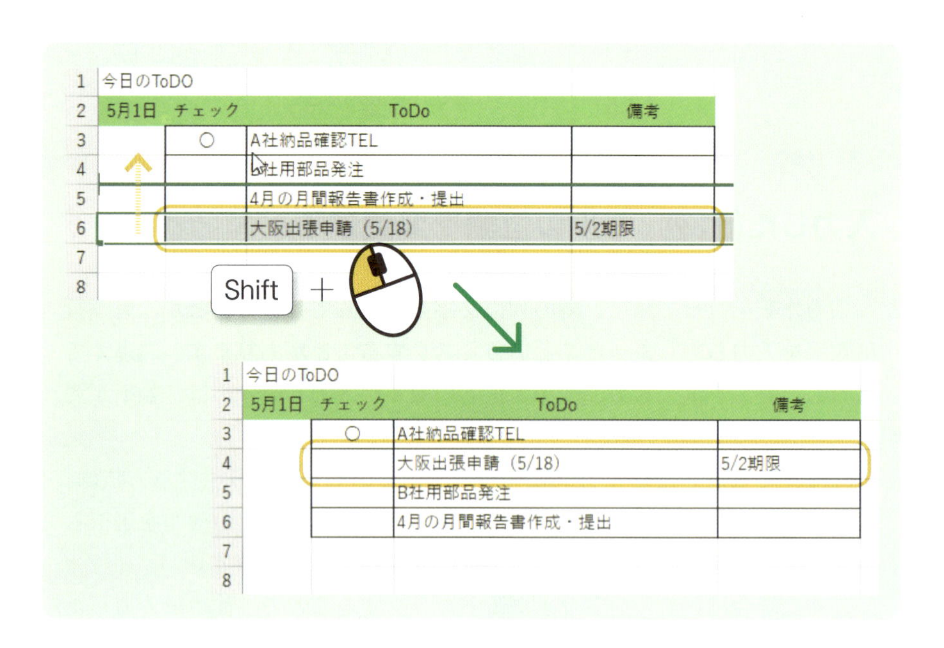

また、「Ctrl」を押しながら同じ操作をすると、「元のデータをコピーして、貼り付ける」になります。

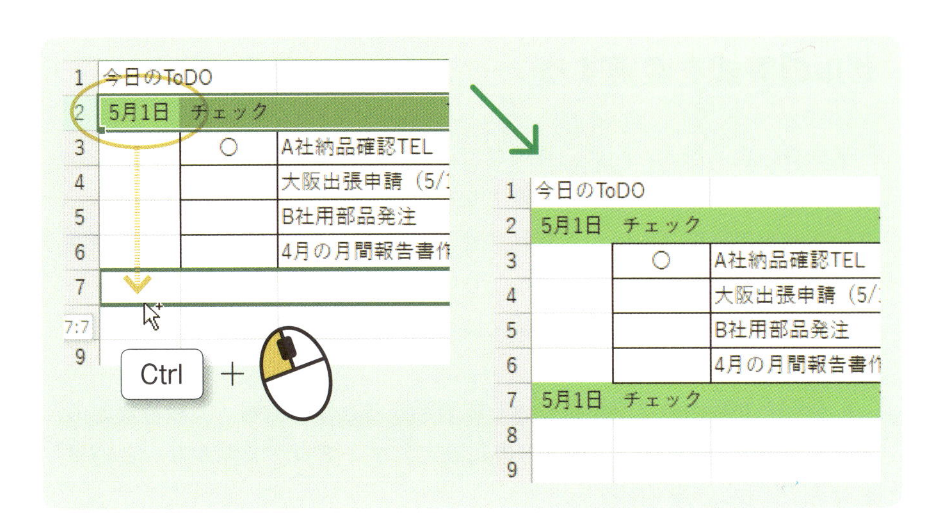

「Ctrl」と「Shift」を両方押して、「空白のセルを挿入して、そこに元のデータをコピーして貼り付ける」という合わせワザも可能です。これらのやり方でデータの並び順を、自由自在に変更できます。

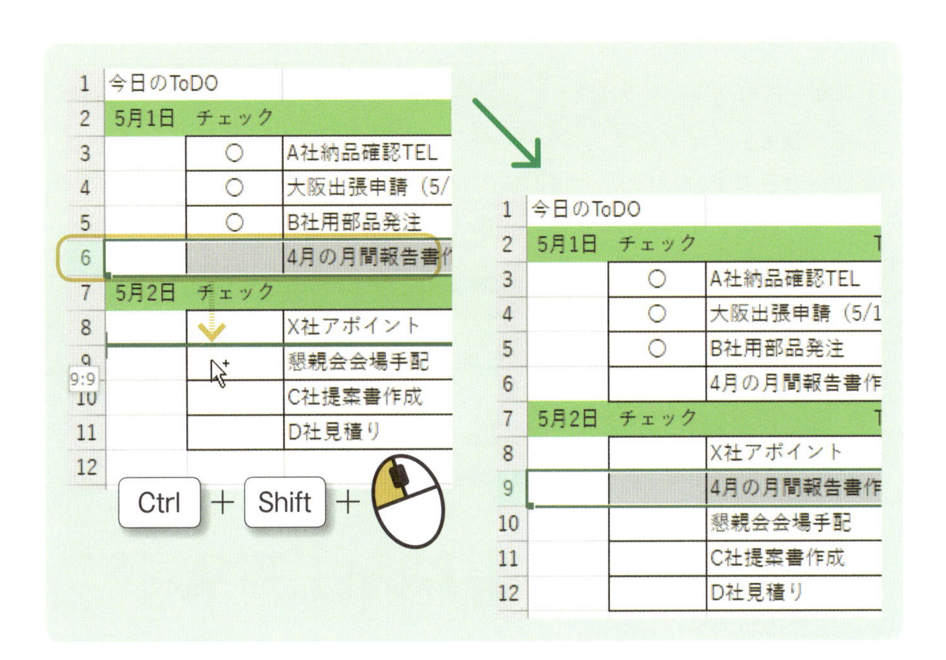

セルの書式を変更する

データの表示形式、配置、罫線など、セルや行、列の書式設定は繰り返し行う操作です。ちょっとした変更なら、リボンのツールボタンをクリックした方が手っ取り早いかもしれません。あるいは、文字列・数値を範囲指定したり、セルを右クリックしたりすると、そのすぐそばに書式のツールバーが表示されます。これを使えば、マウスのポインターを大きく移動させる必要もありません。

しかし、**セル内の文字を折り返して表示するとか、太線、二重線などの詳細な設定を行うには、「セルの書式設定」ダイアログを開かないといけません**。いちいち右クリックのメニューから「セルの書式設定」を選ぶのはやはり面倒です。

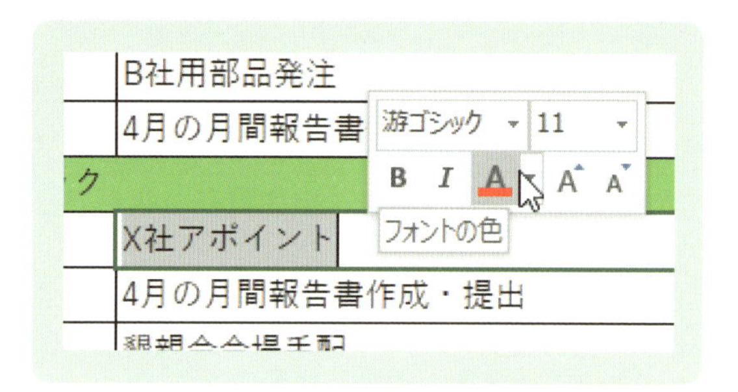

ここでもショートカットキーを使うのが効率的です。「Ctrl」+「1」を押すと、サッと「セルの書式設定」ダイアログを表示できます。ただし、この「1」は、キーボード左上にある「1」。テンキーの「1」は使えないので、ご注意ください。

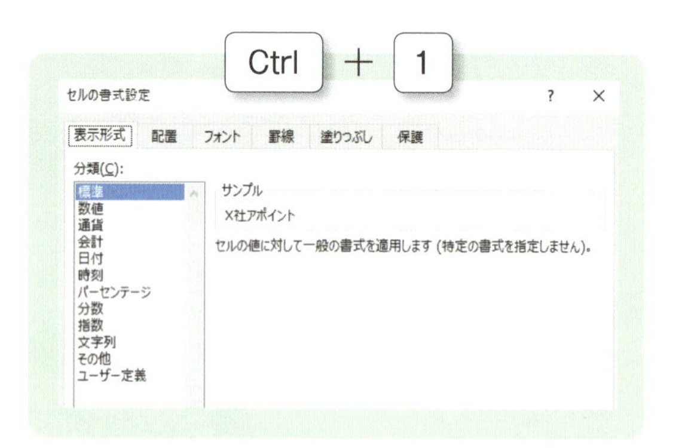

Ctrl ＋ 1 ＝「セルの書式設定」ダイアログを開く

同じ修正作業を繰り返す

Excel では、同じ操作を繰り返し行う、ということがよくあります。例えば、ToDo リストで、項目のセルを選択して、リボンの「セルの背景色」ボタンをクリックして色を付けることで、チェックずみであることを表す場合です。

こうした同じ操作を繰り返し行う必要があるときに使えるのは、「F4」。直前の操作を繰り返す、というショートカットキーです。

右手のマウスでセルの選択をし続け、左手の人差し指でキーボードの「F4」を押せばよいので、一連の操作をマウスだけでやるよりもはるかに効率がアップします。

そして**「F4」は、「セルの書式設定」ダイアログとの相性が抜群です**。

例えば、①セルに背景色をつけ、②文字の色を変更するという場合、①、②をダイアログでまとめて行うと、「F4」一発でこれら2つの作業を繰り返すことができます。ダイアログを開いてから、「OK」ボタンを押してダイアログを閉じるまでに行った複数の設定を1つの操作とみなしてくれるのです。

F4 ＝ 直前の操作を繰り返す

2種類の貼り付け方法の使い分け

Word などの文章を、Excel にコピー&貼り付けするには、2通りの方法があります。

1つは、セルを選択して貼り付けを行う、もう1つは、セルを「編集」モードにして、貼り付けを行う、というものです。

【メリット】
・当社のノウハウを転用できる
・初期投資がほとんどかからない
・粗利率が高く、早期黒字化を期待できる

例えば、前ページのようなWordの文章をコピー&貼り付けする場合を考えてみます。

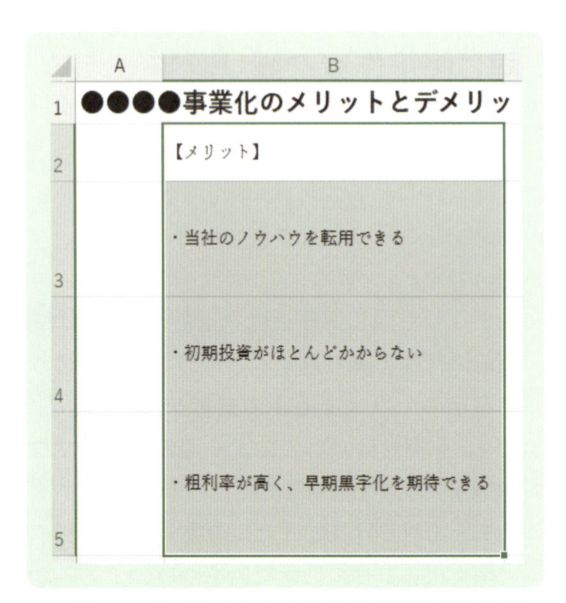

セルを選択して貼り付けを行うと、改行を含む文章は、改行のたびに下のセルに入力されます。こちらは、Wordの箇条書きを、Excelの表に整理する場合などに便利です。

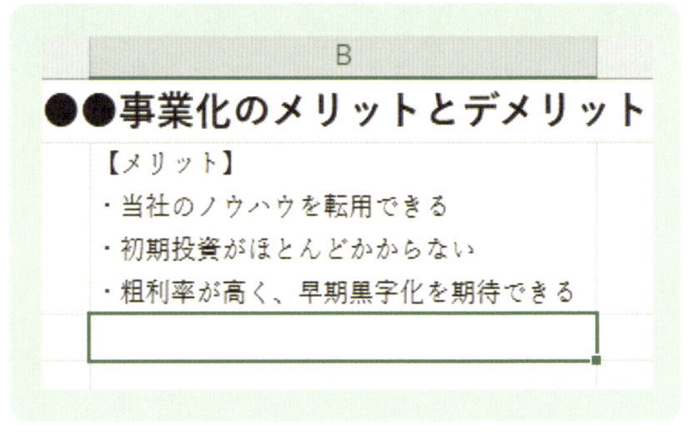

これに対し、セルを「編集」モードにして貼り付けを行うと、すべての文章を1つのセル内に貼り付けるようになります。文章に改行があってもセル内の改行になって1つのセルに収められるのです。また、この場合は、文字データの貼り付けですから、Word上の文章の書式を引きずりません。

ただのコピー&貼り付けなのに、Excelの貼り付け側の指定次第で、貼り付けデータの処理が異なる——このことを理解した上で、2つの方法をケースバイケースで使い分けましょう。**わずらわしい書式の変更や、1つのセルに収めたいのに、複数のセルに分かれてしまった場合の対応などがなくなり、仕事が大いにはかどります**。

なお、Excelでセルのコピーを行うと、ステータスバーに「コピー先を選択し、Enterキーを押すか、貼り付けを選択します。」という表示が出ます。
「Enter」で貼り付けを行った場合は、コピー元の点線の点滅が消え、それ以上、貼り付けはできません。しかし、「Ctrl」＋「V」などで貼り付けを行うと、その後も点線の点滅は続き、繰り返し貼り付けを行うことができます。1回だけの貼り付けなのか、繰り返し行う貼り付けなのかで、使い分けると仕事がはかどります。

セル内で改行する

Excelはセルに文章を打つことも多く、セル内で改行する方法を知らなければ、業務に支障が出てしまいます。**絶対に必要なスキルとして、知らなかった人は、必ず覚えてください**。
セル内で改行する方法は、「Alt」＋「Enter」です。
Wordでは、「Enter」を押せば改行します（厳密に言えば、改段落。p.211参照）。Excelの場合、単に「Enter」を押すと、アクティブ・セルが、「編集」モードになっていても下に移動してしまいます。また、「Shift」＋「Enter」を押すと、アクティブ・セルが、上に移動してしまいます。
こんな挙動になるため、「Alt」を一緒に押す、という別のやり方が用意されているのです。

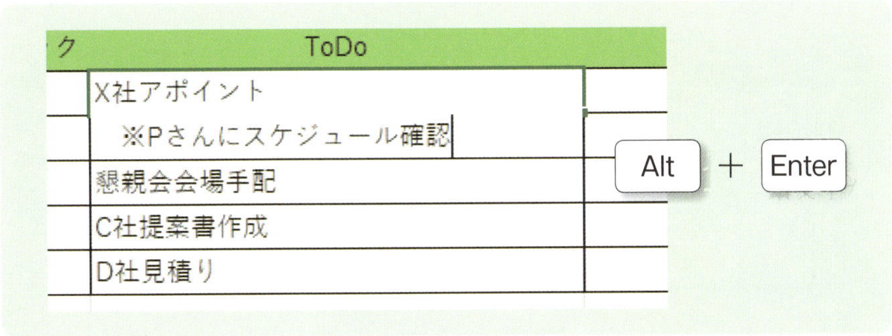

Alt ＋ Enter ＝ セル内で改行する

6-6

「相対参照」と「絶対参照」を使いこなすコツ

「参照」とは何か

Excelを使いこなすために、絶対に避けては通れないのが「参照」です。6-7（p.254）で詳しく説明する**計算式を立てるのに、他のセルの値を組み入れることができる――これが、「参照」**です。

例えば、「=A1」という式なら、A1のデータを参照して引用する、ということ。また、「= A1+A2」という式なら、「A1とA2のデータを参照して、その合計を表示する」ということ。合計を求めるSUM関数で、「= SUM（A1:A8)」という式を立てたとすれば、「A1からA8までのセルの値を参照して、合計を表示する」ということです。

このように、**Excel（表計算）は、セル同士を連携させて、様々な計算式を立てられるのが大きな特長**です。参照するデータが変更されれば、計算結果もそれに合わせて変更されますから、データがアップデートされるたびに、いちいち計算を入力し直す必要がありません。日々、業績数字や業務の進捗状況が変化する仕事との親和性が非常に高いのです。

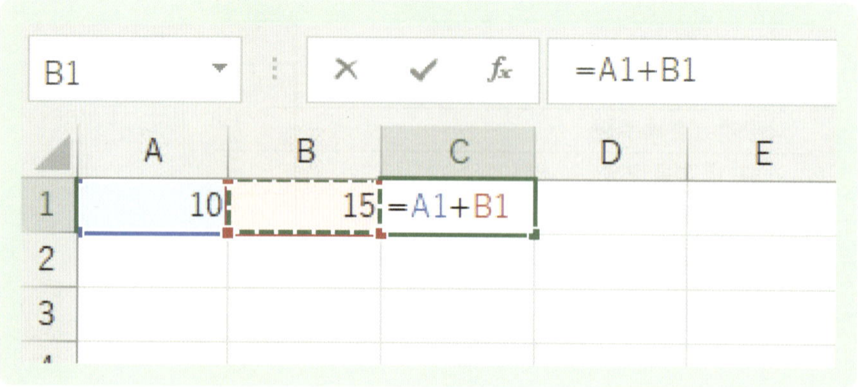

B1　=A1+B1

	A	B	C	D	E
1	10	15	=A1+B1		
2					
3					

「相対参照」と「絶対参照」の使い分け

参照には大きくわけて２種類あります。それが**「相対参照」と「絶対参照」で、Excel の標準は「相対参照」**です。例えば、テスト結果で、５教科の合計点を求める式を作るとします。

	A	B	C	D	E	F	G
1	平成29年度入学試験結果						
2	受験番号	生徒氏名	国語	数学	英語	理科	合計
3	0001	青木勇	81	74	94	90	
4	0002	安部春樹	68	71	80	58	
5	0003	伊藤次郎	55	64	56	45	
6	0004	上田正樹	78	60	71	50	
7	0005	遠藤守	90	87	90	96	
8	0006	大林和彦	65	66	58	94	
9	0007	加藤良	38	42	45	100	
10	0008	木原竜彦	69	71	50	26	

一番上の青木君の合計点を求める式は、「=SUM（C3:F3)」となります。青木君以下の生徒の合計点の欄は、この式をコピー&貼り付けすればよいのです。この方法は知っていると思います。

すると、安部君の合計点の欄には、「=SUM（C4:F4)」と、青木君とは少し違う計算式が入力されます。つまり、計算式が入力されるセルを基準に、「左の４つのセル」を参照して合計するという見方――これが相対参照です。

=SUM(C4:F4)

	D	E	F	G
語	数学	英語	理科	合計
81	74	94	90	339
68	71	80	58	277
55	64	56	45	220
78	60	71	50	259
90	87	90	96	363
65	66	58	94	283
38	42	45	100	225
69	71	50	26	216

Excel では、計算式を 1 つ作って、後はコピー&貼り付けですませられれば都合がよいケースが多いため、標準では相対参照が採用されています。

これに対して、**絶対参照は、計算式が入力されるセルとの位置とは無関係に「このセルを参照する！」と固定してしまう参照の仕方**です。

例えば、次は、日々の営業訪問件数を表にしたものです。

	A	B	C	D	E	F	G
1	営業活動記録2017年3月						
2		訪問件数	月間累計	名刺獲得	月間累計	受注件数	月間累計
3	3月1日	36		3		0	
4	3月2日	45		5		0	
5	3月3日	30		7		1	
6	3月4日	41		6		1	
7	3月5日	18		2		0	
8	3月6日	44		11		2	

3 月 2 日時点の累計訪問件数は、「=SUM（B3:B4)」となります。

これを先ほどと同じように下のセルにコピー&貼り付けすると、3 月 3 日時点が「=SUM（B4:B5)」、3 月 4 日時点が「=SUM（B5:B6)」となってしまいます。2 日目は 2 日分の合計、3 日目は 3 日分の合計……としたいのに、これでは常にその日と前日の合計を求める式になってしまいます。

初日の「B3」は固定にして、ここからその日までの合計を求める式にする――このときの「B3」を絶対参照にします。

絶対参照を表す記号が「$」です。「どのセルにコピー&貼り付けしても、B3 は常に不変」としたければ、ただの「B3」ではなく、「B3」と表して区別します。

「B3」とは、「B という列も、3 という行も両方とも固定する」という意味。「$B3」なら、「B という列は固定するが、行については相対参照」ということを表し、「B$3」なら、「列は相対参照で、3 という行は固定する」ということを表します。つまり、ケースバイケースで、3 通りの絶対参照を使い分けることができます。

B3	**行も列も相対参照**
$B3	**B列は固定、行は相対参照**
B$3	**列は相対参照、3行目は固定**
B3	**B列も、3行目も固定**

この仕組みがわかっていないと、うまく計算式を作ることができません。逆に、以上のことさえわかっていれば、Excel の急所とも呼べる参照の使い方は、完全に理解できたことになります。
「$」は、「Shift」を押しながら「4」を押すと入力できるキーなので、「B$3」などと入力するのは、きわめて面倒です。
そこで、絶対参照に指定するショートカットキーが用意されています。それが、「F4」です。
絶対参照に変えたいときは、計算式が入力されているセルを選択して、「編集」モードにしてから使います。仮に「B3」を絶対参照にするなら、「F4」を押すと、一度目は「B3」と変わります。そして、もう一度「F4」を押すと、「B$3」に変わり、さらにもう一度押すと、「$B3」、さらにもう一度押すと、元の「B3」に戻ります。このように、**「F4」を押す回数によって、相対参照と３種類の絶対参照を使い分けることができる**、というわけです。

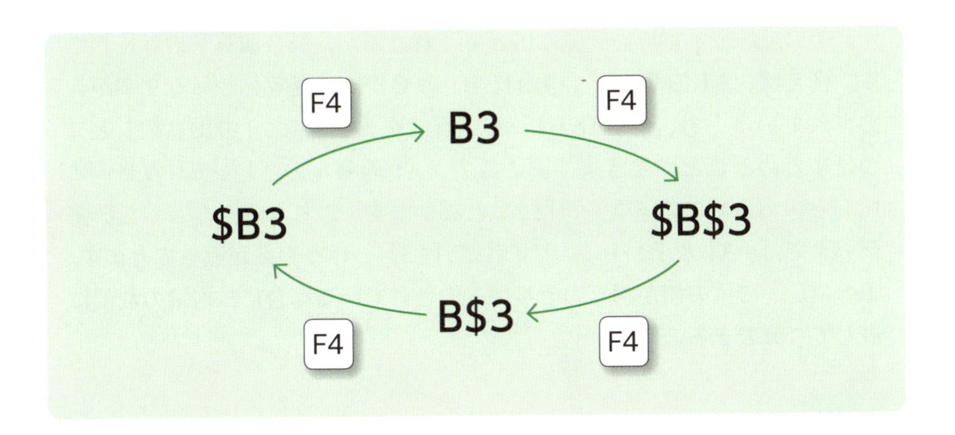

6-7

知らないままだと損する Excelでできる計算方法

「演算子」がわかれば計算の幅が広がる

代表的な「演算子」は「＋」（足す）、「－」（引く）、「＊」（かける）、「／」（割る）の四則計算。しかし、この４つに限りません。

私たちは、四則計算には慣れ親しんでいるため、Excelのために演算子を勉強し直すことはまずありません。しかし、これが、Excelで計算を使いこなせない大きな原因となっています。四則計算以外の演算子を理解すれば、「Excelの計算でできること」がもっと広がります。

① 四則計算以外の算術演算子

Excelは、四則計算以外の計算もできます。例えば、３の５乗という計算。数学なら、3^5と書きますが、これではExcelで入力できません。そこで別の表し方「=3^5」が用意されています。

② 結合演算子

Excelの計算は、いわばデータ処理です。ただの数字の計算に限りません。その意味で、世界を一気に広げてくれるのが、結合演算子の「&」です。例えば、A1のセルに「中山」、B1のセルに「真敬」という文字が入力されているとき、「=A1&B1」という式を入れれば、「中山真敬」と１つにまとめることができます。ここで、A1のセルに「1」、B1のセルに「2」と入力されているなら、「12」となります。これもれっきとした数値データで、「=A1 & B1 + 1」とすれば、「13」という答えが返ってきます。十の位、一の位の値が別々のセルに入力されている場合に、通常の数値に直して計算できるのです。

③ 比較演算子

Excelは、セルの値によって処理を分けたり変えたりすることができます。いわゆる「条件分け」「場合分け」です。

一番わかりやすいのが、「10より大きい場合」といった条件でしょう。小学校で習った不等式と同じで「> 10」と表せばOKです。ただ、「以上／以下」を表す場合、半角英数に「≧」「≦」という記号がないので、これらを2つに分け、「≧」なら「>=」、「≦」なら「<=」と表します。同様に、「≠」（ノットイコール：等しくない）も半角英数文字にはないので、「<>」（＝以外）と表します。

主な演算子

算術演算子	内容
＋　（プラス記号）	足す
－　（マイナス記号）	引く
＊　（アスタリスク）	かける
／　（スラッシュ）	割る
^　（キャレット）	べき算（○の△乗）
比較演算子	**内容**
＝　（等号）	右辺と左辺が等しい
>　（～より大きい）	左辺が右辺より大きい
<　（～より小さい）	左辺が右辺より小さい
>＝　（～以上）	左辺が右辺以上
<＝　（～以下）	左辺が右辺以下
<>　（不等号）	左辺と右辺が等しくない
結合演算子	**内容**
&　（アンパサンド）	データの結合/連結

計算式を入力するときのルールと裏ワザ

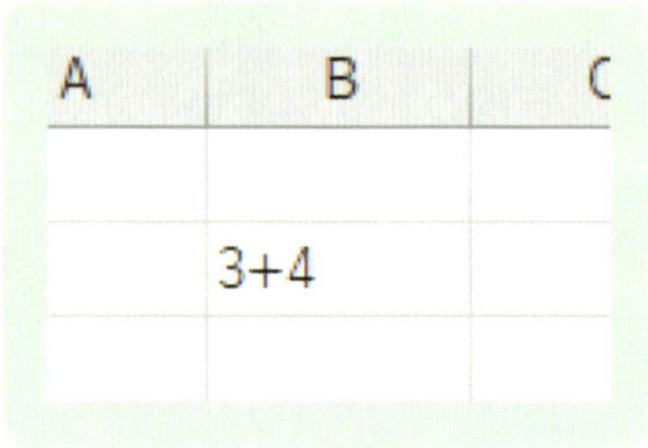

セルに計算式を入力するには、1つだけルールがあります。それは、「**計算式の先頭に、『＝』をつけなければならない**」ということです。

例えば、セルに「3+4」とだけ入れても、セルには計算結果でなく、「3+4」というそのままの文字が表示されます。

これは「3+4」を文字列とみなしたということで、計算式をそのまま表示したということではありません。先頭に「＝」をつけることで、Excelは式が入力されたと判断し、計算を行うという仕組みになっています。

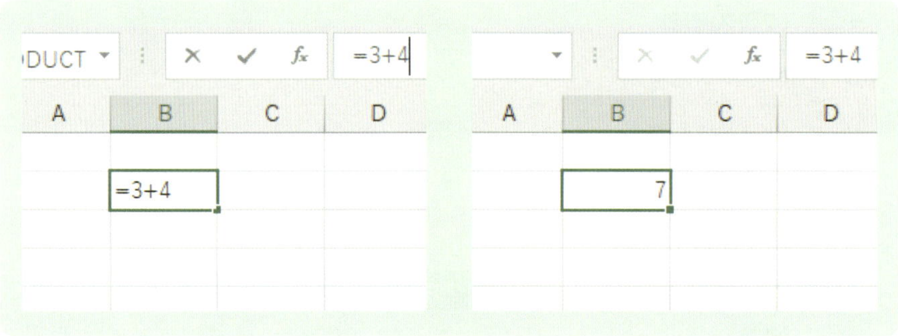

ただし、問題は、この「＝」の入力が意外に面倒だということです。

というのも、「＝」はテンキーの中にはありません。しかも、「Shift」＋「-」（「0」の右隣のキー）を押さないと入力できないので、簡単に押せるとはいえません。電卓のようにテンキーでサッと計算式を入力したくても、いちいち右手をキーボードの文字部分に移動しなければならず、何とも非効率です。

そこで、**「＝」を使わずに計算式を入力する、「裏ワザ」的なテクニックがあります。それが、「＋」を計算式の先頭につけるというもの**です。すると、

Excel は計算式と認識して、計算結果をセルに示してくれます。同じやり方でセルの参照も可能。あっという間に計算式の入力がすんでしまいます。

これまで、計算式を入力するには、「＝」を入力しなければならず、そのために入力のスピードが大いに損なわれていたはずです。しかし、これからは、面倒な「＝」なんて入力しないでよいのです。

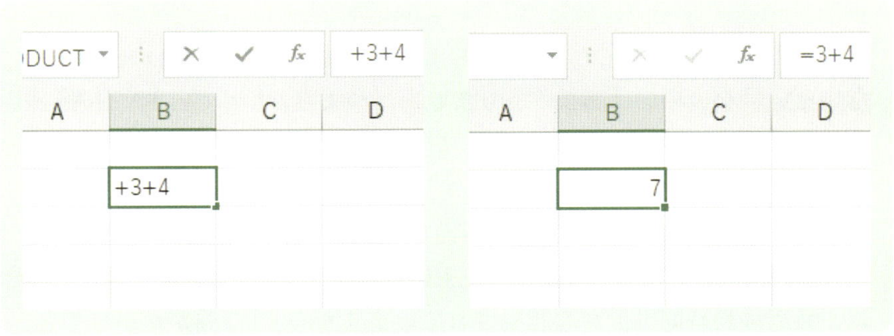

(　　)を使った計算式を立てる

小学校で教わった通り、四則計算は、「＊（かける）」「／（割る）」を先に行い、「＋」「－」は後で行います。これは Excel でも変わりません。

例えば、(3+5) ÷ 2 のように、足し算を先に行ってその合計を割りたい場合は、「= (3+5) /2」と（　）を用います。これは、算数や数学と同じルールなので、容易に理解できるはずです。

Excelの場合、異なる点は、使用する（　　）が1種類だけだということです。算数や数学では、[　] (大かっこ) や { } (中かっこ) を合わせ、3種類の（　）が使用できましたが、Excelの計算式では、[　]や { } を使ってもエラーが出るだけです。

Excel ではすべて (　) 1 種類で、複雑な式を立てられます。例えば [{(3 × 4+1) × 2+1} × 1.08-10] × 50+1000 という式なら、「= (((3*4+1) *2+1) *1.08-10) *50+1000」となります。

6-8

「関数」で生産性を上げるコツ

「関数」は生産性を上げる手段

大半のビジネスパーソンは、計算といっても四則計算以外の計算をしないといけない場面はあまりありません。つまり、「＝（A1+A2+A3 + A4……）/（B1+B2+B3 + B4……)」といった具合に、普通に計算式を立てれば、何とかなります。

しかし、これだけでは、面倒な場面がよくあります。仕事は生産性が重要で、一定の時間にどれだけ成果を上げられるかで評価が決まります。特に、最近は長時間労働が問題視されていますから、「時間がかかっても、別にかまわない」という考え方は通用しません。

Excelにおいて生産性を大きく上げられる手段が関数です。例えば、「A1からA20までを足す」と指定すれば、いちいちセルを指定して足し算をする手間が省けます。**関数とは、こうした「よくやる計算のパターン」を「型」にして、入力を効率化する手段**だと、まずは理解してください。

最初に覚えるとすればSUM関数

Excelにはたくさんの関数が用意されていますが、圧倒的によく使うのは合計を求める「SUM関数」です。

そもそも、**関数を覚えるといっても、一度にたくさんの関数を詰め込んだところで、なかなか身に付けられるものではありません。「面倒だな」と思ったとき、必要に応じて1つずつ覚えていきましょう**。実践を重ねながらの方が、自然と覚えられるものです。

SUM関数は、一番よく使う関数だけに、リボンの「ホーム」タブには、「Σ」ボタンというSUM関数専用のボタンが用意されています。

「Σ」ボタンをクリックすると、セルに「=SUM()」という関数が入力され、(　　)の中には合計するセルの範囲の候補を「:(コロン)」で区切って示します。同時に、そのセルの範囲は点線で点滅して、わかるようになっています。それでよければ「Enter」を押して完了、違えば、ドラッグして範囲指定をやり直し、最後に「Enter」を押すだけです。

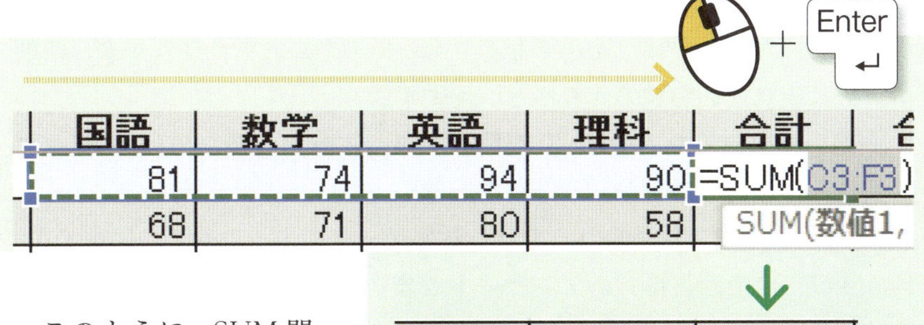

英語	理科	合計
94	90	339

このように、SUM関数は初心者でもマウスで簡単に使いこなすことができます。しかし、入力作業を行っているときに、いちいちキーボードの上の手をマウスに移して、マウスを操作するのは面倒です。しかも「Σ」ボタンは、リボンの右端の方にありますから、マウスを大きく動かさなくてはなりません。

Excelには、文字の一部を入力すれば、関数や過去に入力した文章を候補として表示する、「オートコンプリート機能」があります。例えば、「=S」とだけ入力すれば、「S」で始まる関数が一覧表示されます。これだけでもずいぶん入力の効率はアップします。しかし、SUM関数には、ショートカットキーが用意されています。それが、「Alt」+「=」です。

Alt ＋ = ＝ SUM関数を入力する

COUNT関数、COUNTA関数〜
データの個数をカウントする

「Σ」ボタン右の「▼」をクリックして表示されるメニューでは、「合計(SUM関数)」の次に「平均」があります。「AVERAGE関数」という関数ですが、使い方は、SUM関数と同じで、セルの範囲を指定すれば、その中のセル数で割った数値の平均値を計算してくれます。

その次に「数値の個数」とあるのが、「COUNT関数」です。これは、範囲指定した中に「データの個数」がいくつあるかを数えてくれるものです。いちいち自分で個数を数えなくてもよいので、非常に便利です。四則計算では表せない関数の代表格といえます。

一見、簡単そうな**COUNT関数ですが、注意が必要なのは、「データの個数とは、何のことか」**ということです。

COUNT関数で数えられるのは、数値データの入ったセルの個数です。Excelで、自由回答形式のアンケートをまとめて、その回答数（つまり、文字列データ）をCOUNT関数で数えたとしても、その結果は0。また、数値データの入ったセルの個数なので、空欄になったセルはカウントしてくれません。

文字の入ったセルもデータとして数えたい、ということなら、別の関数を使う必要があります。それが、「COUNTA関数」です。

紛らわしくて、覚えにくく感じられますが、**「COUNTA」の「A」は、「All」の頭文字と捉えて、「数値でも文字でもかまわないから、全部数える」**ということだと意味づけると覚えやすいはずです。

COUNT（範囲指定）
＝ 範囲指定した中で数値データの入ったセルの個数を数える

COUNTA（範囲指定）
＝ 範囲指定した中でデータ（文字含む）の入ったセルの個数を数える

MAX関数、MIN関数～最大値、最小値を求める

「数値の個数」の次にあるのが、最大値、最小値をそれぞれ求める関数です。最大値を求めるのが「MAX 関数」、最小値を求めるのが「MIN 関数」です。(　) 内で範囲指定して、その中の最大値、最小値がいくつなのかをそれぞれ示してくれます。これもまた、四則計算ではできない計算なので、ぜひ覚えておきたいものです。

MAX（範囲指定）＝範囲指定した中の最大値
MIN　（範囲指定）＝範囲指定した中の最小値

その他の関数の入力方法

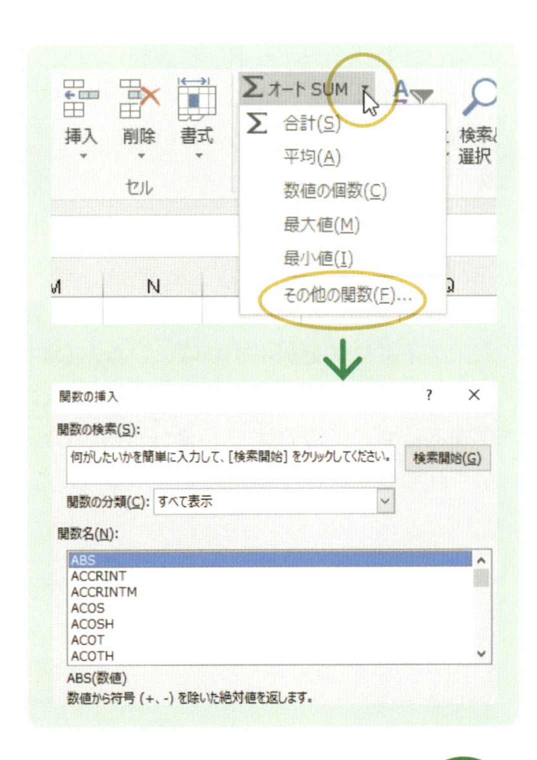

メニューにない関数を使いたいときは、「その他の関数」を選びます。すると、「関数の挿入」ダイアログが表示されます。

関数をクリックして選ぶと、簡単な説明が表示されます。これを見れば、どんな関数なのかがわかります。また、使いたい関数をキーワードで検索することもできます。

例えば、「販売価格」×「利益率」×「個数」という利益計算を行う場合、範囲指定したセルをかけ算す

る、という関数がないか調べるとします。このとき、「積」というキーワードで検索すると、「PRODUCT」という関数が見つかります。

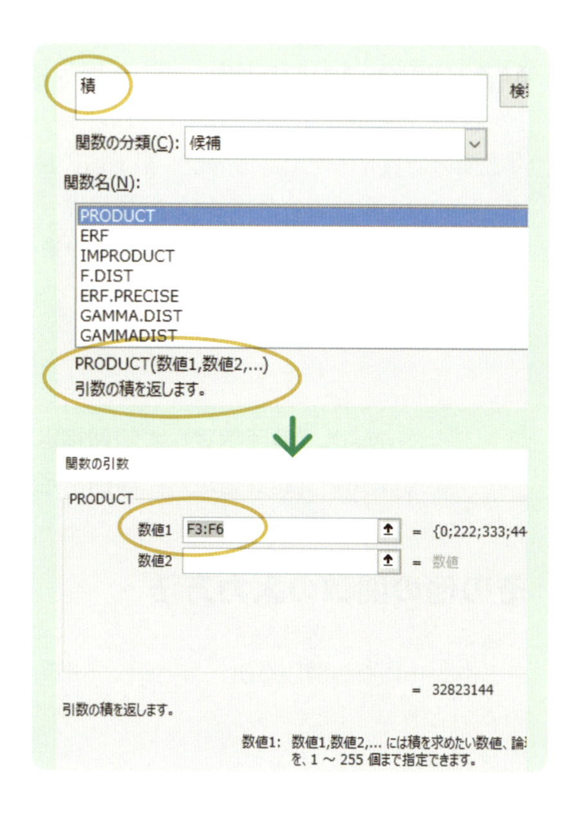

この「PRODUCT」を選択して、「OK」をクリックすると、セルに関数が入力され、「関数の引数」ダイアログが表示されます。「数値 1」という入力欄には、セルの番地を入力するのですが、わざわざキーボードでセルの番地を入力する必要はありません。マウスでドラッグして、「ここからここまで」と指定すれば、そのセルの範囲が「数値 1」の入力欄に入力されます。

このように、**たくさんの関数を事前に覚えておかなくても、「関数の挿入」ダイアログを利用すれば、いろんな関数を使えます。必要に応じて関数を 1 つずつマスターしていけば、あなたの Excel スキルは着実にアップするはず**。一度覚えてしまったら、「=PR」と途中まで打てば候補が表示されるので、素早く入力できるようになります。

【用語解説】引数

関数が使用する数値や条件のこと。代表例は、参照するセルの範囲指定。

COUNTIF関数～条件に合ったデータを数える

リボンの「Σ」右の「▼」ボタンをクリックして表示されるメニューは以上です。しかし、それ以外にもぜひ覚えておきたい関数がいくつかあります。その1つが「COUNTIF関数」です。

仕事で、よくあるのに面倒で、しかもミスが起きやすいのは、「テストで80点以上の人数」「訪問件数が100件を超えた営業パーソンの数」、「売上100万円以上の大型受注の数」「Yesと回答した人間は何人だったか」といった「条件に合ったデータを数える」場合です。

こんな場合に役立つのが、COUNTIF関数というわけです。

例えば、「Yes」という回答がいくつあったかを数える、という場合で考えてみましょう。

「=COUNTIF（B3:B25,"Yes")」と、（　）の中に、対象となるセルを範囲指定し、途中で「,」で区切って、条件を入力するだけです。条件が文字列の引数なら、「"」で囲みますが「2」という回答の数なら、「=COUNTIF（C3:C25,2)」とすればOKです。

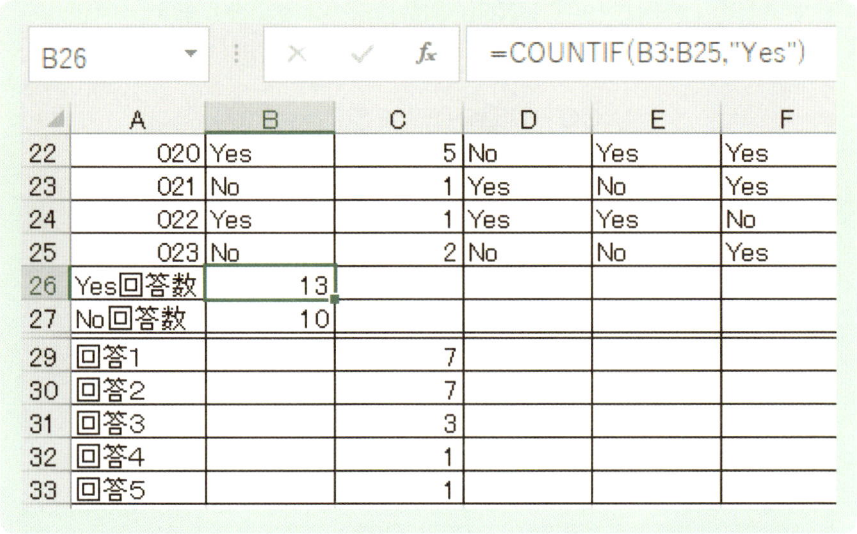

B26 =COUNTIF(B3:B25,"Yes")

	A	B	C	D	E	F
22	020	Yes	5	No	Yes	Yes
23	021	No	1	Yes	No	Yes
24	022	Yes	1	Yes	Yes	No
25	023	No	2	No	No	Yes
26	Yes回答数	13				
27	No回答数	10				
29	回答1		7			
30	回答2		7			
31	回答3		3			
32	回答4		1			
33	回答5		1			

次は、「英語の点数が 80 点以上の受験生」を数える COUNTIF 関数を考えてみましょう。

N3 =COUNTIF(E:E,">=80")

平成29年度入学試験結果

受験番号	生徒氏名	国語	数学	英語	理科	社会	合計	合否
0001	青木勇	81	74	94	90	55	394	合格
0002	安部春樹	68	71	80	58	72	349	合格
0003	伊藤次郎	55	64	56	45	64	284	合格
0004	上田正樹	78	60	71	50	40	299	合格
0005	遠藤守	90	87	90	96	56	419	合格
0006	大林和彦	65	66	58	94	91	374	合格
0007	加藤良	38	42	45	100	82	307	合格
0008	木原竜彦	69	71	50	26	54	270	不合格
0009	工藤達也	92	89	96	85	48	410	合格
00010	小林茂	100	80	94	76	52	402	合格
00011	佐藤一郎	85	57	100	53	78	373	合格
00030	篠田光	34	25	26	21	45	151	不合格
00031	住吉幸吉	91	60	71	56	46	324	合格
00032	曽根和興	70	64	85	58	55	332	合格
00033	立花大輔	65	100	92	94	62	413	合格
00034	千葉一郎	62	68	68	62	71	331	合格
00035	徳川家音	58	94	100	88	94	434	合格

	国語	数学	英語	理科	社会
80点以上			23		

覚えておきたいのは、条件の指定は、数式でもかまわないということ。**数式で条件を指定する場合も、文字列と同様、条件の前後に「"」をつけるというルール**があります。

すると、上の例だと COUNTIF 関数は次のようになります。

COUNTIF(E3:E○,">=80")

この他、複数の条件に合ったデータを数える「COUNTIFS 関数」や、条件に合ったデータの数を数える「SUMIF 関数」、条件分けをして、条件に合った場合とそうでない場合で表示する内容を変える（例えば、テス

【用語解説】文字列の引数

Excelの関数では、文字列を引数として使う場合は、先頭と最後に「"」をつけて区別する仕組みになっています。

トの合計点が 280 点以上なら「合格」と表示し、そうでなければ「不合格」と表示するなど)「IF 関数」など、いろいろなものがあります。

これらの関数は、使い方を理解すると非常に便利ですが、実際に使っている人はそれほど多くなく、「社会人として絶対必要」とまでは言えません。しかし、必要なときに試行錯誤しながら式を立てていけば、理解できるはずです。スキルアップを目指す人はぜひチャレンジしてみてください。

「時間の計算」で知っておきたいこと

仕事では、時間の計算を行うことがよくあります。「労働時間の合計を計算する場合」や「納期までの残り日数を計算する場合」などがそうです。しかし、**Excel では、これまで紹介した数値の計算と同じように、時間の計算をするには、注意が必要です**。

時間の合計を計算したいとき

例として、Excel で勤務時間表を作成するケースを挙げてみます。

次の写真は、月曜日～土曜日まで、毎日の勤務時間を各セルに入力して、「合計」で 1 週間分の勤務時間を計算しようとしてみたものです（読者の方は、休日出勤はしないように気を付けましょう…）。「合計」の右のセルには「=SUM(B3:B8)」という計算式を入力しているのですが、求めたい「49:30」という合計時間は表示されず、「1:30」と表示されてしまいます。

B9　=SUM(B3:B8)

	A	B
1	勤務時間表	
2		勤務時間
3	月	8:00
4	火	9:30
5	水	8:30
6	木	8:00
7	金	9:00
8	土	6:30
9	合計	1:30

こうなってしまう原因は、Excel の標準では、

時間の計算をするとき、**24時間を過ぎると、それまでの合計を「0:00」にリセット**してしまうからです。例えば、「23:00」＋「3:00」という計算をすると、「26:00」となるはずが、「2:00」と割り出してしまいます。

正しく時間の合計を表示させるには、「セルの書式設定」ダイアログを開き、設定の変更をしなければなりません。計算を正したいセルを選択して、「Ctrl」＋「1」で「セルの書式設定」ダイアログを開き、「表示形式」

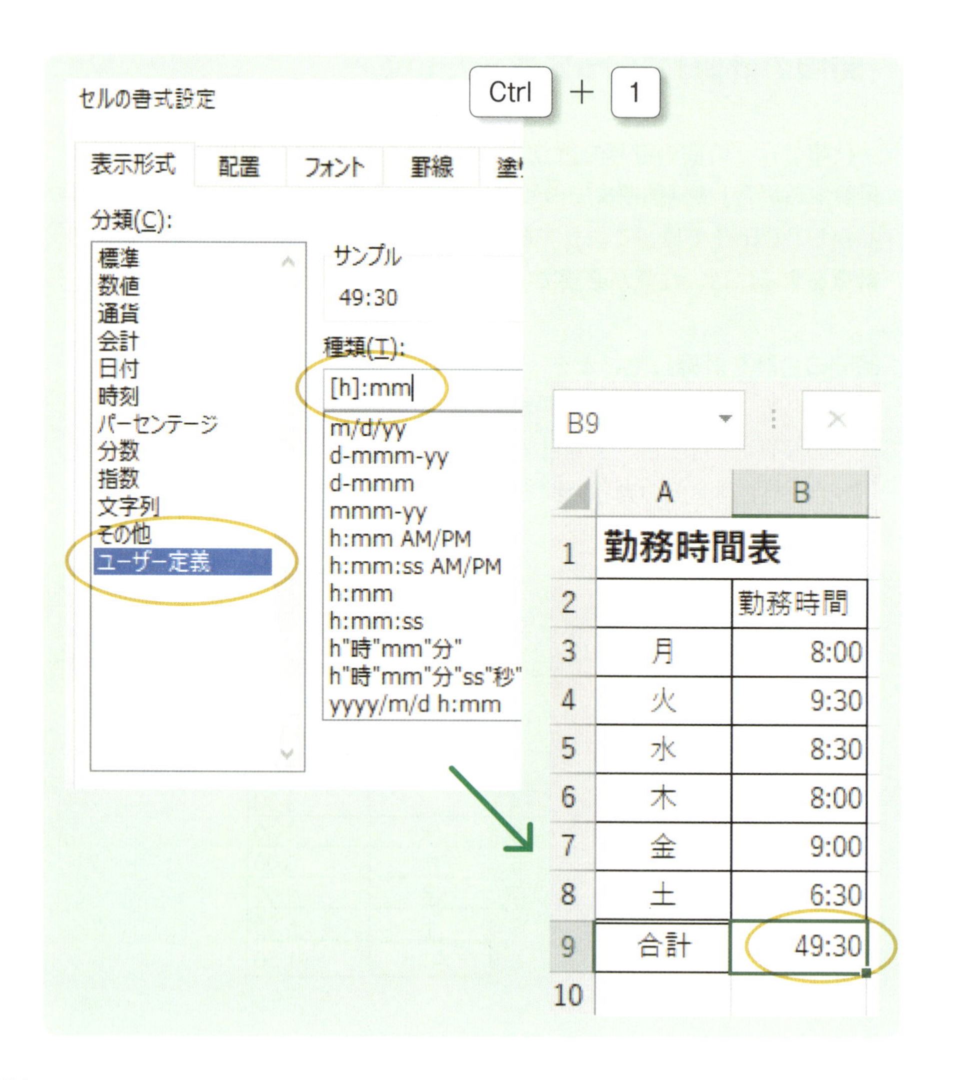

タブをクリックします。「分類」にある「ユーザー定義」という項目を選択して、「種類」の入力欄に、「[h]:mm」と入力しましょう。

この**「[h]」の部分が、「24時間でリセットせず、そのまま表示する」ということを意味**しています。「[h]:mm」と入力したダイアログを「OK」をクリックして閉じれば、さきほど「1:30」と表示されていたセルに、「49:30」と正しい計算結果が表示されるようになります。

日数の計算をしたいとき

納期までの「残り日数」などを計算したいときはどうすればよいのか――**日付に関する関数、「TODAY関数」を覚えておきましょう**。TODAY関数は引数が不要で、「=TODAY()」とだけセルに入力しても、エラーが出ず、今日の日付を表示してくれます。

TODAY関数は、他の関数と同様に、計算式に組み入れることもできます。「提案書の納期である2017年4月17日まで、今日からあと残り何日あるか」という計算をしたいなら、「2017/4/17」という日付をどこかのセルに入力します（次の写真ではC2）。そして求める日数を表示させたいセルに、「=C2-TODAY()」と計算式を立てれば、日が変わっても、常に今日から納期までの日数が表示されます。

なお、この計算式を入れるセルの表示形式は必ず「数値」にしてください。「セルの書式設定」ダイアログの「表示形式」タブにある「数値」に設定されていないと正しい日数が表示されないので注意しましょう。

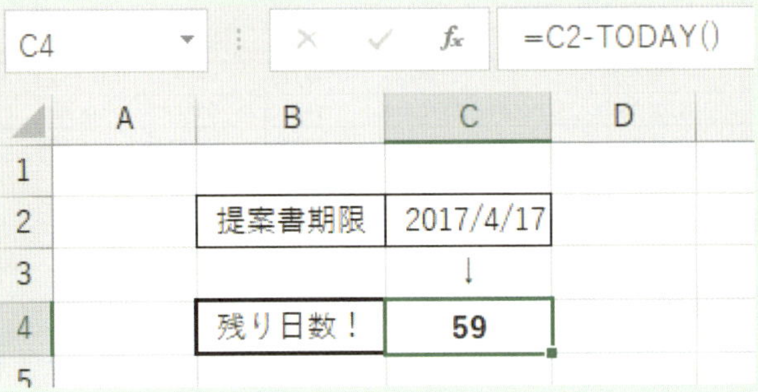

C4　=C2-TODAY()

	A	B	C	D
1				
2		提案書期限	2017/4/17	
3			↓	
4		残り日数！	59	
5				

6-9

「串刺し集計」で大量なデータを一気に集計

「串刺し集計」とは何か

「串刺し集計」は、Excelの真骨頂とでもいうべきテクニックで、集計作業の効率が大幅にアップします。

Excelで、アンケートの回答や各営業拠点の業績数字などの集計作業を行う場合、1つのブック（ファイル）の中に、複数のワークシートを作って、それぞれのワークシートにデータを入力するのが一般的です。このとき、各ワークシートで共通する数字データは、同じセル番地に入力しましょう。**串刺し集計とは、複数のワークシートをまたいで、同じセル番地に入力されたデータの合計を求めるテクニックです**。

具体的な事例として、シート1が東京本社、シート2が大阪支社、シート3が名古屋支社……と、各拠点の業績数字がワークシート1枚ずつにまとめられているファイルで考えていきます。

東京本社2017年上半期業績報告書　（単位：千円）

	1月	2月	3月	4月	5月	6月	上半期計
売上高	768,146	691,012	876,511	725,318	854,166	912,435	4,827,588
オフィス料等	52,168	52,168	52,168	52,168	52,168	52,168	313,008
人件費	235,468	235,711	235,411	258,255	254,505	845,614	2,064,964
仕入原価	168,452	172,510	195,642	174,365	168,257	184,365	1,063,591
営業費	104,322	105,354	112,849	121,610	85,772	101,135	631,042
その他支出	1,248	1,544	1,322	3,145	3,114	1,588	11,961
営業損益	206,488	123,725	279,119	115,775	290,350	▲ 272,435	743,022

東京本社　大阪支社　名古屋支社　福岡営業所　仙台営業所　札幌営業所　新潟営業所　全社計

この場合、例えば、各ワークシートのB3のセルには、それぞれの拠点の1月の売上高が入力されています。ですから、「東京本社」「大阪支社」「名古屋支社」……のB3のセルをすべて足し合わせれば、全社の売上高が求められることになります。

「串刺し集計」を行う手順

まず、1つ目のワークシートに、どれかの営業拠点の業績を入力します。1つ目のワークシートを作り終わったら、その**ワークシートをコピー&貼り付けして、シート数を増やしましょう**。こうすると、**すべてのワークシートが自然と、同じセル番地に同じデータを入力できる、共通したフォーマットになるので、串刺し集計を行うには便利です**。そしてどのワークシートがどの拠点の業績かわからなくなることがないよう、ワークシートタブをダブルクリックして、それぞれ名前を付けておきましょう。

各ワークシートに各拠点の業績を入力し終わったら、ブックの最後に、集計用のワークシートを用意します。これには、「全社計」と名前をつけておきます。すると、ウィンドウ左下のワークシートタブは、次のようになります。

7	仕入原価	168,452	172,510	195,642	174,365	168,257	184,365	1,063,591
8	営業費	104,322	105,354	112,849	121,610	85,772	101,135	631,042
9	その他支出	1,248	1,544	1,322	3,145	3,114	1,588	11,961
10								
11	営業損益	206,488	123,725	279,119	115,775	290,350	▲ 272,435	743,022
12								
13								

東京本社　大阪支社　名古屋支社　福岡営業所　仙台営業所　札幌営業所　新潟営業所　全社計

準備完了

「全社計」のワークシートには、各拠点の合計を求める計算式を入れるので、数値欄を範囲指定して「Delete」キーを押し、すべて空欄にしておきます。

	A	B	C
1	全社 2017年上半期業績集計		
2		1月	2月
3	売上高	=SUM()	
4		SUM(数値1, [数値2], ...)	

さて、いよいよ「串刺し集計」を行う式を立てていきます。

確認ですが、B3 のセルには、どのワークシートにも 1 月の売上高が入力されています。すべてのワークシートの B3 を合計すれば、全社の売上が求められることになります。

最初に、「全社計」のワークシートの B3 に、合計を求める SUM 関数を入力します。続いて、データの範囲指定をするのですが、**串刺し集計も、データの範囲指定の方法が違うだけで、基本的には SUM 関数の使い方と同じです**。

串刺し集計のデータの範囲指定は、次のように行います。

まず 1 枚目のワークシート「東京本社」の B3 をクリックして指定。

そして、最後のワークシート「新潟営業所」のワークシートタブを「Shift」キーを押しながらクリックします。

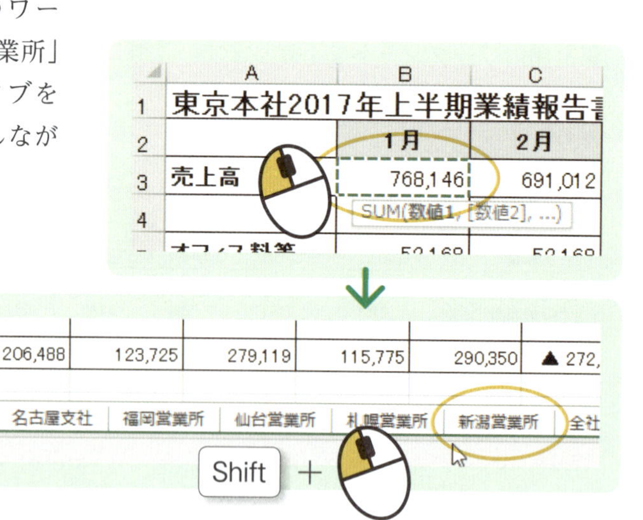

この状態で「Enter」を押すと、「全社計」のワークシートの B3 には、各拠点の 1 月の売上合計が表示されます。要は、① SUM 関数を入力して、②最初のワークシートのセルをクリックし、③最後のワークシートのタブ

を「Shift」キーを押しながらクリック、というたったの 3 ステップです。

ワークシート「全社計」の B3 には、「=SUM(東京本社 : 新潟営業所 !B3)」と入力されます。

B3 で串刺し集計が終わったら、後は、この式を「全社計」のワークシートの他のセルにコピー&貼り付けします。これで、完了です。

B3 =SUM(東京本社:新潟営業所!B3)

	A	B	C	D	E
1	全社 2017年上半期業績集計				
2		1月	2月	3月	4月
3	売上高	2,684,532			

	A	B	C	D	E	F	G	H
1	全社 2017年上半期業績集計							(単位:千円)
2		1月	2月	3月	4月	5月	6月	上半期計
3	売上高	2,684,532	2,400,608	3,137,171	2,556,605	2,770,551	2,979,561	16,529,028
4								
5	オフィス料等	188,253	188,253	188,253	188,253	188,253	188,253	1,129,518
6	人件費	820,851	813,029	823,464	860,768	838,693	2,967,419	7,124,224
7	仕入原価	591,334	599,347	659,194	621,202	562,104	646,012	3,679,193
8	営業費	349,997	351,069	342,894	360,285	284,707	364,760	2,053,712
9	その他支出	5,518	6,169	4,627	11,600	10,844	63,813	102,496
10								
11	営業損益	728,579	442,741	1,118,739	514,497	885,950	-1,250,696	2,439,885

6-6(p.249)で説明した通り、Excel は標準で相対参照します。このため、「全社計」の他のセルにコピー&貼り付けしても、それぞれのワークシートのセル番地を串刺しに集計した数式が入力される、というわけです。

各拠点の 1 月の売上合計を、「全社計」の B3 以外のセルに求める、ということはもちろん可能ですが、相対参照を利用して他のセルにも計算式をコピー&貼り付けすることを考えれば、共通のフォーマットは崩さないようにした方がよいでしょう。

6-10

見やすい「グラフ」を作成するコツ

グラフ作成方法の使い分け

ただの数字の羅列になってしまう表に対し、変化や大きさの違いを視覚化できるグラフは、特徴がひと目でわかり、便利です。このため、仕事では、データ分析やプレゼンにグラフを作成することが多くあります。グラフを簡単に作成できることもExcelの大きな特長となっています。

Excelでグラフを作成するには、データを範囲指定してから、リボンの「挿入」タブを開いて、グラフの種類を指定します。すると、ワークシート上にグラフが作成されます。

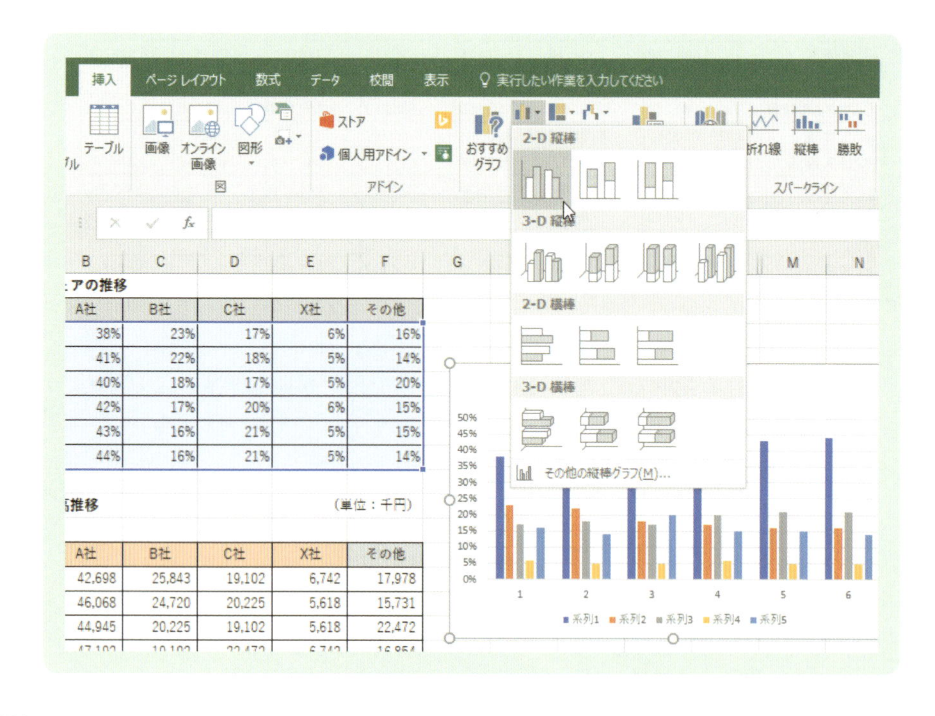

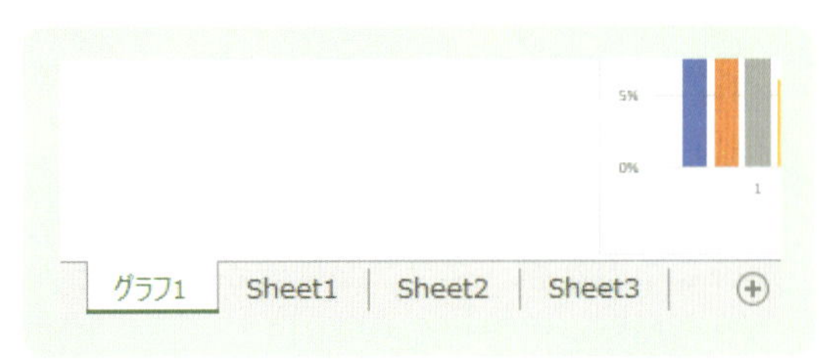

グラフの作成には、もう1つ「F11」を押すという方法があります。データを範囲指定して、「F11」を押すと、新しいワークシートが追加され、大きなグラフができます。

これら**2つのグラフの作成方法は、使い分けが必要です。理由は、グラフと軸の目盛りの文字、凡例などとのバランスがまるで違うから**です。「F11」で作成したグラフは、1枚ものの資料として印刷して使うのに向いています。縦横比率、余白部分を調整しなくても、A4横の紙1枚ぴったりに印刷できるからです。

しかし、WordやPowerPointの報告書に、グラフを小さくコピー&貼り付けしたい場合は、「F11」によるグラフは、項目軸・数値軸の文字が小さくなり、よくわかりません。操作は「F11」の方が簡単で効率的ですが、「挿入」タブでグラフの種類を指定して作った方が結局早いのです。

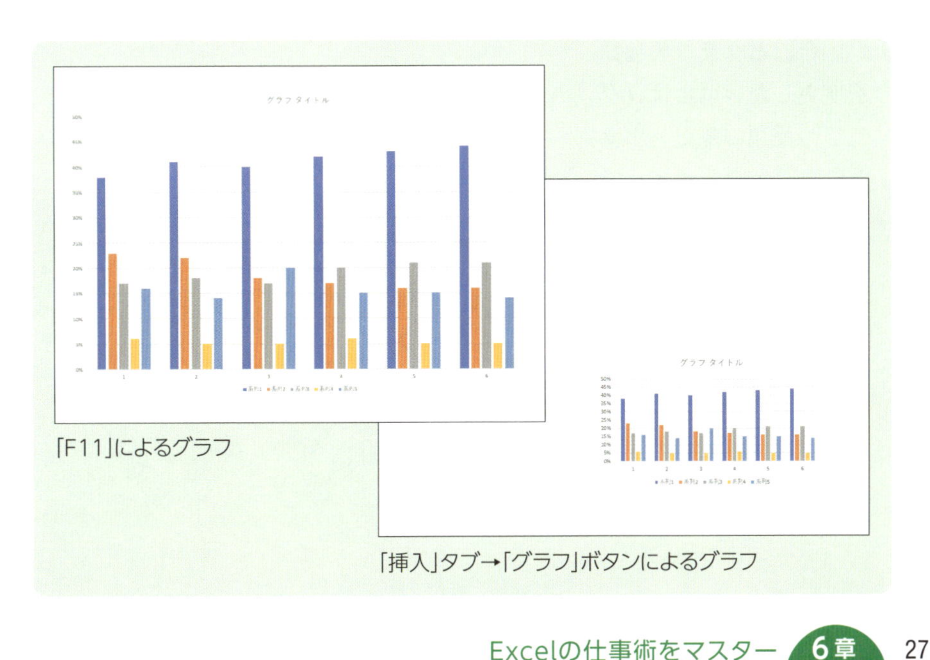

「F11」によるグラフ

「挿入」タブ→「グラフ」ボタンによるグラフ

グラフの種類を変更する

前ページで見た通り、グラフを作成する方法は実に簡単です。しかし、**期待したのと違うグラフが作成されることが少なくありません**。特に、グラフの種類を指定しない「F11」を使った場合はなおさらです。

グラフを作成した後、グラフの種類を変更するには、グラフをクリックして選択します。すると、リボンに「グラフツール」という文字がリボンの上に表示され、その下に「デザイン」「書式」という2つのタブが表示されます。

「デザイン」タブにある「グラフスタイル」で表示されているグラフのサムネールをクリックすると、グラフのデザインを変えられます。また、棒グラフを円グラフにしたい場合などグラフの種類を変更したい場合は、「グラフの種類の変更」ボタンをクリックします。すると、「グラフの種類の変更」ダイアログが表示され、いろんな種類のグラフを選べます。好きなものを選んで「OK」ボタンをクリックすれば、グラフの種類が変わります。

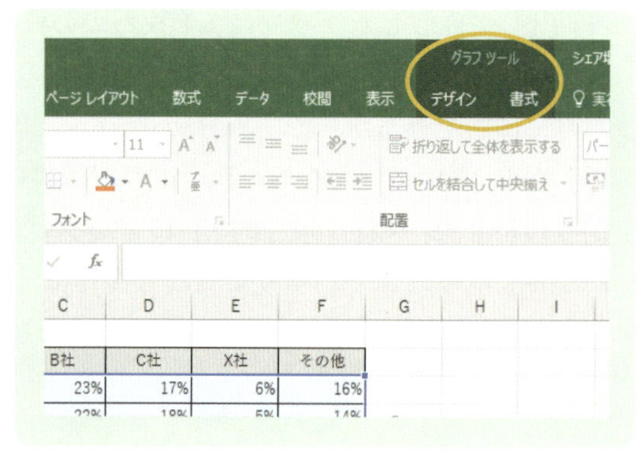

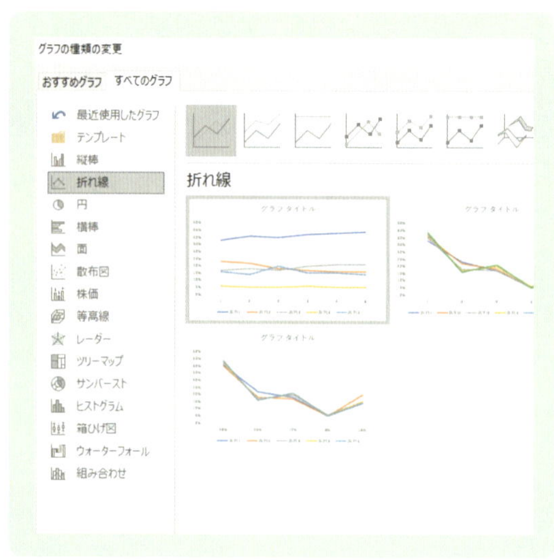

表の行／列とグラフの縦軸／横軸の違い

次のデータをもとに市場シェアの推移グラフを作成したいとします。

まず A2:F8 を範囲指定します。そして、「挿入」タブの「縦棒 / 横棒グラフの挿入」ボタンをクリックして、表示されるメニューから「集合縦棒」を選択します。すると次のようなグラフが作成されます。

	A	B	C	D	E	F
1	各社市場シェアの推移					
2		A社	B社	C社	X社	その他
3	2011	38%	23%	17%	6%	16%
4	2012	41%	22%	18%	5%	14%
5	2013	40%	18%	17%	5%	20%
6	2014	42%	17%	20%	6%	15%
7	2015	43%	16%	21%	5%	15%
8	2016	44%	16%	21%	5%	14%
9						

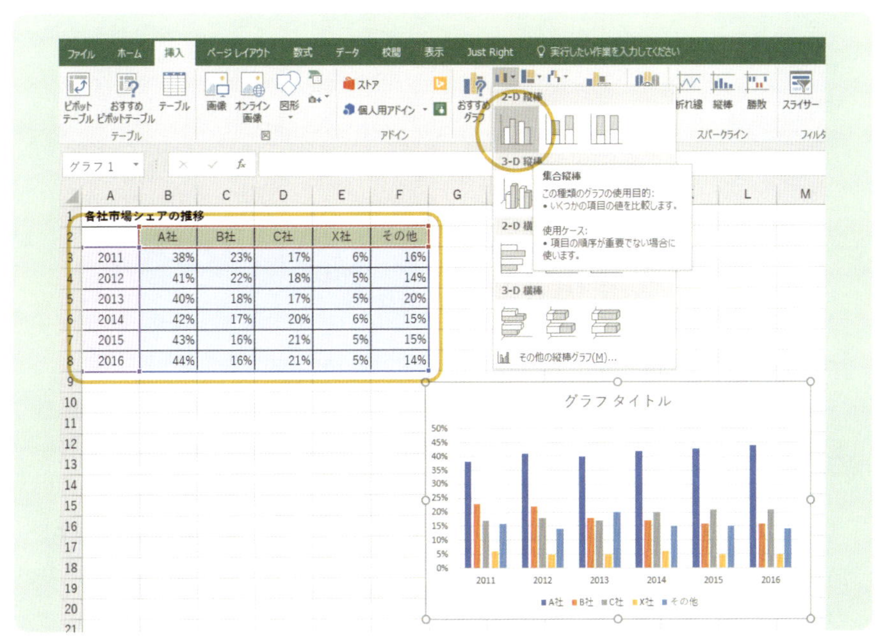

簡単にグラフが作成できますが、年ごとではなく、各社ごとがかたまりになったグラフを作りたい人にとっては、目的とは違うグラフになってし

まいます。グラフを作成してから、「表の行と列が逆だったのか！」と気づき、表そのものを作り直す人もよく見かけます。**表の行／列とグラフの縦棒／横軸が統一されると思ったのに、実際には違う結果になるため、「グラフは難しくはないけれど、とにかく面倒」というイメージ**が固まってしまう大きな原因となっています。

この例の場合は、リボンの「グラフツール」－「デザイン」タブの「行／列の入れ替え」ボタンをクリックすると、年ごとのかたまりが各社ごとに変わります。

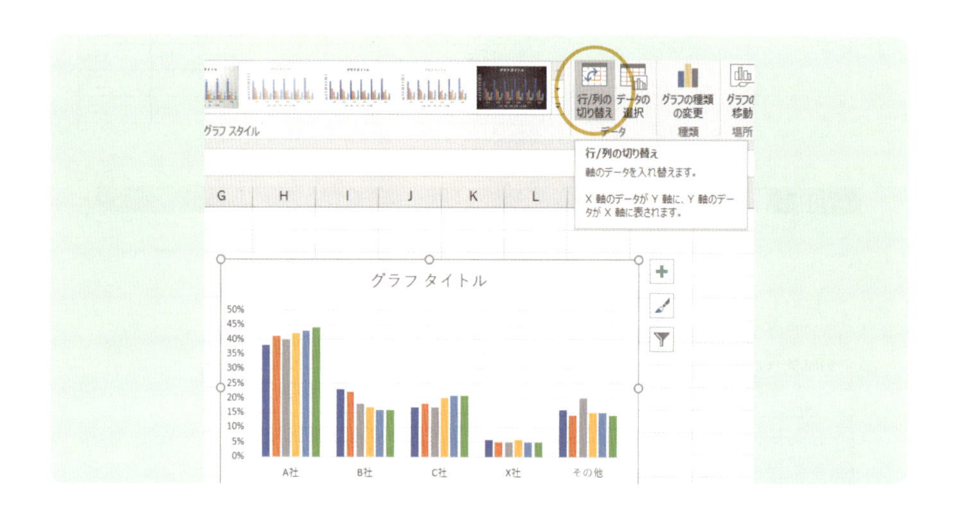

ちなみにExcelのグラフでは、横軸のことを「項目軸」、縦軸を「数値軸」と呼んで区別しています（横棒グラフでは逆）。また、同じ色で表されたデータは一連のデータということで、「データ系列」と呼びます。

「各社のシェアが、この5年間でどう推移してきたか」を見たいなら、最初のグラフでOKです。しかし、「業界2位だったB社と3位のC社の順位がいつ入れ替わったのか」ということを示したいなら、修正して作ったグラフ方がわかりやすいでしょう。ケースバイケースで対応しましょう。

最低限のことですが、以上のことを理解しておけば、簡単にグラフを意図したイメージのものに修正できます。

グラフのデータ範囲を変更する

グラフに、例えば最新の 2017 年のデータを追加したい、ということがよくあります。ビジネスデータは常に変化を続けていますから、それも当然です。

こんなときは、グラフを選択して、「グラフツール」－「デザイン」タブの「データの選択」ボタンをクリックします。「データソースの選択」ダイアログが表示され、「グラフデータの範囲」の入力欄を変更すれば、グラフをアップデートできます。

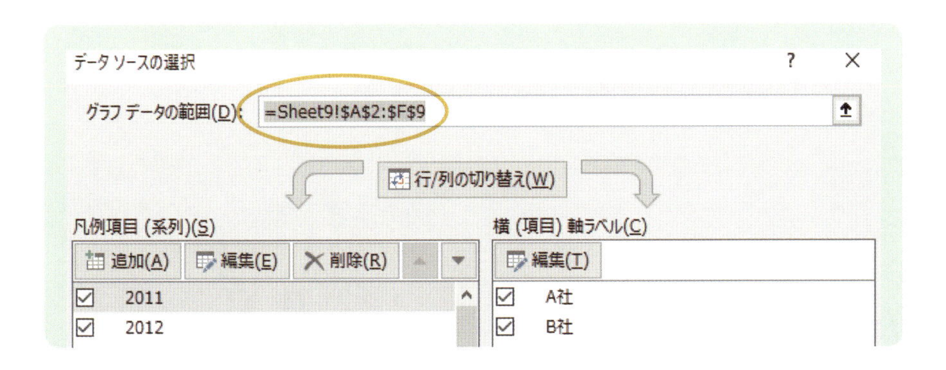

「グラフデータの範囲」は、セル番地を自分で入力する必要はありません。マウスでデータ範囲をドラッグし直せば、自動的にデータの範囲指定が変更されます。

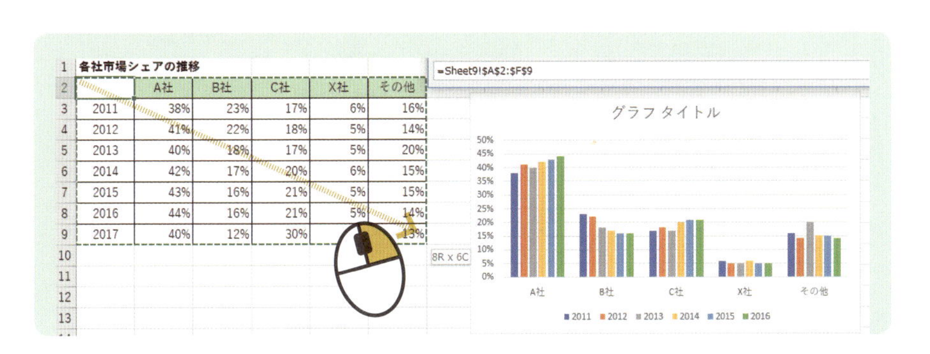

各社市場シェアの推移

	A社	B社	C社	X社	その他
2011	38%	23%	17%	6%	16%
2012	41%	22%	18%	5%	14%
2013	40%	18%	17%	5%	20%
2014	42%	17%	20%	6%	15%
2015	43%	16%	21%	5%	15%
2016	44%	16%	21%	5%	14%
2017	40%	12%	30%		13%

軸目盛を変更して「変化」を際立たせる

グラフは、「伝えたいこと」が伝わってこそ、意味があります。そのためには、**「変化」を際立たせることが大切**です。数値軸（縦棒グラフでは、縦軸のこと）の軸目盛を変更し、1目盛りを大きくすれば、変化を際立たせられます。

軸目盛を変更するには、グラフの軸目盛を選択してから、右クリックして表示されるメニューの「軸の書式設定」を選びます。すると、ウィンドウの右側に「軸の書式設定」という画面が表示され、「境界値」の最小値、最大値を自由に設定することができます。「最小値」は軸目盛の一番下の値、「最大値」は軸目盛の一番上の値なので、この幅を調整することで、グラフ上の変化を際立たせられる、というわけです。

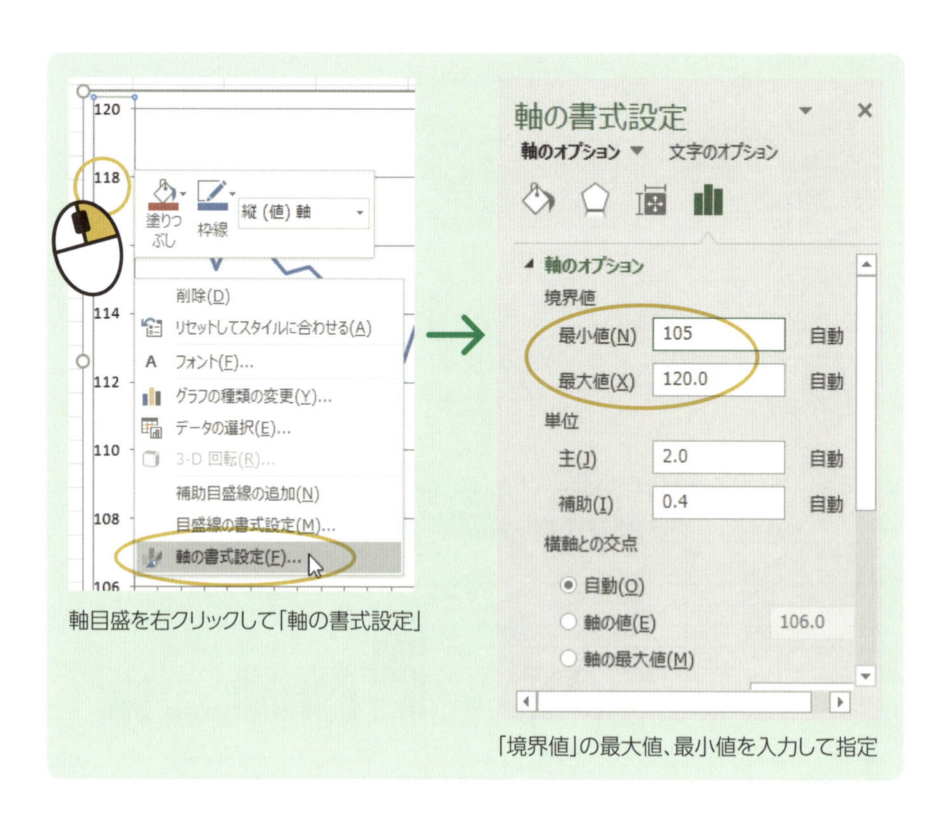

軸目盛を右クリックして「軸の書式設定」

「境界値」の最大値、最小値を入力して指定

軸の文字の大きさや名前を変更する

Excel のグラフは、数値軸の目盛り数字、項目軸の項目名の文字はかなり小さめです。**Word などに貼り付けると、文字が小さくて見にくいということがよく起こります。**

軸の文字の大きさやフォントを変更したい場合は、数値軸の数値、項目軸の項目名を選択してから、「ホーム」タブのツールボタンを使って、変更できます。もちろん、文字の色も変えられます。

また、項目軸の項目名は、変更することもできます。「グラフツール」−「デザイン」タブの「データの選択」ボタンをクリックします。「データソースの選択」ダイアログが表示されるので、その中の「横（項目）軸ラベル」という項目の下にある「編集」ボタンをクリックしてください。

これを押すと「軸ラベル」ダイアログが表示され、範囲指定の画面が表示されます。「軸ラベルの範囲」の入力欄に、「日本企業 , 中国企業 ,……」とカンマで区切って入力すれば、変更したい項目名を直接変更できますが、入力欄が小さく見にくいので、このやり方はお勧めしません。

事前に他のセルに、変更したい項目名を入力しておき、そのセルを範囲指定して変更しましょう。このやり方なら、いろんな候補を入力して、見比べながらしっくりくる項目名を選ぶこともできます。

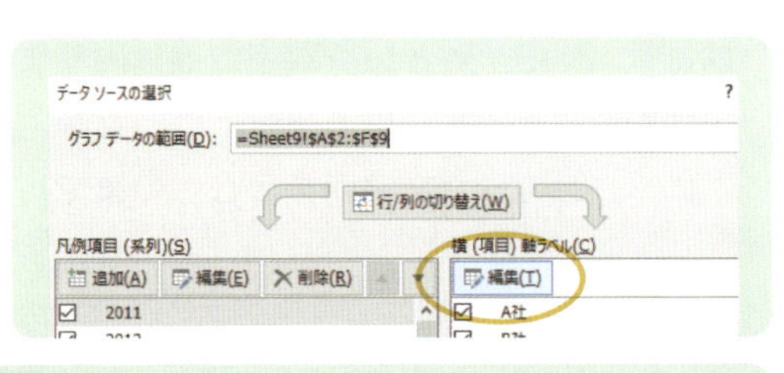

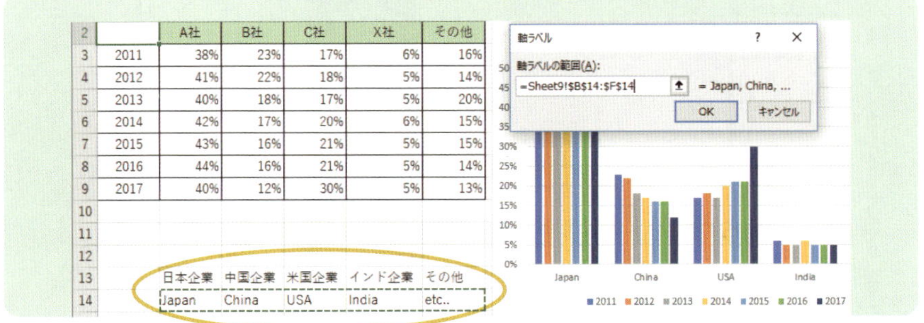

		A社	B社	C社	X社	その他
3	2011	38%	23%	17%	6%	16%
4	2012	41%	22%	18%	5%	14%
5	2013	40%	18%	17%	5%	20%
6	2014	42%	17%	20%	6%	15%
7	2015	43%	16%	21%	5%	15%
8	2016	44%	16%	21%	5%	14%
9	2017	40%	12%	30%	5%	13%
10						
11						
12						
13		日本企業	中国企業	米国企業	インド企業	その他
14		Japan	China	USA	India	etc..

6-11 仕事がはかどるExcel操作の「テクニック」

テクニック① フィルハンドルで入力を効率化する

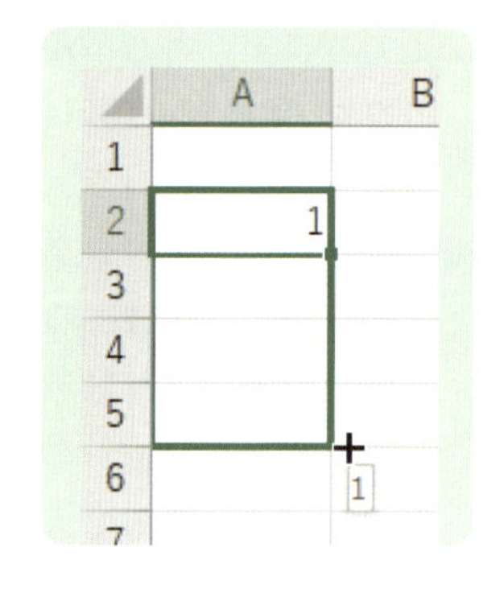

Excelには、「フィルハンドル」という機能があります。マウスのポインターをセルの右下に当てると、ポインターの形が変わります。この状態でドラッグすると、同一のデータがドラッグしたセルに複製されます。

1、2、3……という連続データを入力したい場合は、フィルハンドルを使ってコピーした最後のセルの右側に表示される「オートフィルオプション」ボタンをクリックし、「連続データ」を選択します。または「Ctrl」を押しながら、ドラッグします。これを使えば、通し番号の入力などが一気に効率化できます。なお、連続データは、1、2、3……という数字だけに限りません。日、月、火……という曜日はもちろん、2、4、6……といった等差数列、さらには営業1課、営業2課……といった文字列を含むものまで対応しています。

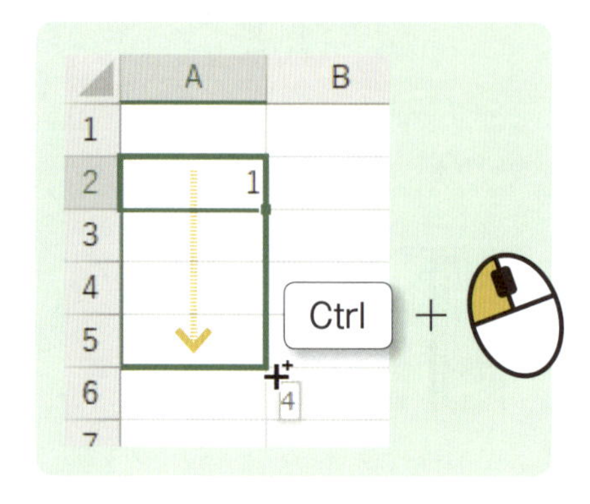

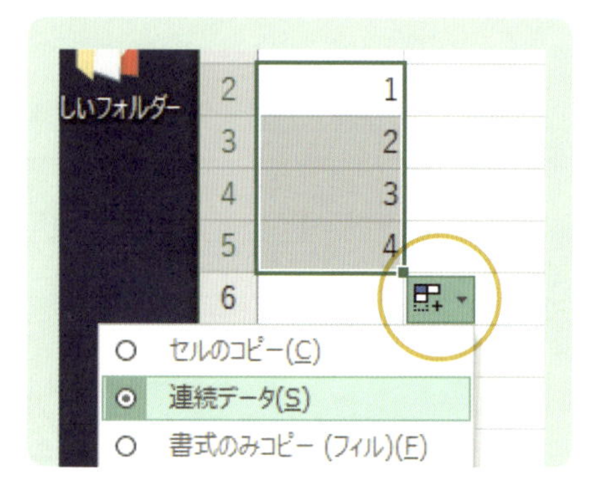

テクニック② 「条件付き書式」でデータを目立たせる

Excel で作成した数表やグラフは、それから何が読み取れるのかによって、仕事や経営に活きてきます。

ただ、**数表をじっくり眺めていられるほど、現代のビジネスパーソンは暇ではありません。いかに見やすい数表を作成して効率よくチェックを行うかが重要**になってきます。そこで活用したいのが「条件付き書式」です。

これにより、指定した条件に合ったデータを、他のデータと違う書式で表示し、自動的に目立たせてくれるという機能です。

その使い方は、まず、データの入ったセルを範囲指定して、リボンの「ホーム」タブの「条件付き書式」ボタンをクリックします。すると、「セルの強調表示ルール」「上位・下位ルール」などのメニューが表示されます。

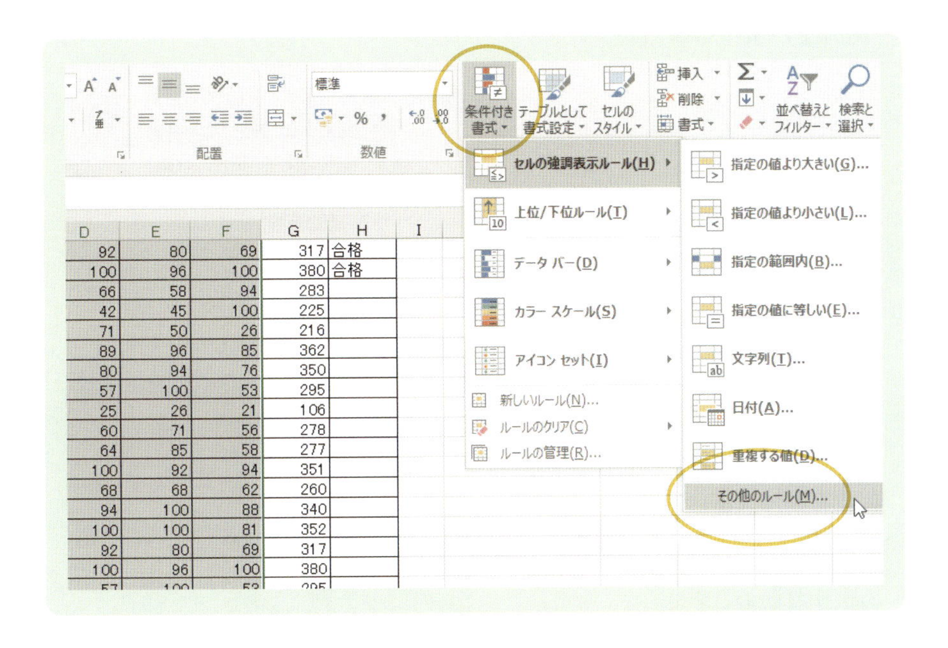

この中から使いたいメニューを選ぶと、条件を指定し、条件に合ったセルの書式を設定するためのダイアログが表示されます。

上は、「指定した値より大きい」を選んだものですが、例えば「280点を超える」という条件にするなら、入力欄に「280」と数値で入力します。そして、「書式」という項目を設定します。該当するセルの背景色を指定するなどして、目立たせられます。

ただ、「書式」の欄をクリックして表示される選択メニューには、あま

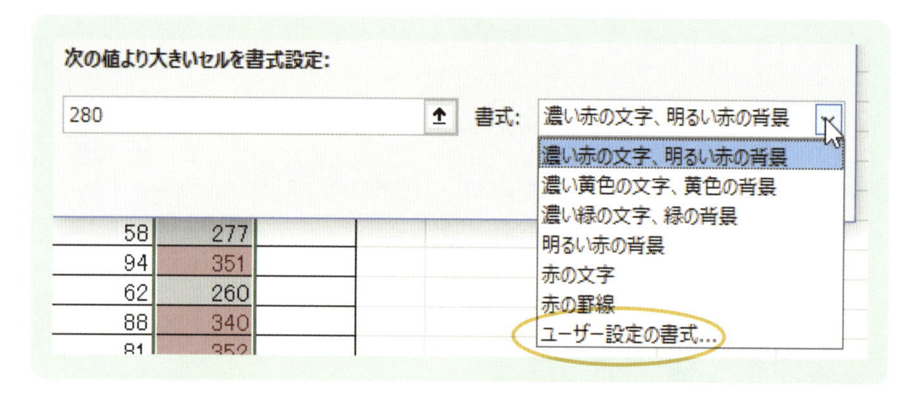

りよいものがありません。

ビジネス文書は、印刷費用の節約のために白黒印刷されることが多いため、元からあるメニューはあまりお勧めしません。

そこで、さきほどのメニューの一番下にあった「ユーザー設定の書式」を選びましょう。すると「セ

ルの書式設定」ダイアログが開くので、ここでセルにグレーの背景色をつけるなどの設定を行います。

また、「条件付き書式」→「セルの強調表示ルール」で表示されるメニューには、一番よく使いそうな「指定した値以上」（≧）や「指定した値以下」（≦）がありません。こうした条件を設定するには、メニューの中から、「その他のルール」を選びます。すると、「新しい書式ルール」ダイアログが開きます。

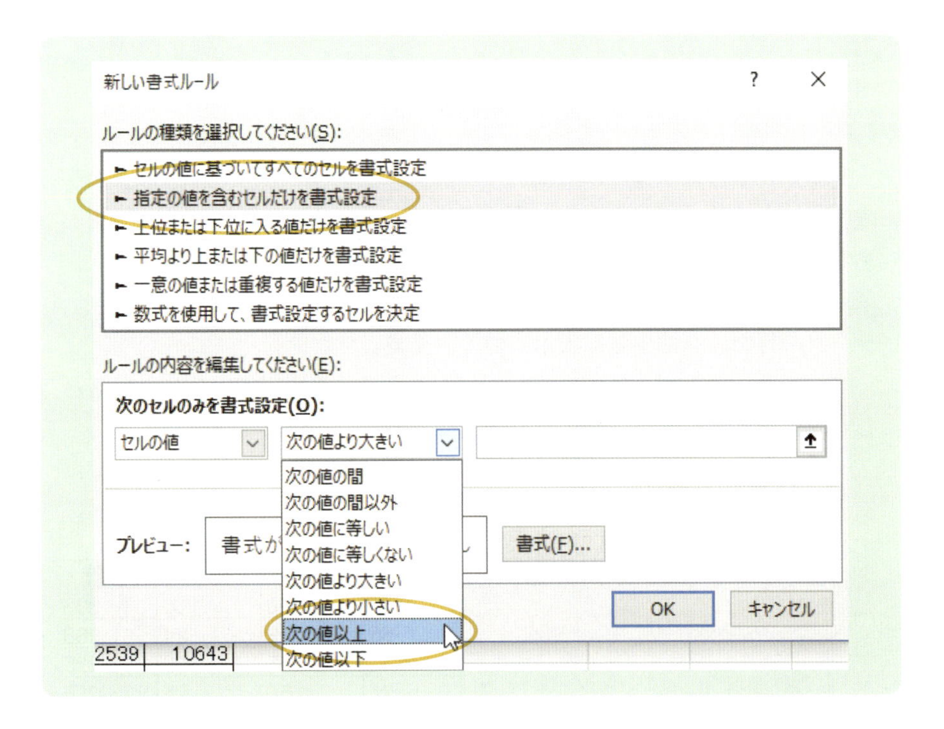

「指定の値を含むセルだけを書式設定」というルールの種類を選び、その下に表示される「次の値より大きい」という項目をクリックします。すると、プルダウンメニューが開かれるので、そこから、「次の値以上」「次の値以下」を選べば、目的である「指定した値以上」「指定した値以下」という条件を指定できます。

テクニック③ 条件に合ったデータだけを表示する

数表の中から指定した条件を満たすデータだけを抽出して表示する機能、それが「フィルター」です。マーケットデータなど大量のデータが記録されたファイルから、**一定の条件を満たすデータを手作業で探すのは大変な手間。この手間を一気に解消できる方法として、仕事ではよく使われます**。

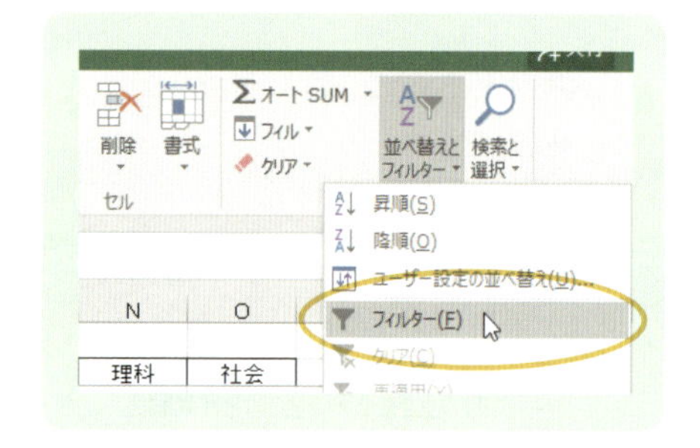

使い方は、目的の数表のセルを選択して、「ホーム」タブの「並べ替えとフィルター」ボタンから「フィルター」をクリックします。

すると、表の先頭または、選択中の行のセルに「▼」ボタンが表示されます。これをクリックして条件を設定すれば、条件に合ったデータの行だけを抽出して表示してくれます。

フィルター使えば、条件に合ったデータを探す手間が省けるし、見落としもなくなります。データの数も数え間違えることがなくなります。

平成29年度入学試験結果

受験番号	生徒氏名	国語	数学	英語	理科	合計
			100	96	100	380
			66	58	94	283
			42	45	100	225
			71	50	26	216
			89	96	85	362
			80	94	76	350
			57	100	53	295
						106
						278
						277
						351
						260
						340

昇順(S)
降順(O)
色で並べ替え(T)
"受験番号" からフィルターをクリア(C)
色フィルター(I)
数値フィルター(F)
検索
(すべて選択)
0001
0002

指定の値に等しい(E)...
指定の値に等しくない(N)...
指定の値より大きい(G)...
指定の値以上(O)...

テクニック④ データの「並べ替え」を行う

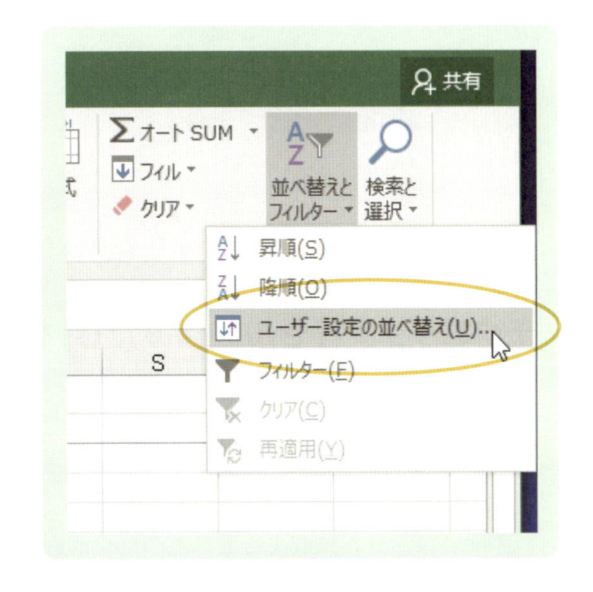

文字通り、データを大きい順、小さい順に並べ替える機能が「並べ替え」です。リボンの「並べ替えとフィルター」ボタンをクリックし、「昇順」または「降順」を選べばあっという間に並べ替えができます。いちいち範囲指定を行う必要もありません。

しかし、**意図したのと違う並べ替えをされることがよくあります**。例えば、先頭行の項目名まで並べ替えられたり（住所録など、文字中心の表のときによく起こります）、最下行に入力した合計を求めた行まで並べ替えられたり、通し番号などそのままでよいものまで並べ替えられたりです。その逆で、並べ替えてほしかったのに、そのまま残ってしまった列があったり、といったこともあります。また、並べ替えを行う対象を、1列目ではなく3列目のデータにしたい、ということもあるでしょう。

こんなときは、「ユーザー設定の並べ替え」を選択しましょう。すると、「並べ替え」ダイアログが表示されます。「最優先されるキー」で並べ替えの対象となる列を自分で指定できます。しかも「レベルの追加」ボタンをクリックすれば、並べ替えの対象となる列を、優先順位をつけて複数設定することも可能なのです。さらに、「順序」で昇順、降順の並べ替えができるだけでなく、「並べ替えのキー」で、セルの色ごと、フォントの色ごとで並べ替えることもできます。「先頭行をデータの見出しとして使用する」にチェックを入れれば、並べ替えの対象から外すこともできます。

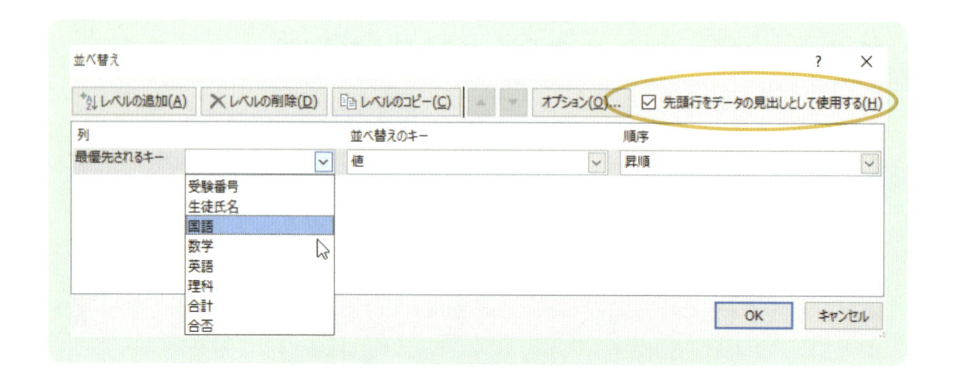

テクニック⑤「セルのはみだし」を修正する

Excelの表を印刷するとき、簡単で効果絶大なテクニックがあります。それは、セルのはみ出しがきちんと収まるように自動調整するというものです。

画面では、セルに収まっているのに、印刷するとはみ出してうまく表示されなかった、ということがよくあります。これは、画面表示と印刷ではフォントが異なるのが原因です。画面上でどんなに注意深くチェックしても、すべて見つけるのはほぼ不可能です。

そこで、表を印刷するときは、印刷する前に気になる列の境界線にマウスのポインターを合わせ、そこで、ダブルクリックします。すると、セル

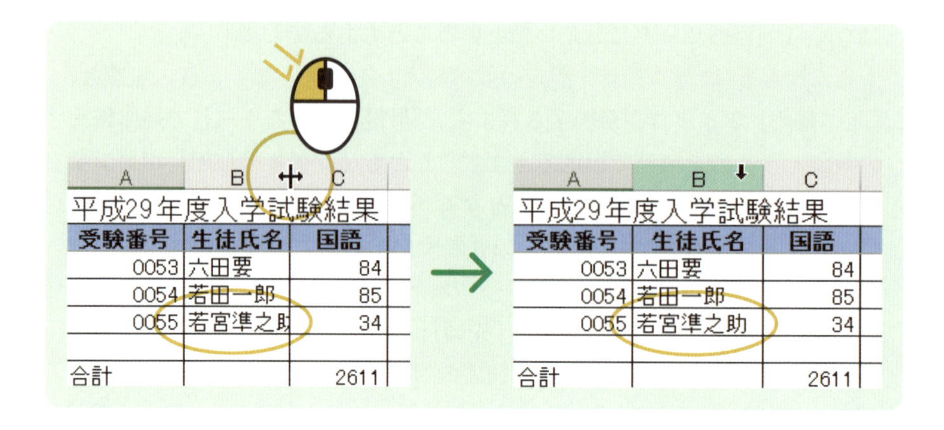

に収まらない箇所があった場合、うまく収まるように、セルの幅を自動調整してくれます。

簡単で便利なテクニックですが、これを1列目に行う場合は注意が必要です。1列目には、表のタイトルが入力されていることが多いため、タイトルの長さに合わせて列の幅を調整してしまうからです。

テクニック⑥「選択式」で文字の入力をすませる

文字入力は少ない方が、当然、仕事ははかどります。

同じ列のセルに大量の文字入力をしないといけない場合、この入力作業を省力化できるうまい方法があります。「Alt」＋「↓」です。

例えば、顧客リストに、「鈴木」「中村」「中野」「田中」のいずれかの担当者名を入力する場合。通常は、オートコンプリート機能があるので、「鈴木の「す」とだけ入力すれば、入力候補が表れますが、このケースのように、「中村」「中野」という「中」が同じ人が2人いると、オートコンプリートはうまく働きません。

しかし、「Alt」＋「↓」を押すと、セルの下にプルダウンメニューが表れ、「鈴木」「中村」「中野」「田中」という選択メニューから、方向キーで選んで「Enter」を押せば入力できます。ちなみにこの選択メニューは、同じ列で、すでに入力ずみの文字でないと一覧にしてくれません。

営業担当者リスト

001	足立産業株式会社	鈴木
002	株式会社飯田商事	中村
003	上野サービス株式会社	中野
004	大塚製鋼株式会社	田中
005	木津商店	
006	木村製麺株式会社	
007	久保田システム株式会社	
008	株式会社光洋	

鈴木
田中
中野
中村

Alt ＋ ↓

テクニック⑦ 複数のデータのコピー&貼り付けを繰り返す

コピー＆貼り付けは便利な機能ですが、コピーで記憶しておけるデータは１つだけです。別のものをコピーすると、その前にコピーしたデータは消えてなくなってしまいます。Ａというデータをコピー＆貼り付けし、次にＢというデータをコピー＆貼り付けし、またＡのデータを貼り付けたい、というとき、もう一度、Ａをコピーし直さなくてはなりません。

こんな場合に役立つが、リボンの「ホーム」タブの左端にある「クリップボード」の欄右下のマークです。

ここをクリックすると、ウィンドウの左側に、「クリップボード」が表示されます。

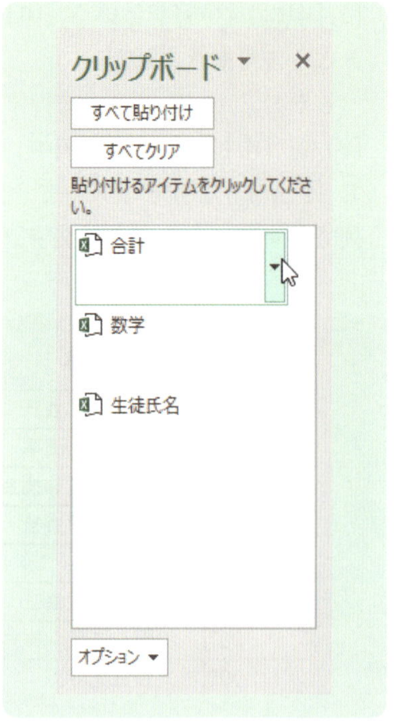

この状態でコピーすると、その履歴が一覧で表示されます。貼り付けしたいものをクリックすると、アクティブ・セルに、貼り付けができる、という仕組みになっています。

これなら、複数のデータをコピーしておき、貼り付けしたいものを選んで貼り付けできるので、いちいちコピーし直さなくてすみます。Excel だけでなく、Word や PowerPoint でも使える機能です。

Power Point、PDFなど

7章

定番ビジネスアプリの仕事術をマスター

7-1

PowerPointでプレゼンするコツ

PowerPointとは

PowerPoint は、ジャンル的にはプレゼンテーションアプリで、このジャンルのデファクトスタンダードとなっています。「スライドショー」を使えば、スクリーンにスライドを１枚ずつ表示でき、「アニメーション」機能で、１枚のスライドの中でも文字を後から画面に表示させるなどのさまざまな演出ができます。PowerPoint はスライドショーだけでなく、紙で配布する資料の作成にも使われます。

PowerPointだからこそ、内容が問われる

1ページのWord文書でも、PowerPointにすれば、2～3枚のスライドになります。理由は、PowerPointだと細かな説明は省き、一言一言を大きく見せるからです。矢印や図解、イラストなど、ビジュアル上の演出を簡単に施せるので、「見せる文書」を作成するのに最適なアプリです。ただ、この特長がかえって仇となり、最近はPowerPointに対する風当たりも強くなってきました。「**大した内容でなくても、もっともらしく見える**」からです。かつてはPowerPointでスライドを作成するだけでそれなりの満足感を相手に与えられましたが、これからは「**PowerPointだから、逆に厳しく内容を問われる**」ことになりそうです。派手なビジュアルや、凝ったアニメーションの演出などはむしろ控えめにし、スライドの構成、内容面に力を入れることが求められます。

また、アニメーションなどの演出は、紙に印刷する資料の中では、その効果をあまり発揮できません。そういった理由もあるので、演出面より、内容面の充実化を図るべきなのです。「企画書は、絶対にPowerPointで作れ」――PowerPointが登場したばかりの頃、こう言ったのは、当時サラリーマンだった私の上司です。その理由の中には、先ほど書いた「もっともらしく見える」ということもありしたが、「Wordだと、プレゼンの最中に文書を読む人間がいて、話を聞いてもらえないから」というのが、最大の理由でした。

プレゼン中に、「……以上のことが、問題点と考えられます。そこで」と区切りの言葉を言って、次のページ（スライド）に移れるのがPowerPointの最大の特長――つまり、核心部分は、後から見せることができる「紙芝居」のようなものです。1つのスライドの中でも、最初は隠しておいた文字や演出を後から表示する――「アニメーション」機能は、紙芝居的な要素をさらに細分化して使いやすくしたものです。ただ、繰り返しになりますが、効果的にプレゼンができるがゆえに、「たったそれだけの話か」と失望させる内容だと逆効果。**見せかけだけでなく、内容面をしっかり考えることがやはり大切です**。

図形は貼り絵の感覚で作る

PowerPointでは図形を多用します。「ホーム」タブの「図形」ボタンから基本図形や吹き出し（オブジェクトと呼びます）などを選択し、スライド上にドラッグすることで配置することができます。**貼り絵の感覚で、簡単に作れて便利です**。

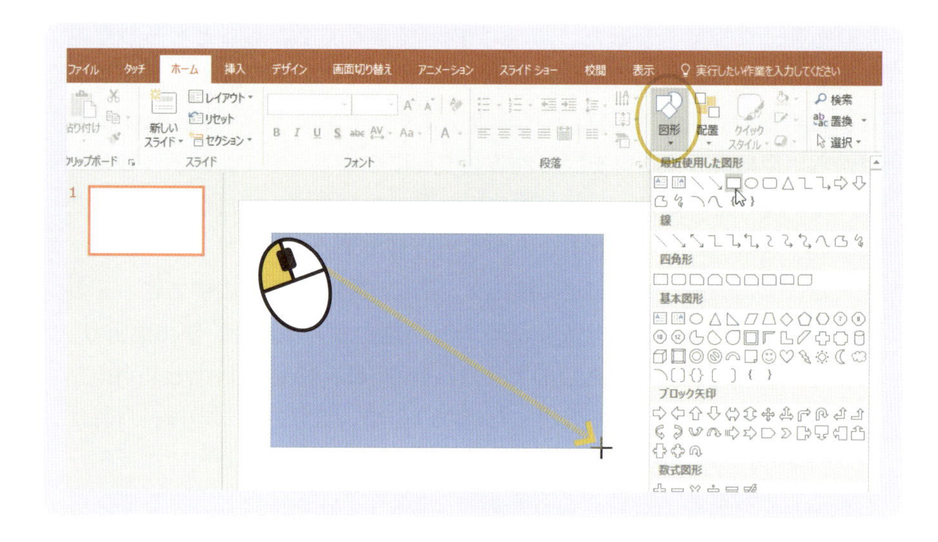

配置したオブジェクトには重なり順があり、後に配置したオブジェクトがどんどん上に重なっていきます。オブジェクトが多くなるとその重なり順を変更したくなるもの。この重なり順を変更するには、変更したいオブジェクトを選択してから、「ホーム」タブの「配置」ボタンをクリックするとメニューが表示されます。その中にある「オブジェクトの順序」から

【用語解説】オブジェクト

「物」「物体」の意味。PowerPointでは基本図形だけでなく、テキストボックス、画像など、選択の対象となるすべてのものを指します。

重なり順が変更できます。また、複数のオブジェクトを同時選択してから、「配置」ボタンのメニューの「グループ化」を選択します。すると、複数のオブジェクトを1つのオブジェクトとみなすことができ、図解などを作成したとき、その配置が崩れるのを防ぐことができて、便利です。

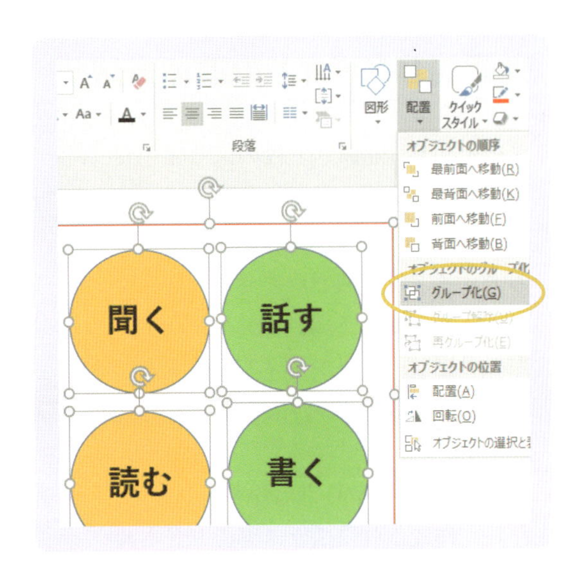

きれいに図形を描くコツ

図形は簡単な操作ですぐ作れるので、細かな説明は不要でしょう。しかし、マウスでドラッグして描く、という操作方法なので、きれいな図形を描くのは意外に難しいかもしれません。

そこで覚えておきたいのが「Shift」を押しながらのマウスのドラッグ。直線なら水平線や垂直線、四角形なら正方形、楕円なら真円……と、きれいな図形を描けます。また、すで作成された図形を選択して表示されるハンドルをドラッグすれば、拡大・縮小を行うことができますが、「Shift」を押しながらドラッグすると、縦横比率を維持したまま拡大・縮小ができます。

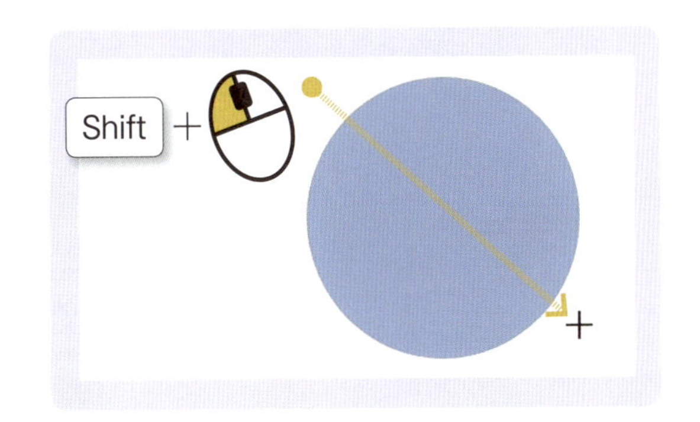

効率的なスライドの追加方法

PowerPointは、1枚のスライドにいくらでも要素を詰め込むことが可能なので、Wordのように自動的に次のスライドは作成されません。次のスライドを作成する場合は、ウィンドウ左のナビゲーションウィンドウで右クリックして、「新しいスライド」を選びます。

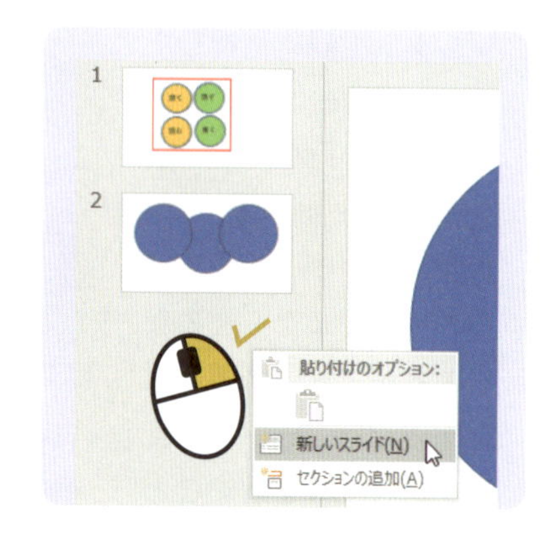

しかし、このやり方は効率的でなく、新しく作成されたスライドのタイトルや本文の書式には、それまで使われていたものが引き継がれません。スライドごとのデザインが、統一されなくなる原因ですし、いちいち書式設定を行う手間も面倒。

そこで、**効率のよい方法は、すでに作成したスライドの中から、似たレイアウトのものを「複製」**することです。

ナビゲーションウィンドウで、スライドを選択した後、「Ctrl」を押しながらドラッグすると、ドロップした場所に、そのスライドが複製されます。それをベースに、タイトルや文章を打ち変える、というやり方なら、スライド作成の効率が大幅にアップします。

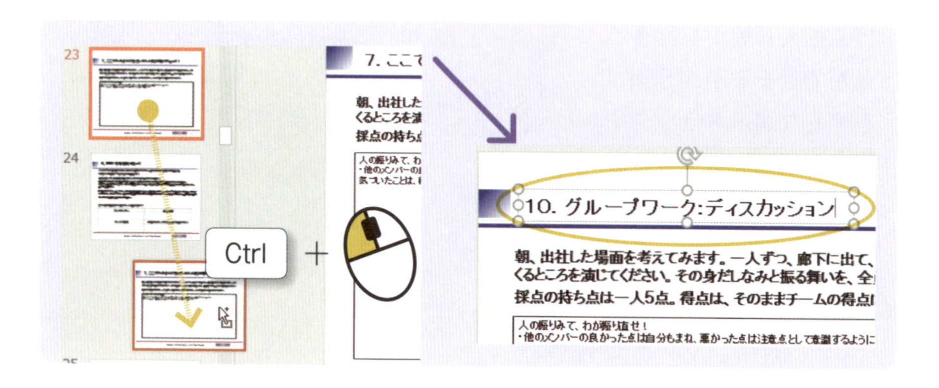

大量のオブジェクトを効率的に編集する

PowerPointでは、図形やテキストボックスなどのオブジェクトを、大量に配置させます。これらのオブジェクトは、クリックすると選択状態となり、これまで紹介したように、配置を変更したり変形したりできます。しかし、そのままでは、文字の入力・修正ができないので、オブジェクトをダブルクリックするか、もしくは入力された文字の上でクリックするかして、カーソルをオブジェクト内に表示しなければなりません。文字の入力・修正が終わって、また配置を変更したいときは、今度はオブジェクトのハンドル部分か、文字が入力されていないスペースをクリックして、選択状態に戻す必要があります。

スライド上に大量に配置したオブジェクトの編集をするために、こうした作業を繰り返し行うのは、非常に面倒です。

しかし、Excelのセルの編集と同様、オブジェクトの選択状態で、「F2」を押すと、オブジェクト内にカーソルが表示され、文字の入力・修正ができます。そして、文字の入力・修正が終わった後、「Esc」を押すと、カーソルが消え、オブジェクトの選択状態に切り替えることができます。

F2 ＝ オブジェクト内の文字を入力・修正する

Esc ＝ オブジェクトの選択状態に切り替える

また、オブジェクトの複製でも便利なテクニックがあります。

PowerPointで図解やチャートを作成する場合、同じ扱いのオブジェクトは同じ大きさ・形に揃えてあるときれいです。しかし、いちいちオブジェクトを描いて、そこに文字を入力するのは、書式の変更まで必要になることもあり、面倒です。オブジェクトを複製してから、その中の文字を修正した方が効率的です。

そこで、「Ctrl」＋「D」。「D」は、「Duplication」（複製）の頭文字で

すが、このショートカットキーを押すと、元のオブジェクトのすぐそばにオブジェクトが複製されます。選択状態になっているので、これをマウスか方向キーで、配置の修正をします。

そして再度、「Ctrl」＋「D」を押すと、次に複製されるオブジェクトは、元のオブジェクトのすぐそばではなく、移動させた分と同じ位置関係で配置されます。

同じスライド内にある複数のオブジェクトは、「Tab」で選択状態を切り替えられます。大量のオブジェクトを複製しても、「Tab」と「F2」で効率よく文字の修正ができます。

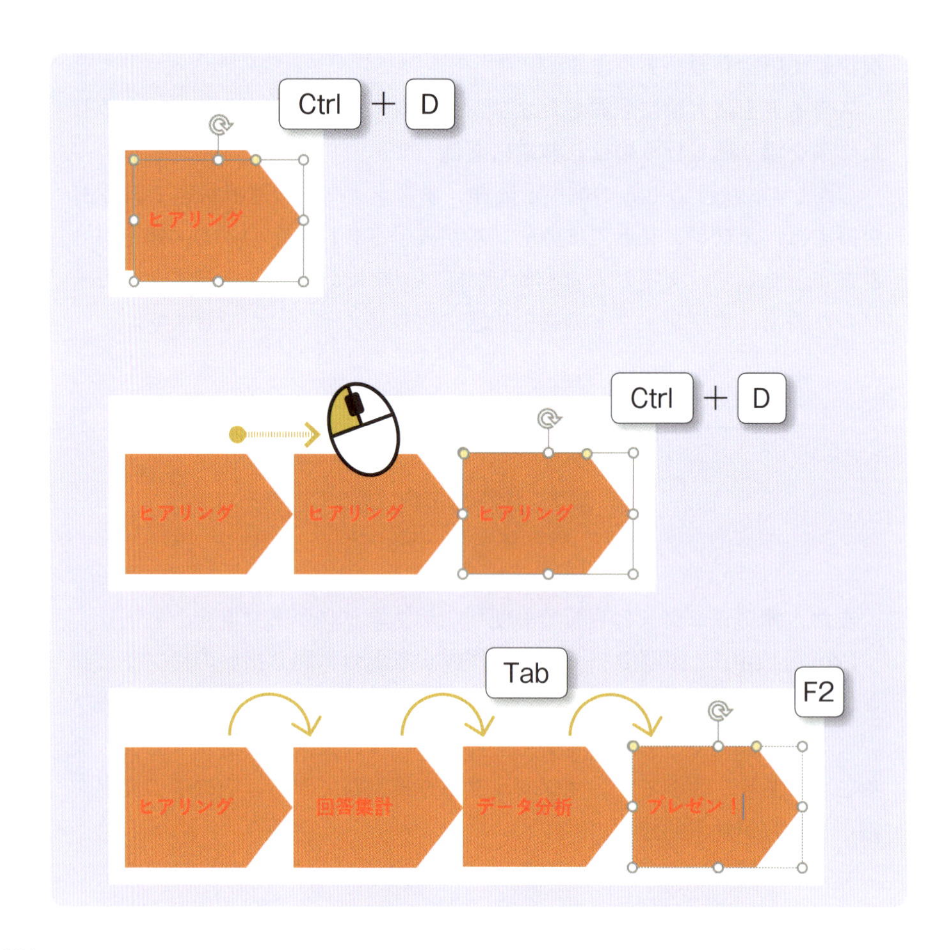

スライドマスターで統一感を出す

通常のスライド作成に加えて、「スライドマスター」を活用しましょう。

仕事では、PowerPointの資料を非常によく作りますが、作成するたびにデザインが異なる資料よりも、**会社あるいは自分の「型」で統一感を出した方が、相手に与える印象も強まります**。「Copy Right」表記を「フッター」の部分に入れたり、コーポレートカラー（企業や団体など、組織を象徴する色のこと）を活かしたデザインにすると効果的です。

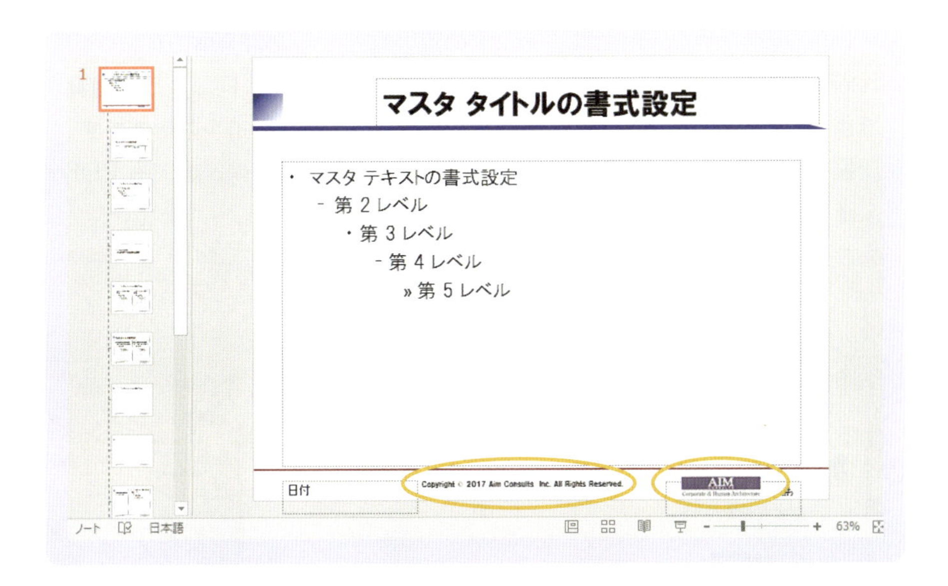

スライドマスターは、リボンの「表示」タブの「スライドマスター」ボタンをクリックすると、スライド画面に表示されます。「スライドマスター」タブで「テーマ」や「フォント」などを変更すると、すべてのスライドに変更が反映されます。

7-2

PDF文書を使いこなすコツ

PDF文書とは

原則として、特定のアプリで作成した文書ファイルはそのアプリでしか開いたり、変更したりすることができません。また、同じExcelでも、Windows用とMac用ではフォントの違いなどから文書全体の体裁が崩れてしまうことがあります。そこで、**どの情報端末でも、同じように閲覧できることを目的に開発されたのがPDFという文書ファイルの形式です**。無償で配布されているAdobe Acrobat Readerを使えば、誰でもPDF文書を閲覧できるため、広くビジネスで浸透しています。

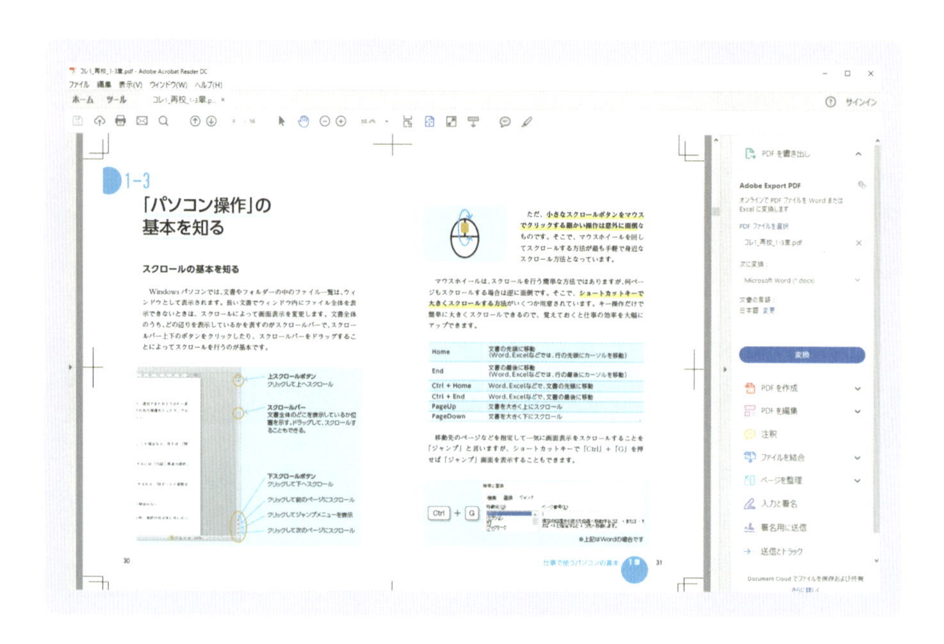

ビジネスでPDF文書が使われる理由

Word、Excel など、そのジャンルでデファクト・スタンダードとなったアプリは、ほとんどのビジネスパーソンが使っているので、仕事のやりとりで交換したファイルの編集・修正が可能となっています。しかし、**PDF 文書では基本的に元の文書の編集・修正ができない、という特長**があります。

例えば Excel で作成した見積り書をそのまま送ると、受け取った相手が金額の変更などができてしまいます。契約書や請求書、納品書など、ビジネス文書は修正できない PDF 文書の方がよい場合が少なくありません。チラシ、パンフレット等の制作物においても、レイアウトが崩れない PDF 文書が望ましいというケースもありますが、大半のビジネスパーソンにとっては、この「元の内容を修正できない」ことの方が重要です。

仕事においては、そのままの形式にしておきたい文書を誰かに送る場合には、PDF文書にして送るのが常識なのです。

PDF文書を作成する

以前は、PDF 文書を作成するには、有料アプリの Acrobat が必要でした。Acrobat は高価なため、Adobe 以外の企業が安価な PDF 作成アプリを販売していた時代もありましたが、「PDF 文書は閲覧するもので、自分で作成できるのは一部の人」という時代がしばらく続いていました。

【用語解説】Adobe ReaderとAdobe Acrobat Reader

PDF文書は、Adobe社が開発した文書ファイルの形式で、これの作成・編集ができるアプリとしてAcrobatがあります。Adobe社はこのアプリと合わせて、Adobe Acrobat Readerという閲覧用アプリを無償で配布し、誰でも見られるようにして普及させてきました。この無償アプリの名称が、一時期Adobe Readerと変わりましたが、現在は再びAdobe Acrobat Readerとなっています。

しかし、今日では、PDF 文書の作成は、誰でも当たり前のように行われています。その理由は、Word、Excel、PowerPoint をはじめとする多くのアプリに、標準で PDF 文書を作成する機能が備わったからです。

すでに説明した、ビジネスパーソンの「常識」を守る上で、PDF文書の作成は、当然身につけなければならない基本スキルとなっています。

Word、Excel、PowerPoint による PDF 文書作成の方法は、共通です。

リボンの「ファイル」タブ→「エクスポート」→「PDF/XPS ドキュメントの作成」→「PDF/XPS の作成」ボタンをクリックします。

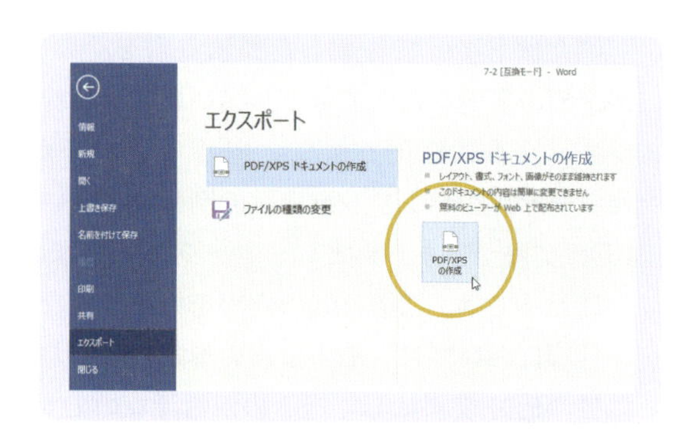

すると、「PDF または XPS 形式で発行」ダイアログが表れます。通常のファイル保存の場合と同様、ファイルの保存場所、ファイル名を指定すれば、これで簡単に PDF 文書を作成できます。別ファイルとして PDF 文書が保存されるので、元のファイルはもちろん残るので、元のファイルに修正・編集を加えることは可能です。

PDF文書の文章をコピーする

PDF 文書は、文書そのものを修正・編集することはできませんが、範

【用語解説】XPS

どの情報端末でも同じ体裁の文書を閲覧できる、という基本概要はPDFと共通。Microsoftが開発した文書形式ですが、現時点においてはほとんど普及していません。

囲指定した文章をコピーして、別の文書に貼り付けることはできます。文章の範囲指定を行うには、Adobe Acrobat Readerのツールバーの「テキストと画像の選択ツール」ボタンをクリックすれば、マウスでドラッグするだけで範囲指定できます。後は、コピー&貼り付けを行うだけです。

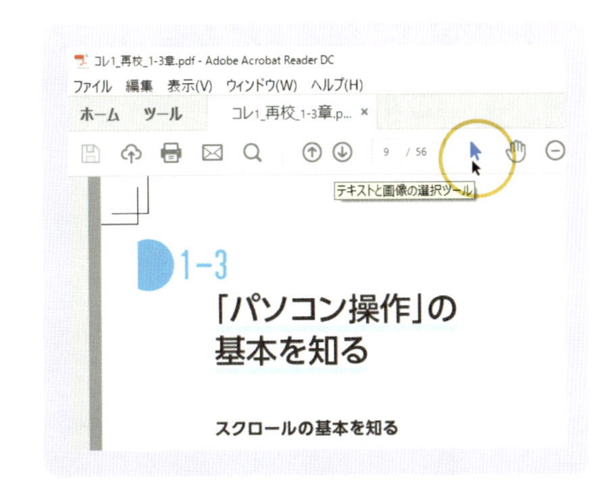

なお、PDF文書によっては、文章のコピー&貼り付けができないものも少なくありません。有料アプリのAcrobatで、コピー不可の状態で作成されたものや、スキャナーで紙の文書をスキャンして作成されたものがそうです。

PDF文書の一部を画像として使用する

PDF文書は、「スナップショット」機能で画像としてコピーして他の文書に貼り付けることもできます。メニューバーの「編集」→「スナップショット」をクリックし、マウスでドラッグすれば、PDF文書中のどの領域もコピーできます。

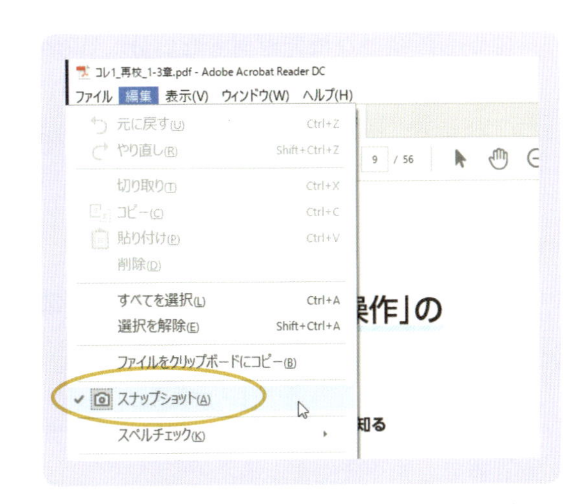

7-3

手軽で軽快なエディター「メモ帳」

「メモ帳」を使う利点とは

「メモ帳」とは、Windowsに標準でインストールされているエディターアプリです。「スタート」ボタンをクリックして、表示されるアプリ一覧にある、「Windowsアクセサリ」をクリックすれば、その中にあります。かなり見つけにくい場所にあるため、タスクバーにピン止めして、クリック１つで使えるようにするのがお勧めです。

エディターとは、文章の入力に特化したアプリの種類です。ワープロアプリと違い、書式の変更や画像の貼り付け、文字の配置の変更などは一切できません。ただ、文字を入力するだけです。

このため、**エディターは非常に軽快です**。Wordを起動すると、プログラムの読み込みにしばらく待たされますが、**「メモ帳」なら、ほぼ瞬時に立ち上がり、すぐ使えます**。例えば、電話の用件をメモするなど、思い立ったときに、サッと入力ができるのです。

しかも、**余計な機能が何もない分、Wordのように強制終了されることもほとんどありません**。エディターについて言えば、私の30年以上のコンピューター歴において、一度もエラーが起こったことはありません。

このように、軽快で安全、効率よく使えるために、「できる人」は、身近なツールとして、エディターをよく使っているのです。

右端で折り返す――メモ帳の基本操作

メモ帳は、「すべて選択」「コピー」「切り取り」「貼り付け」といったパソコンの基本操作にはもちろん対応しています。特別な機能はありませんが、誰でもすぐに使えます。

しかし、**使い勝手が悪い点は、入力を行うと、改行しない限り、どこまでも横一列に入力されてしまうこと**。入力内容を確認するには、横方向にスクロールしなくてはなりません。

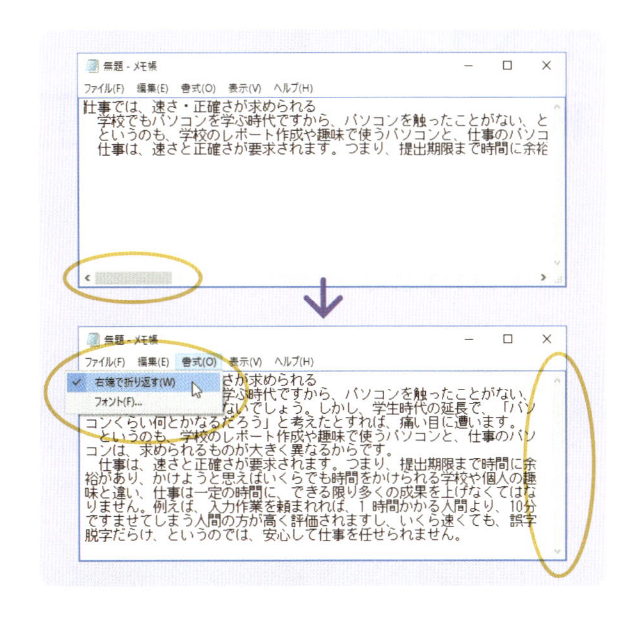

そこで1つだけ知っておきたいことは、ウィンドウの大きさに合わせて、入力した文章を折り返して表示できるようにすることです。

その方法、といっても、メニューバーの「書式」→「右端で折り返す」を選んでチェックを入れるだけで、極めて簡単です。

キー一発で、現在の時刻を入力する

会社にいて、電話対応したら、そのとき不在の人あての電話だった、ということがよくあります。用件を確認して伝言メモを残す場合、メモには日時を明記するのが基本です。

そこで、メモ帳にも、1つだけ便利な機能が用意されていますが、それが、日時を入力するショートカットキーの「F5」です。

「メモ帳」を開いて「F5」を押すと、「12:53 2017/02/11」と、そのときの日時が一瞬で入力されます。

F5 ＝ 日時を入力する

7-4

「ペイント」で画像ファイルを加工する

「ペイント」とは

「ペイント」とは、Windowsに標準でインストールされている画像編集アプリです。このアプリも、前節で紹介した「メモ帳」と同じ「Windowsアクセサリ」の中にあります。こうしたわかりにくい場所にある理由は、Word、Excel、PowerPointで、直接画像の編集ができるようになった上、画像の内容を確認するならプレビューアプリの「フォト」があるため、あまり使う必要性がないとMicrosoftが判断したためでしょう。

表示画面を保存する

「Print Screen」を押すと、現在パソコンに表示されている画面を、画像として、コピーすることができます。「Alt」+「Print Screen」を押すと、アクティブ・ウインドウだけをコピーします。これをWord文書などに直接貼り付けることが可能ですが、そのまま、画像ファイルとして保存しておきたい場合もあります。こんなときは「ペイント」を起動して、コピーした画面を貼り付けて保存しましょう。こうすれば、簡単に表示画面を画像ファイルとして保存できます。また「ペイント」は、高度な画像加工はできませんが、簡単な加工なら短時間でできます。
「ペイント」は使いにくい場所にあるので、「メモ帳」と同様、タスクバーにピン留めしておいた方が効率的です。なお、「ペイント」で写真を開くと、容量の大きな写真はウィンドウに収まらず、画像を縮小表示しなければならない、ということがよく起こります。このような場合は、「Ctrl」を押しながらマウスホイールを回して縮小表示するのが効率のよい方法です。

トリミングする

「ペイント」でトリミングを行うには、「ホーム」タブにある「選択」ボタンをクリックしてトリミング後に残したい写真の部分を範囲指定します。通常は、「四角形選択」を使用しますが、自由な形にトリミングを行いたければ、「自由選択」を使用することもできます。

範囲指定を行ったら、「選択」ボタンのすぐ右にある「トリミング」ボタンをクリック。これだけで、範囲指定した部分だけの画像になります。トリミングなどの画像加工を行ったら、ファイルを保存しないとその加工内容は残りません。「F12」を押して別のファイルとして保存しておくと元の画像ファイルも残せるのでよいでしょう。

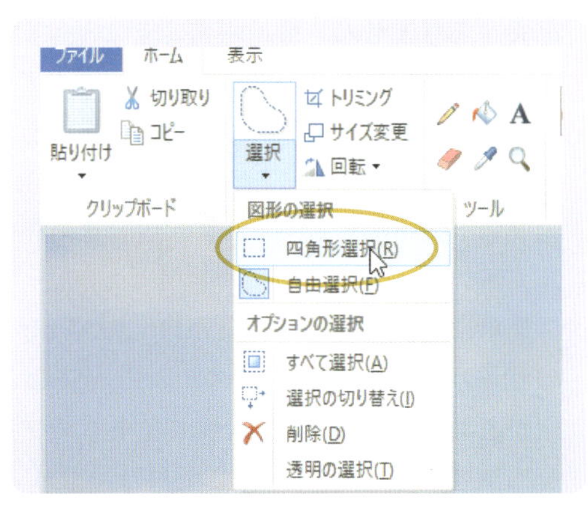

7-5

注目度高まる「クラウドサービス」とは?

クラウドサービスとは

クラウドは、近年、広く使われている言葉ですが、**その内容には明確な定義がありません**。最低限言えることは、インターネットを介して、さまざまなサービスを利用する、ということだけです。

Webで「クラウド」などと検索すると、Amazonの「AWS」やIBMの「IBMクラウド」などが検索結果の上位に表示されます。これらは、企業のIT担当者、システム管理者を対象としたものと考えてかまいません。

簡単に説明すると、企業が自社のWebサイトを作成するとき、自社用のサーバーを用意し、システムの実装などの設定や、日常的な保守・運用が必要になります。Webサイトへのアクセス数増加にも耐えうる回線を用意するなどの対応も必要になります。これは、企業にとってコスト的にも手間的にも大きな負担です。しかし、AWSを使えば、サーバーはAmazonのサーバーを借りるだけですみ、保守・運用もAmazonが行ってくれます。

企業が自社サーバーをやめ、AWSに切り替えても、利用する一般社員はそのことに気づくことはまずありません。**「クラウドサービス」といっても、IT担当者、システム管理者用のサービスと、一般ビジネスパーソン向けの大きく2つがあり、前者はほとんどの人にとっては関係のないものです**。その違いがわかっていないと、「クラウド、クラウドといわれるが、何をどうしてよいのかわからない」ということになってしまいます。

一般向けのクラウドサービス

まず、私たちに最も身近なクラウドサービスは、ファイルの保管サービスでしょう。例えば、Appleが提供する「iCloud」、Microsoftが提供する「One Drive」などもこの形態です。

iPhoneの「iCloud」、Androidの「Googleドライブ」

iCloudは、意識しているかどうかを別にすれば、iPhoneユーザーに広く利用されています。

iPhoneなどのApple製品を購入すると、ユーザー登録の際、「Macアカウント」が無料で作成され、利用できます。さまざまなデータを保存し、他のデバイスと同期できるサービスで、データはAppleのサーバーに保存されるので、新しいiPhoneに機種変更したときかiPadを買ったときにデータの移行が簡単にできます。「カレンダー」や「アドレス帳」などのデータの同期も自動的に行われるため、複数の情報端末を連携させるのに便利です。

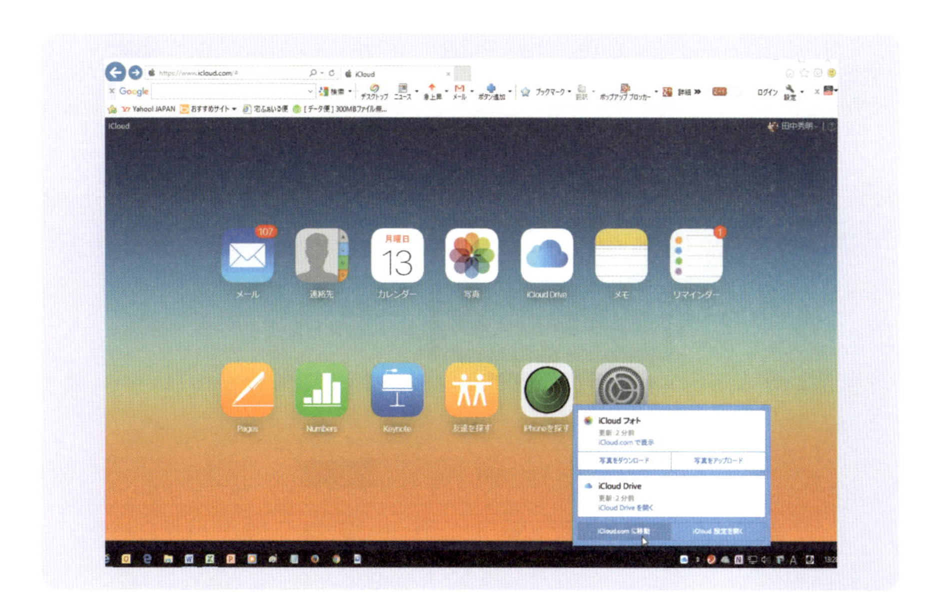

同様に、Android に備わっている Google が提供しているクラウドサービスが、Google ドライブです。iCloud と同様の使い方が可能な他、IT担当者、システム担当者を対象としたクラウドサービスも提供しており、こちらは Google クラウドという総称です。

このように、さまざまなファイル保管サービスがあり、どれを選べばよいか迷ってしまいますが、**サービス内容にはあまり違いがない**（一定の容量まで無料で、それを超えると有料）**ので、自分が使用しているスマホの機種に合わせるなど、気軽に選んで問題ありません**。

Microsoftの「OneDrive」

Microsoft が提供するファイル管理サービスが「OneDrive」です。Windows10 にプリインストールされており、Word、Excel などを開くと利用を促すメッセージ画面が表示されるので、ご存じの方が多いでしょう。デスクトップ、モバイル用といった複数のパソコンでファイルを共有する場合に便利です。もちろん、Windows パソコン以外の端末でも利用することが可能です。

複数の人とファイル共有できる「Dropbox」

以上のサービスは、一人のユーザーが、複数の端末でファイルを利用する場合によく使われますが、**他の人とファイルを共有して共同で編集作業を行うことも可能**です。しかし、**その用途として仕事で一番普及しているのは、「Dropbox」**かもしれません。

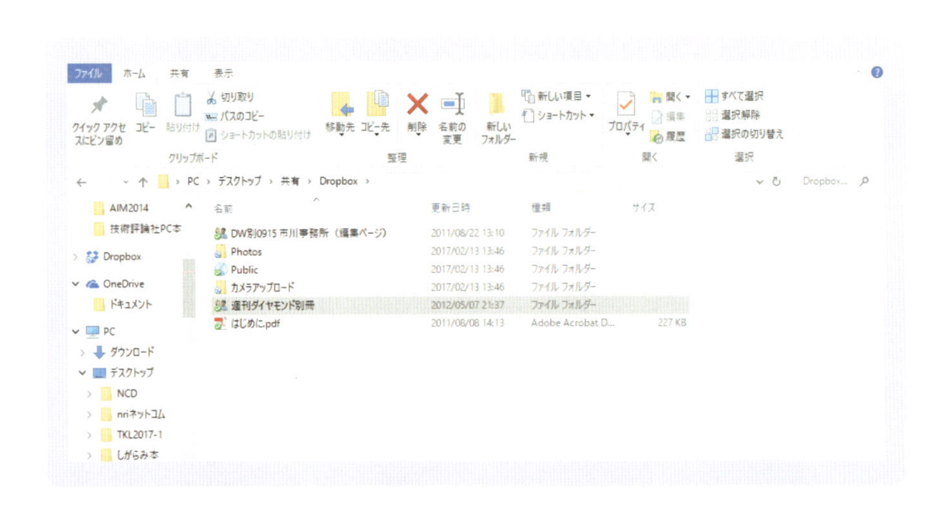

Dropbox は、保存できる容量は 2GB までが無料となっており、招待などを行うと 500MB ずつ、最大 16GB まで無料で容量を拡張できます。Dropbox はファイル保管サービスの老舗的存在として広く普及しています。私が定期的に行っている某ビジネス雑誌の編集作業でも、使用する写真、原稿、図版などの共有（編集、ライター、デザイナーなどでの雑誌制作用データの受け渡し）に Dropbox が利用されていますが、すでに 7、8 年前から導入されていました。

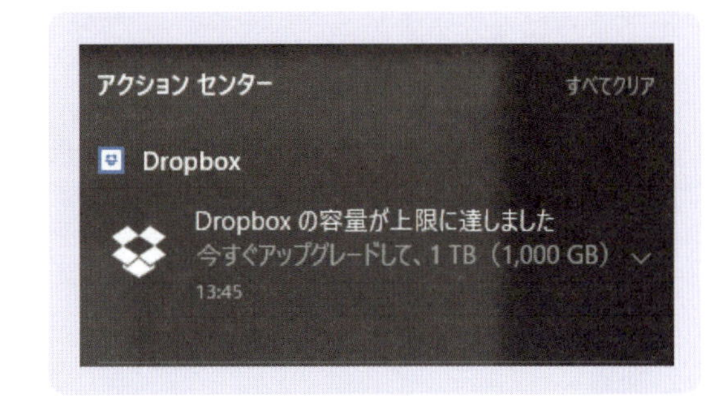

「Dropboxの容量が上限に達しました」というメッセージが表示され、有料版へのアップグレードを促してくることが少なくありませんが、データの受け渡しずみのファイルならどんどん処分してしまった方がよく、特に不都合はありません。

あまり別のサービスに乗り換える必要性がないので、そのままずっと使い続けている、という感じです。Dropboxのサービス紹介のWebサイトを見ても、iPhoneやAndroidなどとの親和性の高さや、ドラッグ&ドロップでパソコン内のフォルダーと同じように扱える操作性の高さが謳われていますが、結局、どれも大差ありません。**すぐれた機能や操作方法が登場すれば、他のサービスもすぐにその機能を追加されるのが現状**です。

ファイル共有サービスをすでに部署などで導入されている企業もあるでしょうから、それをそのまま使えば十分です。ただし、仕事用とは別に、個人で使用するサービスを用意しておいた方がよいかもしれません。

Evernoteで情報を一元化する

ここまで紹介してきたファイル保管サービスと、やや趣が異なるのが「Evernote」です。

Evernoteは、情報を一元化するのに最適なクラウドサービスで、例えば、パソコンにインストールすると、Outlookなどメーラーにも「Evernoteに保存する」というボタンが表示されるようになります。

また、Evernoteを開くとすぐにメモを入力する欄もあるので、思いついたことをその場で入力することもできて便利です。

単にファイルをネット上に

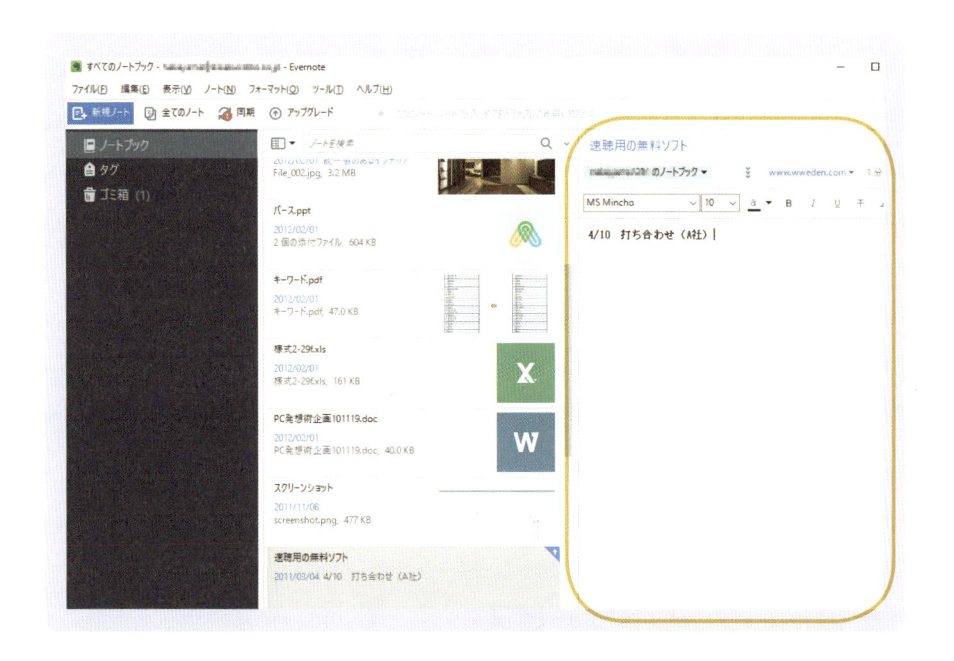

保存するのではなく、**ファイル保存とワープロアプリの機能が一体化した作りとなっているので、メモを一元化するのに便利**なのです。

さらに、Webを閲覧していて気になる情報があった場合などに、タスクバーの右端にあるタスクトレイに表示されているEvernoteのアイコンを右クリックすると、「スクリーンショットをクリップ」というメニューがあります。

これを選ぶと、パソコンの表示画面を画像ファイルとして、そのままEvernote上に保存することができます。もちろん、パソコンだけではなく、スマホやタブレットとの連携も可能です。

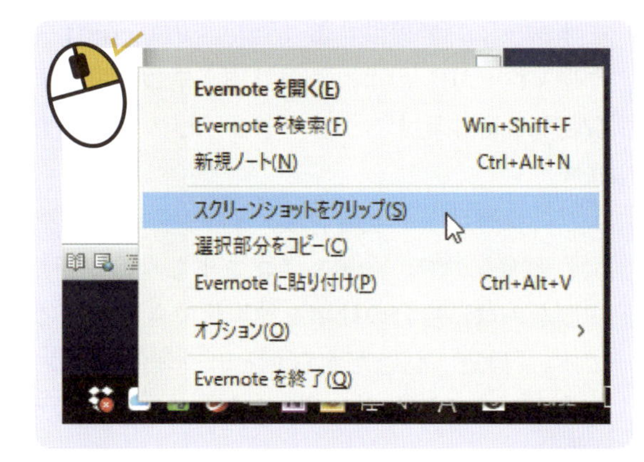

Evernoteが無料で使える容量は200MBと他のサービスと比べると圧倒的に小さくなっていますが、この数字は月間に利用できる容量という点です。つまり、1カ月間にアップロードする容量が200MB以下なら、蓄積されたデータが何GBになろうと無料である、ということになります。これが最大の特徴といってもよいでしょう。

もちろん、月間200MBという容量は、関係者でファイルを共有するには向きません。したがって、そうした使い方には、Dropboxなどを使った方がよいでしょう。しかし、街で見かけた面白いものを写真に撮ったり、電車に乗っていてふとひらめいたことをメモ書きするなど、ちょっとしたアイデアを記録するには最適です。

今日、アイデアを思いついても、それを記録するサービスが無数にあります。自分に合うと感じられるサービスを使うのがよいでしょう。

その他のクラウドサービス

どこまでをクラウドサービスと考えるかは人それぞれです。例えば、メールに添付して送れない大容量ファイルを送る「宅ふぁいる便」「firestorage」「データ便」なども、クラウドと考えることもできるでしょうし、ウィルス対策ソフトも「ウィルスバスタークラウド」などとクラウドを自称するものがあります。Microsoftの「Office365」(月額使用料金で、最新版が使える)もクラウドとされます。ビジネスツールをオンラインで提供する「Salesforce.com」もあります。さらに言えば、「NAVITIME」のような乗り換え情報を提供するWebサービスも、交通費精算を効率化するクラウドサービスを提供するなど、さらに進化しています。

このように、クラウドは、インターネットを経由するというサービス提供の形態なので、今後もさまざまなものが新たに登場することでしょう。**重要なのは、自分の仕事を効率化できるサービスを使っていくということ**です。「最近、話題だから」という理由で、クラウドサービスに飛びつく人が少なくありませんが、入力の手間、利用サービスが多すぎて、結局、中途半端にしか使わない、というケースが少なくありません。クラウドサービスは、数がたくさんあるだけに、本当に必要なものだけを厳選して使うこと、何のために使うのかという目的意識を明確にした上で使うことが重要と言えそうです。

索引&ショートカット集

「」内の用語は表示されるボタン名やタブ名などです。

2章:設定

3章:メール

4章:ブラウザ

5章:Word

キー名・英数

あ行

か行

さ行

た・な・は行

範囲指定
Ctrl+スペース ……… 234
アクティブ・セルを含む列を範囲指定
Shift+スペース ……… 234
アクティブ・セルを含む行を範囲指定
Ctrl+B ……… 234
太字にする
Ctrl+Enter ……… 238
同時選択したセルすべてに同じ文字を入力
Ctrl+G ……… 239
「ジャンプ」ダイアログを開く
F2 ……… 240
セルを「編集」モードに切り替え
Ctrl++ ……… 241
行、列、セルの挿入
Ctrl+- ……… 241
行、列、セルの削除
Ctrl+1 ……… 244
「セルの書式設定」ダイアログを開く
F4 ……… 245
直前の操作を繰り返す
Alt+Enter ……… 247
セル内で改行
F4 (セルの編集モード) ……… 251
相対参照と絶対参照の切り替え
Alt+= ……… 257
SUM関数を入力
F11 ……… 271
グラフを作成
Alt+↓ ……… 285
入力ずみの文字を一覧表示

7章:ビジネスアプリ

英数

Adobe Acrobat Reader ……… 297
Adobe Reader ……… 297
Dropbox ……… 307
Evernote ……… 308
Googleドライブ ……… 305
iCloud ……… 305
OneDrive ……… 306
PDF文書 ……… 296
PDF文書の作成 ……… 298
XPS ……… 298

あ・か行

アニメーション ……… 288
「エクスポート」 ……… 298
オブジェクト ……… 290
オブジェクトの編集 ……… 293
クラウドサービス ……… 304
「グループ化」 ……… 291

さ・た・は・ま行

図形 ……… 290
スライドショー ……… 288
スライドの追加 ……… 292
スライドマスター ……… 295
トリミング ……… 303
「配置」 ……… 291
プレゼンテーション ……… 288
ペイント ……… 302
右端で折り返す ……… 300
メモ帳 ……… 300

ショートカット(掲載順)

F2 ……… 293
オブジェクト内の文字編集(PowerPointの場合)
Esc ……… 293
文字編集できる状態のオブジェクトの選択状態切り替え(PowerPointの場合)
Ctrl+D ……… 294
オブジェクトの複製(PowerPointの場合)
Tab ……… 294
オブジェクトの選択状態切り替え(PowerPointの場合)
F5 ……… 301
日時を入力(メモ帳の場合)
Print Screen ……… 302
パソコンの表示画面を画像としてコピー
Alt+Print Screen ……… 302
アクティブ・ウインドウを画像としてコピー

【プロフィール】

中山 真敬（なかやま まさたか）

1965年、兵庫県生まれ。株式会社ユア・ブレーンズ代表取締役社長。89年、東京大学法学部卒業後、株式会社リクルート入社。同社退職後、フリーランスとして活躍。パソコン誌・ビジネス誌などの編集長を歴任した後、ユア・ブレーンズを設立。編集・出版活動のほか、経営コンサルティング、人材育成等を行 っている。70万部超のベストセラー『たった3秒のパソコン術』（三笠書房知的生きかた文庫）、『入社1年目のエクセル仕事術』（秀和システム）など著書多数。

■ カバーデザイン、本文レイアウト　オーパスワン・ラボ
■ 編集担当　酒井啓悟

1分でも早く帰りたい人のための
パソコン仕事術の教科書

2017年　3月 28日　初 版　第1刷発行
2019年　2月 15日　初 版　第6刷発行

著　者　中山　真敬
発行者　片岡　巌
発行所　株式会社技術評論社
東京都新宿区市谷左内町21-13
電話　03-3513-6150　販売促進部
03-3513-6166　書籍編集部
印刷・製本　図書印刷株式会社

定価はカバーに表示してあります。

本書の一部または全部を著作権法の定める範囲を越え、無断で複写、複製、転載、テープ化、ファイルに落とすことを禁じます。

©2017　中山真敬

造本には細心の注意を払っておりますが、万一、乱丁（ページの乱れ）や落丁（ページの抜け）がございましたら、小社販売促進部までお送りください。送料小社負担にてお取り替えいたします。

ISBN978-4-7741-8796-9 C3055
Printed in Japan

【ご質問について】

本書の内容に関するご質問は、氏名・連絡先・書籍タイトルと該当箇所を明記の上、下記宛先までFaxまたは書面にてお送りください。弊社ホームページからメールでお問い合わせいただくこともできます。電話によるご質問および本書に記載されている内容以外のご質問には、一切お答えできません。あらかじめご了承ください。
なお、ご質問の際に記入していただいた個人情報は、回答の返信以外の目的には使用いたしません。また、返信後は速やかに削除させていただきます。

■宛先
〒162-0846
東京都新宿区市谷左内町21-13
株式会社技術評論社　書籍編集部
『1分でも早く帰りたい人のための
パソコン仕事術の教科書』係
FAX：03-3513-6183
URL：http://gihyo.jp/book

■訂正・追加情報が生じた場合には、
以下のURLにてサポートいたします。
URL：http://gihyo.jp/book/2017/978-4-7741-8796-9/support